日本音響学会 編

音響学講座

1

基礎音響学

安藤　彰男

編著

鈴木　陽一　　古川　茂人

共著

▼

コロナ社

「音響学講座」発刊にあたって

音響学は，本来物理学の一分野であり，17世紀にはその最先端の学問分野であった。その後，物理学の主流は量子論や宇宙論などに移り，音響学は，広い裾野を持つ分野に変貌していった。音は人間にとって身近な現象であるため，心理的な側面からも音の研究が行われて，現代の音響学に至っている。さらに，近年の計算機関連技術の進展は，音響学にも多くの影響を及ぼした。日本音響学会は，1977年以来，音響工学講座全8巻を刊行し，わが国の音響学の発展に貢献してきたが，近年の急速な技術革新や分野の拡大に対しては，必ずしも追従できていない。このような状況を鑑み，音響学講座全10巻を新たに刊行するものである。

さて，音響学に関する国際的な学会活動を概観すれば，音響学の物理／心理的な側面で活発な活動を行っているのは，米国音響学会（Acoustical Society of America）であろう。しかしながら，同学会では，信号処理関係の技術ではどちらかというと手薄であり，この分野はIEEEが担っている。また，録音再生の分野では，Audio Engineering Societyが活発に活動している。このように，国際的には，複数の学会が分担して音響学を支えている状況である。これに対し，日本音響学会は，単独で音響学全般を扱う特別な学会である。言い換えれば，音響学全体を俯瞰し，これらを体系的に記述する書籍の発行は，日本音響学会ならではの活動ということができよう。

本講座を編集するにあたり，いくつか留意した点がある。前述のとおり本講座は10巻で構成したが，このうち最初の9巻は，教科書として利用できるよう，ある程度学説的に固まった内容を記述することとした。また，時代の流れに追従できるよう，分野ごとの巻の割り当てを見直した。旧音響工学講座では，共通する基礎の部分を除くと，6つの分野，すなわち電気音響，建築音

響，騒音・振動，聴覚と音響心理，音声，超音波から成り立っていたが，そのうち，当時社会問題にもなっていた騒音・振動に2つの巻を割いていた。本講座では，昨今の日本音響学会における研究発表件数などを考慮し，騒音・振動に関する記述を1つの巻にまとめる代わりに，音声に2つの巻を割り当てた。さらに，音響工学講座では扱っていなかった音楽音響を新たに追加すると共に，これからの展開が期待される分野をまとめた第10巻「音響学の展開」を刊行することとし，新しい技術の紹介にも心がけた。

本講座のような音響学を網羅・俯瞰する書籍は，国際的に見ても希有のものと思われる。本講座が，音響学を学ぶ諸氏の一助となり，また音響学の発展にいささかなりとも貢献できることを，心から願う次第である。

2019年1月

安藤彰男

「音響学講座」の全体構成は以下のようになっている。

第1巻　基礎音響学
第2巻　電気音響
第3巻　建築音響
第4巻　騒音・振動
第5巻　聴覚
第6巻　音声（上）
第7巻　音声（下）
第8巻　超音波
第9巻　音楽音響
第10巻 音響学の展開

まえがき

音響学は，物理学や心理学を基盤とした広い裾野を持つ学術分野である。また，近年では，音響学に関わる信号処理技術も目覚ましい発展を遂げた。音響学講座の第１巻である本書は，この広範囲にわたる学問を理解するために必要な基礎知識の提供を目的として，執筆されたものである。

音響学に親しむための第一歩は，その歴史を知ることであろう。第１章では，音響学の成り立ちから現在に至る歴史を述べた。この際，わが国の音響学の歴史も紹介することとした。このような歴史から明らかなように，音響学は，物理学の一分野として発展したものであり，音響学を学ぶうえで，音の物理の理解は欠かせない。第２章では，このような学問的背景を考慮し，音に関する物理をなるべくコンパクトに記述した。また，最近の研究動向も考慮し，音の回折理論にも紙面を割いた。音響学のもう１つの特徴は，心理学や生理学の分野とも密接な関係を持つことである。第３章では，聴覚に関する心理，生理について概説した。本章からも十分な基礎的知識は得られるが，この分野に興味を持つ読者は，第５巻「聴覚」に読み進んでいただきたい。第４章では，計算機技術の進展に支えられて発展した信号処理技術を解説した。この章では，旧音響工学講座では触れられていなかったオーディオ符号化に関する技術も記述した。一方，声の分析技術については最小限の記述にとどめ，詳細は第６巻「音声（上）」に委ねた。興味のある読者は，そちらの巻も参照していただきたい。

さて，音の物理や信号処理を理解するためには，様々な数学書に目を通す必要がある。このような読者の苦労を軽減するため，本書では，第５章で音響学に関連する数学を簡潔に紹介した。このような章を持つことも，本書の大きな特徴である。

以上で述べたように，本書の記述内容は広範囲にわたっている。さらに，第2章で記述した音の物理や，第4章で記述した信号処理技術は数理理論に基づく分野であるが，第3章で述べる聴覚は実験的な事実に基づく分野である。本書では，このような分野ごとの特質を重視し，記述スタイルはあえて統一しなかった。読者の寛容を請う次第である。

最後に，本書の活用方法について触れておく。各章は異なる内容を扱っているので，必要となる章のみを読むことでも，本書は読者のお役に立てると信じている。ただし，記述の重複を避けるため，第2章の数式の導出の一部を第5章に委ねた。第2章の該当部分については，書かれている数式を信用して読み進んでいただければ幸いである。

本書は，以下のように分担して執筆した。本書によって読者諸氏の音響学への理解を手助けすることができれば，著者らにとっては望外の喜びである。

安藤彰男　2章，4章，5章

鈴木陽一　1章

古川茂人　3章

2019年1月

安藤彰男

目　　次

1章　音響学略史

2章　音の物理

3章　聴覚の基礎

4章 音の信号処理

5章 音響学のための数学

1章 音響学略史

◆本章のテーマ

学問の成り立ちは，その学問を理解するうえで大きな役割を果たすことが多い。そこで本章では音響学の歴史を概観する。

音を学問することの歴史は紀元前に遡ることができる。そのような長い前史を経て，音響学は，ルネサンス以降，物理学の一分野として発展し，一時期は最先端の学問であった。その後，相対性理論や量子力学に道を譲った後は電気工学と結びつくことにより，今日の音響工学の基礎が築かれた。近年は計算機技術の利用や環境に対する意識の高まりにより様々な応用分野が開拓され，現在では多くの分野で生活に密接に関わる学問，技術として活躍している。

音響学の理論には多くの数式が登場する。一見，近寄りにくく思えるかもしれないが，実際には音響学は身近な技術を支える学問である。本章を学習することにより，音響学に親しみを覚えていただければ幸いである。

◆本章の構成（キーワード）

1.1 音響学前史

音は昔から暮らしの身近にあり，コミュニケーションや娯楽に大切な役割を果たしてきた。古くから音が人々の興味を引き，学問の対象となってきたのも自然なことと理解できる。ピタゴラス（前580ころ～前497）は，弦の張りを一定に保ったまま，弦の長さの1/2や2/3，3/4など簡単な分数の長さにすると，元の音とよく響き合うことを解き明かしている。また，建築に関する書物には反射音の重要性や逆に音声の聞き取りを困難にする要因であることも記されている。しかし古代では現代でいう物理学の概念が形作られておらず，**音響学**（acoustics）は他の様々な科学分野と同様に，まとめて哲学と見なされていた。その中で，音は音声，音楽，信号，警報などの伝送手段と考えていたと思われる。これは，音を現代のように，情報を運ぶ媒体（メディア）と見なしていたことになり，とても興味深いことである。また，この時代，プラトン（前430ころ～前347）の著作でも示唆されているように空気が音を伝えるものであることを主張する者もいた。しかし，逆に空気の関与を否定する者もおり，最終的に決着がついたのは後に述べるボイルの実験によってである。

中世においても現代に比べると学問ははるかに未分化であった。その中で，中世の大学の上級課程では算術，幾何，天文とならび音楽が必須の4科目を構成していた。しかし，音楽を学ぶ中で音そのものを学ぶ音響学が意識されていたとは言えないように思われる。ピタゴラスによる音律が多声音楽には向かないことから，純正律と呼ばれる音律が作られたのは15世紀末のスペインにおいてである。しかしこれは西欧におけるピタゴラス以来の音律に関する科学があったためではなく，ピタゴラス音律が当時西欧よりも高い文明を持っていたアラブ世界に伝わり，それが中世のスペインに伝えられたことの流れの中にあるものと思われる。

1.2　物理学としての音響学の発展（16 世紀～ 19 世紀）

現在，音とは，運動エネルギーと位置エネルギーの相互作用である**機械波**（mechanical wave）のうち，運動エネルギーと弾性エネルギーの相互作用による波動であると理解されている。したがって，音の物理学的解明には，振動や弾性の理解も不可欠である。17 世紀は，音を含む様々な現象について，実験と，それを説明しようとする理論的研究が，綾(あや)なす糸のように進められた時代であった。そのような営みを背景に物理学が発展し，音への理解が進んでいく。

そのような流れは，長い中世の終わりとともに始まったルネサンスが作りだしたものと考えられる。ルネサンスがイタリアからヨーロッパへと波及しつつあったころ，レオナルド（1452 ～ 1519）は，音声には空気の動きか衝撃が常に伴うこと，水面上を伝搬する波と音は同じ現象であることなどの考察を残している。また，あるリュートの弦を鳴らすと近くにある別のリュートの同じ弦が震えて音を出すことなど音に関して多くの観察結果を記している。しかし，これらは体系化された科学というよりは観察と直感の記録と呼ぶべきものであろう。なお，レオナルドの記した水面の波は運動エネルギーと重力による位置エネルギーの相互作用によるもので，機械波の一種ではあるが**重力波**（gravity wave）と呼ばれるものであり，物理学では音と区別されるものである。

ガリレイ（1564 ～ 1642）は，弦の長さと音の高さ（ピッチ）との関係を調べ，単位時間当りの振動数が音の高さと関係することを示した。彼が振り子の等時性を明らかにしたことはよく知られている。音も一種の振動であることを考えれば，近代的な音響学の原点はガリレイにあるといってよいだろう。

音が空気を介して伝わるものであることが明確に示されたのも 17 世紀になってである。ボイル（1627 ～ 1691）はベルの入った瓶(びん)のなかの空気をポンプで抜いていくにつれて音が小さくなり，ついには聞こえなくなることを示した。この時代，空気そのものの性質と，圧力や弾性，波動に関する研究も進んでいく。トリチェリ（1608 ～ 1647）は水銀柱を用いて真空の存在を示し，パスカル（1623 ～ 1662）は空気の重さを測定し大気圧という概念を示した。また，フック（1635 ～ 1703）は，ばねの伸びと力が正比例すること（フックの法則）を導いている。同じころ，ホイヘンス（1629 ～ 1695）は波動の伝搬を説明する**ホイヘンスの原理**（Huygens' principle）を示した。

音速の測定が行われたのも 17 世紀であった。1630 年代になるとガッサンディ（1592 ～ 1655）とメルセンヌ（1588 ～ 1648）が銃を使った同じような実験により音速を測定した。銃を発砲した時の閃光と音の時間差から，それぞれ 478 m/s，450 m/s という結果を導いた。また，ガッサンディは音速がピッチ（音楽的な音の高さ）によらず一定であること，メルセンヌは音速が音の強度によらず一定であることや，音の周波数とピッチの関係を示している。1650 年代には，ボレリ（1608 ～ 1679）とビビアーニ（1622 ～ 1703）が 350 m/s と，現在われわれが知っている値に近い測定結果を得ている。なお，ほぼ正確な音速が得られたのは 18 世紀も後期になってからであった。1783 年，パリアカデミーの研究者らは 337 m/s との測定値を得，音速は気温が高いほど速くなることも示した。

音速を例に，理論的な音の理解の進歩をみてみよう。音速の理論式として記録に残る最初の例はニュートン（1642 ～ 1727）によるものである。彼は有名な著書プリンキピアの中で弾性力が密度に比例すると仮定し，音速は大気圧と空気の密度の平方根として与えられるとした。しかし，この式で計算する音速値は約 280 m/s となり，当時の実測値や現在私たちが知る音速（摂氏 15 度で約 340 m/s）を下回るものであった。18 世紀の後半，ラグランジュ（1736 ～ 1813）は弾性力が密度に比例するとの仮定が誤りであり，弾性力が密度の 4/3 乗に比例するなら測定値に一致すると予測した。19 世紀に入りラプラス（1749 ～ 1827）は，この考えを推し進め，ニュートンの与えた式の問題が空気の圧力の変化があっても温度の変化がない（等温過程）と見なしたことにあるとした。正しくは，音の空気振動による熱の変化が周囲に伝わる速度より，音速のほうがはるかに速いため局所的な温度が変化すると考えるべき（断熱過程）として，今でも音速の理論式として用いられている式（式 (2.86)）を与えた。

弾性力は密度の約 1.4 乗に比例するのである。なお，ニュートンの考えた弾性力を体積弾性率と読み替えれば，彼が与えた式は現代のわれわれが液体の音速を計算するのに用いている式そのものである。このようにして，音の様々な性質や，音が空中の波動現象であることが明らかになっていった。物理学としての音響学（現代の音響学では**物理音響学**と呼ばれる分野）の一番基礎的な部分は 17 世紀末までに確立したといってよい。言い換えると，かつて哲学の一部だった音響学は，自然科学（物理学）の一部として発展していった。

18 ～ 19 世紀には，数学の進歩ともあいまって，音のみならず，振動，波動一般について運動法則，弾性体の理論などが体系化され，物理学としての音響学がさらに確立されていった。ニュートンがプリンキピアで示した運動の法則は，そのおよそ 50 年後の 1736 年，オイラー（1707 ～ 1783）によって実用的な定式化が行われ，音響学の進歩にもつながった。また，上記のラグランジュやラプラスもこの時代の貢献者である。他にも，流体力学の基礎を築いた科学者として知られているベルヌーイ（1700 ～ 1782）は弦の振動解析の先駆者である。また，ダランベール（1717 ～ 1783）は弦を伝搬する波動について，両方向の波動を用いた一般解を与えた。ナビエ（1785 ～ 1836）は後年の**ナビエ-ストークス方程式**（Navier-Stokes equation）につながる流体理論を確立，コーシー（1789 ～ 1857）は応力の概念を確立して弾性理論を体系化し，ハミルトン（1805 ～ 1865）は一般振動体の運動法則を導出するなどの貢献を行っている。数学領域では，フーリエ（1768 ～ 1830）が，音信号だけではなく様々な信号の解析に用いられている**フーリエ変換**の基礎となる数学を考案した。

ここまでは空気を伝搬する音を考えてきた。音は空気（気体）以外にも，水中（液体）や固体の中も伝搬する。水中の音速を本格的に測定したのは 1826 年のコラドン（1802 ～ 1893）による実験と考えられる。湖の水中に吊（つる）した鐘と閃光を用いて，約 1 440 m/s とほぼ正確な値を得ている。固体については 1800 年前後ころから本格的な測定が行われたようである。ビオ-サバールの法則に名を残すビオ（1774 ～ 1862）は長さ 1 000 m の鋳鉄パイプを用いて空気中の音速と比較し，鉄の音速を与えている。これはその少し前に測定されたクラドニ（1756 ～ 1827）の実験と整合する値であり，現代のわれわれが知る鋳鉄の音速（3 500 m/s）に近いものであった。理論面では，ストークスの定理として名を残すストークス（1819 ～ 1903）が 1845 年に，粘性流体の運動を記述する 2 階非線形偏微分方程式であるナビエ-ストークス方程式を定式化した。この方程式は今に至るも，流体中の音波伝搬を考える際の基本方程式として用いられている。

音に限らず波動一般を対象としたホイヘンスの原理も精緻化が進む。元のホイヘンスの原理では 2 次波源から音源に向かう逆方向にも波が生じ，回折現象も説明できない。フレネル（1788 ～ 1827）は，複数の 2 次波源から発生する波の位相と強さに補正項を導入したうえで，波の重ね合わせを考えることにより，これらの問題を解決した（**ホイヘンス-フレネルの原理**，Huygens-Fresnel principle）。1880 年代になるとキルヒホッフ（1824 ～ 1887）は，1859 年にヘルムホルツ（1821 ～ 1894）が単一周波数の音について与えていた積分定理を一般化し（**キルヒホッフの積分定理**），この定理を用いてホイヘンス-フレネルの原理を理論的に導出した。なお音が存在する空間（**音場**）の解析を行う場合には，この定理をヘルムホルツ方程式の解を用いた方程式の形で利用することが多い（**キルヒホッフ-ヘルムホルツ積分方程式**）。

現在，音響学は，物理学や工学のみならず，医学，生理学，心理学など様々な学問と関わりをもつ学際的な学問として発展している。その祖はヘルムホルツに求められるであろう。彼は医学教育を受けたのち臨床の道には進まず，生理学に加え本来の興味であった物理学の研究を進めた。**図 1.1** に示す**ヘルムホルツ共鳴器**（Helmholtz resonator）の考案や，自身が発明した装置によって観測したバイオリンの弦運動であるヘルムホルツ運動など，物理学としての音響学に名を残している。それのみならず，聴覚系が音を分析する仕組みを始めとした聴覚生理学や調波複合音の知覚に関する研究，母音合成法の開発など様々な研究を行った。1863 年には生理学，物理学，音楽学の豊富な知識に基づく書籍（英語訳版タイトル On the Sensations of Tone）を出版した。

図1.1　ヘルムホルツ共鳴器（東北大学文学研究科心理学研究室所蔵）

1.3　音響工学の誕生（19世紀末～20世紀前期）

物理学の一翼としての音響学は，このような先達の努力によって19世紀末ころまでに基本的な完成を見たといえよう。その象徴的な出来事が，レイリー卿（姓：ストラット，1842～1919）が大病の後の療養中に執筆し，1877年から78年にかけて発行されたThe Theory of Soundである。この本によって古典的な物理音響学はある意味完全に記述されたといわれている。レイリーはまた，この本にも著されているように，優れた実験家でもあった。彼の発明した**レイリー板**（**図1.2**）は電気音響変換に基づくマイクロホンが発達するまでの間，音の粒子速度のセンサとして広く用いられていた。また，彼は**表面弾性波**（surface acoustic wave, SAW）の**レイリー波**（Rayleigh wave）にも発見者として名を残している。レイリー波を用いた素子は，ほとんどの携帯無線デバイスの高周波信号フィルタとして広く用いられている。

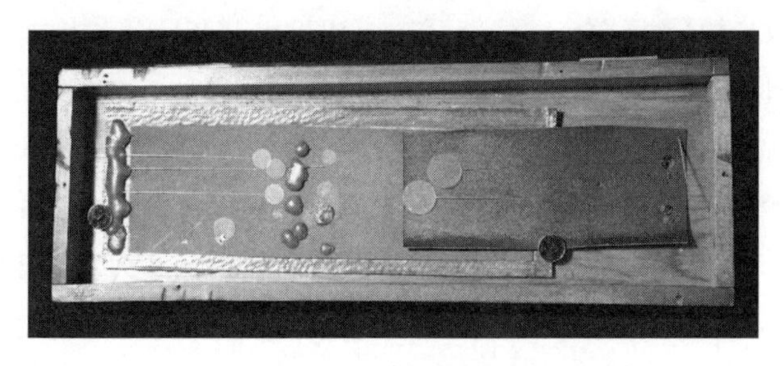

図1.2　レイリー板（小林理学研究所所蔵）

この年，1877年は，音響学が別の意味で大きな変化を遂げた年である。1877年にはベル（1847～1922）により電話が発明された。その特許出願は競合者にわずか数時間先んずるものであった。彼は聴覚障害者教育に生涯を捧げており，電話は福祉技術として手がけたものといわれている。しかしその後，電話は彼の思いをはるかに超える社会的基盤技術として発展し，聴科学や音声科学を含む音響学の様々な分野の発展につながるインパクトを与えたと言えよう。同じく1877年にはエディソン（1847～1931）により**電気蓄音機**が発明されている。くしくも，物理音響学がThe Theory of Soundという形でまとめられた年に，音響学は物理学から工学へと分野を広げたといえるであろう。

1877年は超音波の研究でも画期的な出来事があった年である。**超音波**は，人間に聞こえる周波数の上限を超える音，あるいは聞くことを目的としない音と定義される。前述の水中や固体の音速測定もその例と言えるが，スパランツァーニ（1729～1799）の，コウモリの**エコーロケーション**の研究を超音波分野の最初の研究例と考えるのがよさそうである。彼はコウモリの耳をふさぐと行動ができなくなることから，コウモリの環境認識には聴覚が必須であると主張した。ただし，それが証明されるのは20世紀になってからであった。それには超音波の発生装置とセンサを待たねばならなかったのである。そして1877年，キューリー兄弟（ジャック1856～1941，ピエール1859～1906）が**圧電効果**（piezoelectric effect）を発見した。これにより圧電効果を持つ電子デバイス（圧電素子）が可能となり，20 kHzを超える周波数の音波，すなわち超音波の発生と受音が可能になった。その後1915年には，タイタニック号の沈没事故に触発されたランジュバン（1872～1946）が水中マイクロホン（ハイドロホン）を発明した。

上記の超音波用電子デバイスのみならず，マイクロホンやスピーカなどの**電気音響変換**機器の基盤には，音響の世界（弾性力がかかわる力学系）と電気の世界（電磁気系）が等価，すなわちまったく同じ形の方程式の支配下にあることがあずかっている。それがあってこそ電気音響変換の理論的定式化があり，発展もあった。その等価性を示したのはマクスウェル（1831～1879）である。

マクスウェルは電磁気学の基礎方程式を定式化したことで著名であるが，音響学にも大きな貢献をなしていることになる。電磁気学の音響学への貢献には，真空管やトランジスタなどの能動電子デバイスを生み出したことも含まれよう。

通信工学やメディア工学における音響学の研究は，20 世紀初頭からドレスデン工科大学で弱電工学（Schwachstromtechnik（シュバッハシュトロームテヒニーク），現代的には通信工学＋電子工学とでもいうべき学問領域）の研究を主唱，推進したバルクハウゼン（1881 〜 1956）によりさらに進歩を遂げた。彼の名は，Bark 尺度として聴覚における臨界帯域の尺度として用いられている。また，弱電工学としての音響学研究は，超音波振動子の研究にも発展し，これはさらに，水中音響応用や医用応用など，音響学の新しい分野を切りひらいた。また，セイビン（1868 〜 1919）は，自らが所属するハーバード大学で 1895 年に新築されたフォッグ美術館の講堂の音響特性の改善を考える中で，**残響時間**（reverberation time, RT）という概念を作り上げて実測し，5.6 秒にものぼった残響時間を低減することに成功し，**建築音響学**と呼ばれる音響学の一分野の創始者となった。ちなみに，その後セービンは世界の 3 大音楽ホールとしての定評を得ているボストンシンフォニーホールの音響設計に携わっている。

磁気記録が生まれたのも 19 世紀である。実用的な最初の例は 1898 年に発表されたポールセン（1869 〜 1942）による針金を記録媒体に用いた装置である。しかし当時の磁気記録は，強磁性体の非線形性，履歴現象に起因するひずみと磁区による雑音が大きく，あまり利用は広がらなかった。実用化が進むきっかけとなったのは，1938 年ころに永井（1901 〜 1989）をはじめとした日米独の研究者が相次いで独立になしとげた**交流バイアス**（AC bias）**方式**の発明である。これは記録する際に，音よりも周波数の高い 100 kHz 程度の正弦波を重畳して記録するもので，ひずみと雑音を大幅に軽減することができ，その後のすべてのアナログ磁気記録の基盤技術となっている。

物理学的な現象としての音のみならず，音や音声が伝える意味内容という観点からの研究も，AT&T ベル研究所（以下，ベル研究所）のフレッチャー

(1884 ～ 1981) などを主導者として発展していった。1939年には音声をきわめて狭帯域で送受信するための技術として**ボコーダ**が発明され，その後の音声の分析や合成に関する研究に大きな影響を与えた。ベル研究所では1940年代の半ばにサウンドスペクトログラフも発明され，音声分析用の標準的な装置として長く用いられていく。ヘルムホルツに1つの源流を持つ聴覚科学分野では，生理学と心理学の両面で研究が進められるほか，ベル研究所を典型とするように，工科系の研究機関も参画するところとなり，**等ラウドネス特性**や**マスキングパターン**等の聴覚の基礎的特性の研究が進んだ。フレッチャーは，ある音が別の音によって聴取しづらくなる現象（マスキング）について，純音と帯域雑音を用い詳細な実験を行った。その結果，純音へのマスキングではその周波数近傍の範囲の周波数成分が影響を及ぼすことを明らかにし，それは聴覚に帯域通過フィルタ様の分析過程があるためと考えた。これは**臨界帯域**（critical band, CB）と呼ばれる。フレッチャーはまた，ある帯域内の正弦波が雑音成分と同じエネルギーになるとちょうど聞こえ始めると考えた帯域幅（**臨界比**, critical ratio, CR）を求め，それに基づいて臨界帯域の帯域幅の推定を行った。臨界帯域の考えは，ツヴイツカー（1924 ～ 1990）によって精緻化されるとともに，音響分野唯一のノーベル賞受賞者（1962）であるベケシー（1899 ～ 1972）の研究によって生理的な根拠が与えられた。ベケシーは内耳が帯域フィルタ群としての性質を有することを明らかにしたのである。また彼が工夫を凝らした様々な生理音響心理音響実験用の実験装置は後の研究者に大きな影響を与えた。内耳が持つ帯域フィルタとしての性質は，現在，**聴覚フィルタ**概念として，音の情報圧縮をはじめとする多帯域処理の論理的基盤となっている。

1.4　日本における音響学の定着と展開（創始から第2次世界大戦のころまで）

日本における音響学についてみてみると，その源流は，田中舘愛橘（1856 ～ 1952）を創始者とする，東京大学理学部における音響学であるといえよう。田中舘は東京大学創立の翌年に入学し，理科物理学科1期生。音響学のみならず，日本における地球物理学，航空学の創始者ともいわれ，1936年に創立された日本音響学会創立時の顧問でもあった。日本音響学会の黎（れい）明期の歴代会長である石本巳四雄（1893～1940，地震学者としても著名），八木秀次（1886～1976），佐藤孝二（1900～1972）らは，田中舘の系譜につながる者たちである。また，その系譜とは別に海外で音響学に携わった者もいた。例えば松本亦太郎（1865～1943）は私費でエール大学に留学し音空間知覚に関する研究で1899年に博士号を取得，その後ライプツィヒ大学でヴントに師事した後1906年からは新設された京都大学教授として心理学講座を主宰した。音声科学分野では，英国で音声学を学んだ千葉勉（1883～1959）が，1920年代末，東京外国語学校に音声学実験室を開設し，物理学を専門とする梶山正登（1909～1995）とともに世界的水準の研究を進めた。彼らが著した「The Vowel, Its Nature and Structure」（1942，邦題「母音論」）は後の母音生成・知覚研究の先がけとなった。

一方，1910年代後半に，当時マサチューセッツ工科大学で電気工学の教授を務め，若い頃はエディソンに師事していたケネリー（1861～1939）のもとに，日本から若い研究者3名が留学し，音響工学の研究に携わった。このうち，抜山平一（1889～1965）と黒川兼三郎（1893～1948）は，帰国後，それぞれ，東北大学の電気工学科と早稲田大学の電気科において音響学の研究，教育を開始した。これらは，日本における音響工学の始まりといえよう。

八木はTV用アンテナとして広く用いられている八木宇田アンテナの発明者として著名であるが，音響学の分野でも日本音響学会を会長として主導した。会長就任の4年前，同学会の関西支部長を務めていた1939年に「音響科学」を編著者として出版している。この書籍には当時の日本の音響学が超音波，建築音響，生理音響，心理音響などを含む幅広い分野からなっていることがよく示されている。

1.5　音響学の多面的発展（20 世紀中期～後期）

19 世紀後半に工学という性格も持つことになった音響学は 20 世紀に入るとさらに大きく発展し現在に至っている。ここでは音響学の歴史を概観するとの立場から，今から数十年ほど前までの歩みを音響学のいくつかの分野について見ていくことにしよう。

物理音響学の分野では，強力超音波の非線形現象，音の化学的作用に関する研究などが発展した。また，1960 年代にはホログラフィを音圧に適用した**音響ホログラフィ**技術が提案された。その後 80 年代になると，粒子速度と**音の強さ**（**音響インテンシティ**）にも拡張された近傍音場ホログラフィが生まれ，音場の計測や合成に広く用いられるようになっている。音の強さについては，1930 年代から直接測定する試みが行われていたが，粒子速度の測定が隘路（あい）となって実用化が進まなかった。1970 年代になると粒子速度を直接観測する代わりに近接した 2 つのマイクロホンで測定した音圧の差分で近似するディジタル信号処理法が生み出され，実用化が一気に進むこととなった。

物理音響学と深い関係を持つ超音波分野では，超音波デバイスの発達とともに，強力超音波の物性と工学応用や，様々な計測応用が進んだ。また，いまでは超音波を用いた画像診断装置が広く用いられているが，その最初の例は 1942 年，オーストリアにおける脳計測の試みと言われている。1950 年前後に，A モード法，B モード法が相次いで開発され，1960 年代にはドップラ法を用いた計測法が提案された。一方，1960 年代半ばに表面弾性波（レイリー波）を用いたデバイスが発明されると，アナログテレビの映像信号用フィルタを皮切りに，様々な高周波通信用電子デバイスの応用研究と実用化が進んだ。

1887 年の電話機の発明から数十年を経ると，現在でも広く用いられているタイプの電気音響変換機器が次々と発明，実用化された。1917 年にはコンデンサマイクロホンが発明された。1920 年代にはダイナミック型のラウドスピーカが生まれ，ラジオ放送の普及とともに広く用いられた。電気音響機器の普及の背景には 20 世紀初頭の真空管の発明があったことも忘れてはならない。ダイナミック型のマイクロホンはラウドスピーカより少し遅く 1930 年ころと考えられる。また当時の永久磁石では充分な磁束密度が得られなかったため，初期のダイナミックマイクロホンは電磁石を用いたものであった。現在のように永久磁石を用いたダイナミックマイクロホンの普及は第 2 次世界大戦以降のことである。1962 年にはエレクトレットコンデンサマイクロホンが発明された。小型で，高性能，安価であるため一時はほぼすべての携帯機器用のマイクロホンとして広く用いられ，現在でも多用されている。

エディソンの電気蓄音機（1877）以降の音の記録法をみてみよう。エディソンの電気蓄音機では音の波形をスズ箔（はく）に溝として刻み，針でなぞって再生していた。その少し後には蝋管（ろうかん）が用いられるようなっていたが，1887 年に軽量な円盤（グラモフォン）が現れると，音の良さ，取扱いの便利さが評価されて広まり，1910 年ころまでには毎分 78 回転が標準的となった（SP レコード）。1920 年代半ば以降は真空管を用いた録音，再生装置とともに放送局などで用いられるようになり，市民にも再生専用のメディアとして広く普及していった。その後，1948，49 年には，長時間記録が可能な LP レコード（毎分 33 回転）と自動演奏が可能な EP レコード（毎分 45 回転）が発表され，主流となっていく。磁気記録の実用化では，前述のように 1930 年代末の交流バイアス方式の発明が期を画した。当初はループ上の鉄線や帯が用いられていたが，1940 年代半ばには紙やプラスチックスの帯に磁性体を塗布した磁気テープを使った装置が発売され，レコードとは異なり市民にも録音機能を持った形（**テープレコーダ**）で普及していった。1960 年代までは開放型のリールに磁気テープを巻き付けたオープンリールが主流であったが，その後，家庭用，個人用はカセットテープに移行し 1970 年代から大きく普及する。

人間にとっての音の重要な役割に空間情報の伝達がある。1880 年代から 1920 年代にかけて，電話 2 回線や AM 放送局 2 波を用いた**ステレオ音響**の実証的試みが行われている。その 1920 年代にはベル研究所を中心に本格研究が始まり，1933 年にはワシントンとフィラデルフィアを電話線で結んだ 3 ch ステレオ音響の実験が行われた。この実験の結果の解析を受けて 2 ch ステレオ音響が標準となっていく。1949 年には磁気テープを用いた 2 ch ステレオ録音機が発表され，直後に商品化されている。1950 年代には定常的なステレオ放送が実現し，ステレオレコードも実用化された。前段で述べた LP レコードと EP レコードでは，音の波形を円形のプラスチックス板の周辺から中心に向かう螺旋（らせん）状に溝の幅として記録していたことから，1958 年，溝の左右の側壁それぞれに左右チャネルの信号を記録したステレオレコードが実用化された。左右に加え前後の情報も加えるための多チャネル化の模索も始まり，1960 年代にはアナログ信号処理による 4 ch ステレオ音響技術が開発されたが，家庭用としては広く普及しなかった。その後，映画の世界では多チャネル化が進み，家庭用 5.1 ch サラウンド方式にもつながった。一方，同じ頃，しっかりした数学的基盤を持つ録音，再生技術が提案された。球面調和解析を用いる**アンビソニックス**（Ambisonics）である。この技術は，1980 年ころ以降，WFS（wave field synthesis）や BoSC（boundary surface control）等と並び，ホイヘンスの原理の数学的表現であるキルヒホッフ-ヘルムホルツ積分方程式の工学的実現形として発展することになる。

20 世紀中期に音響学に大きな影響を与えた出来事に，1940 年代の電子式ディジタルコンピュータの発明と，その後の発展がある。これにより，数値計算による音の解析技術が可能となった。かつては広い空間の音場数値解析を行う際に，音の伝搬を光線のように直進，鏡面反射する音線とみなして行うのが普通であったが，現在では波動として計算することが可能になっている。現在広く使われている音場の数値計算法は，**有限要素法**（finite element method, FEM），**境界要素法**（boundary element method, BEM），**時間領域差分法**（finite-difference time-domain method, FDTD）であろう。FEM は 1950 年前後に考案された後，1960 年半ばころから音場の計算に用いられるようになり，70 年代には広く用いられるようになった。BEM は 19 世紀前半にまでさかのぼれるとされる境界積分方程式法がルーツである。1960 年代前半に，連立一次方程式に離散化してコンピュータにより数値的に解く提案が行われた。この頃からすでに音の散乱問題にも応用されていたが，自由空間における音の放射や散乱の計算に向いていることから80 年代には広く用いられるに至った。FDTD は 1966 年に電磁場解析のために考案されたが，音場も同様の偏微分方程式で表現できるため，1970 年前後からは音場の解析にも用いられるようになった。FEM や BEM に比べアルゴリズムが単純で，数値計算を行ううえでの問題も少ないことから，広く用いられる方法になっている。

コンピュータ技術の発展により，1960 年代以降，音信号をディジタル化して 1 次元の離散的な数値系列として取り扱う技術が急速に発展した。その大きなきっかけとなったのは，1965 年にクーリー（1926 ～ 2016）とテューキー（1915 ～ 2000）が**高速フーリエ変換**（fast Fourier transform，FFT）を発表したことである。これは音のみならず様々な信号の解析の基盤となっているフーリエ変換をきわめて効率的に（したがって速く）計算できるアルゴリズムである。音に関するディジタル信号処理の研究は，ディジタル信号処理の研究自体を先導する形で大きく発展した。音のディジタル信号処理は，確定的な信号の処理法に加え，大量のデータを用いる統計的な手法の発展もあり，音響学のあらゆる分野に欠かせない基盤技術となり，今に至っている。

ディジタル化は音の記録法も大きく変えた。音のディジタル符号化と記録に関する研究はベル研究所や電電公社電気通信研究所等で進んでいたが，ステレオ音信号の記録再生については 1969 年の NHK 技術研究所で最初の公開実験が行われた後，1972 年に磁気テープを用いた業務用装置として商品化された。アナログレコードの後継となった民生用としては，1970 年代から開発が進み，フィリップスとソニーの共同開発による CD が 1982 年に商品化されると，SN 比の高さや使い勝手の良さから一気に普及が進んだ。

聴覚科学の分野では，電気生理学の発達とともに聴神経や脳幹などにおける神経活動が調べられ，1970 年代になると，例えばベケシーの発見した内耳の聴覚フィルタ機能が実際にははるかに鋭い同調曲線を持つこと，神経パルスが外部からの入力音に同期して発火すること等の知見が明らかになっていった。当時，ピッチ知覚の基盤が内耳に由来する周波数分析機能にあるのか，それとも神経パルス発火の同期にみられる時間構造にあるのかが大きな関心を呼び，モデル化を含めた多くの研究が進められた。内耳の機能に関しては，1978 年に耳音響放射，1982 年には外有毛細胞の能動性と，従来の理解に変革を迫る発見が相次いだ。音空間知覚に関連した研究は，1930 年代に活発化したステレオ音響技術の研究とあいまって盛んに進められ，1970 年ころまでには，両耳間の時間差（位相差）と音の強さの差（レベル差）が方位角の音像定位の手がかりであることが詳細な知覚特性とともに明らかになっていった。また，1970 年代には音空間知覚を統べる両耳への入力を統一的に定める頭部伝達関数という概念がドイツを中心に確立していった。1970 年代には音脈分凝の研究も盛んになり，その後の**聴覚情景分析**という概念の確立へとつながった。

音声の知覚や生成に関する科学と工学応用の研究も大きく発展した。前述のサウンドスペクトログラフは音素レベルの音声分析の精緻さを大幅に向上させ，音声の物理的理解が深まっていった。当時の音声工学研究は電話の通話品質の確保と強く結びついていた。その中で音声明瞭度，あるいは了解度は音声帯域の狭帯域ごとの寄与の積分で与えられるという考え方が生まれ，**明瞭度指数**（articulation index，AI）として結実した（現代英語の articulation は発話明瞭度のみを意味するが当時は受聴明瞭度の意にも用いられていた）。明瞭度指数は現在でも難聴者の了解度推定法として応用されている。またボコーダの発明はその後の自動音声認識や音声合成へとつながっていく。1960 年ころまでにはディジタル化した音声を用いた研究が盛んに行われるようになった。この分野はディジタル化の恩恵をとりわけ強く受けたと言っていいだろう。当初は 1 秒間に振幅が 0 を横切る回数などの単純なパラメータが用いられたが，FFT の発明，さらには，音声の大局的スペクトルを自己回帰（AR）過程として分析する方法（線形予測）の考案などを経て高度化が進んでいった。自動音声認識では，1960 年代以降，認識の不十分さを辞書との照合によって埋めるアイディア等により認識率が向上していった。1970 年代になると大量の音声データに基づいて実用的な自動音声認識を実現する基盤となった HMM（隠れマルコフ過程）の利用も始まり，80 年代以降は大量のデータの統計的性質に基づく信号処理法が自動音声認識，音声合成いずれにおいても徐々に中心的な技術となっていく。現在われわれが機械と気軽に会話できるようになった背景には上記のような長い研究の積み重ねがある。

以上のように20世紀をかけて音響学はきわめて多面的に大きく発展した。その側面には，20世紀半ばにウィーナー（1894～1964）によって提唱された**サイバネティクス**があると考えたい。これは，通信や制御を機械と生物に共通の原理で解き明かそうとする概念である。これが契機となって，情報学が確固たる学術分野として確立した。その中で音響学も大きな影響，恩恵を受けたと考えてよいだろう。サイバネティクスの広がりにより，音が情報を伝える媒体（メディア）であるということが改めて意識され，上に記した20世紀の音響学の発展が示すように，音響学はそれまでの伝統に加え，工学と情報学の融合領域としてさらに発展したと考えられる。音響学は，21世紀の今もその大きな特徴である人間との関わりと学際性を生かしながら発展し続けている。

引用・参考文献

1）F. V. ハント（平松幸三訳）：音の科学文化史―ピュタゴラスからニュートンまで，海青社（1984）
2）Thomas Rossing：A Brief History of Acoustics, Springer Handbook of Acoustics pp. 9-24（2007）
3）早坂寿雄：音の歴史，コロナ社（1989）
4）東山三樹夫：音の物理，コロナ社（2010）
5）平原達也他：音と人間，コロナ社（2013）

2章 音の物理

◆本章のテーマ

本章では，音響学の理解に必要な物理現象とその解析手法について記述する。音は，振動現象の1つであるから，まず振動の解析手法を紹介した後，連続体の振動として，弦，棒，そして膜の振動を取り上げる。音の伝搬理論は，流体力学の概念に基づいて構築されたものである。そこで，流体力学の基礎について述べた後，音波の波動方程式を導く。そのうえで，代表的な音波のモデル，すなわち平面波と球面波を紹介する。最後に，フーリエ変換の概念を導入し，音響ホログラフィで利用される音の回折理論について述べる。

◆本章の構成（キーワード）

2.1　振動の基礎

　　単振動，減衰振動，強制振動

2.2　連続体の振動

　　弦の振動，棒の振動，膜の振動

2.3　波動方程式

　　流体力学，熱力学第1法則，音波の方程式，体積弾性率，音速

2.4　音波

　　速度ポテンシャル，音圧レベル，平面波，球面波

2.5　回折理論

　　フーリエ変換，キルヒホッフ-ヘルムホルツの積分定理，レイリー積分

2.1 振動の基礎

振動（vibration）とは，物理的な量が，ある一定値の近くで変動する現象である。振動には，周期的振動と非周期的振動がある。本節では，特に周期的振動に着目して，その解析的な記述を試みる。

2.1.1 周期振動

周期的な振動とは，一定の時間ごとに繰り返して起こる運動のことを指す。その際，繰り返しの時間間隔を**周期**（period）と呼び，単位時間に運動が繰り返される回数を**周波数**（frequency）あるいは振動数と呼ぶ。

振動のうち，運動の変位 x が時間 t の正弦関数あるいは余弦関数で表される振動を**単振動**（simple harmonic motion）と呼ぶ。単振動は

$$x(t)=A\sin(\omega t+\alpha) \tag{2.1}$$

で記述される。ここに，A を**振幅**（amplitude），$\omega t+\alpha$ を**位相**（phase），ω を**角周波数**（angular frequency），$f=\omega/2\pi$ を周波数と呼び

$$T=\frac{1}{f}$$

を周期と呼ぶ。

ここで，周波数と角周波数の関係について整理しておこう。式 (2.1) を，長さ A のベクトルが，原点の周りを回転したものと考える。このとき，ベクトルは原点の周りを毎秒 f 回転する。このときの回転角は，$\omega=2\pi f$〔rad/s〕

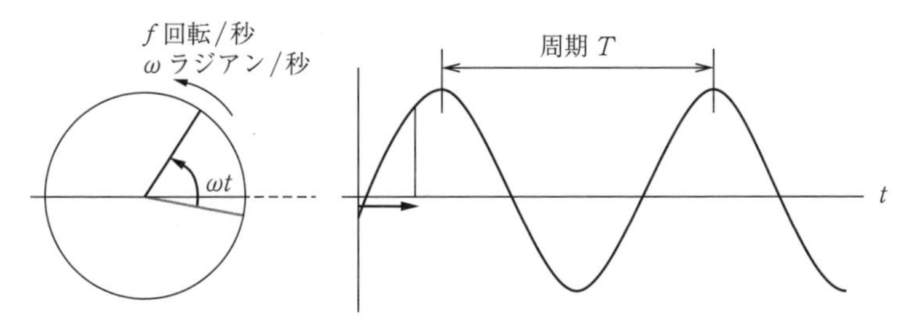

図 2.1　振動における周波数，角周波数と周期の関係

で表される。このωが角周波数である。これらの関係を**図 2.1** に示す。なお，式 (2.1) は余弦関数でも表される。

$$x(t)=A\cos(\omega t+\alpha)=A\sin\left(\omega t+\alpha+\frac{\pi}{2}\right) \tag{2.2}$$

2.1.2 単　振　動

式 (2.1) あるいは式 (2.2) で表される振動の例として，単振動が知られている。単振動の例としては，**図 2.2** に示す単振り子やばね振り子が挙げられる。もちろん，これらは物理現象を単純化して記述した「モデル」である。すなわち，単振り子では，空気の抵抗を無視し，おもりの振れ幅は微小であると仮定する。また，ばね振り子では，床はなめらかな面とし，空気抵抗は無視する。

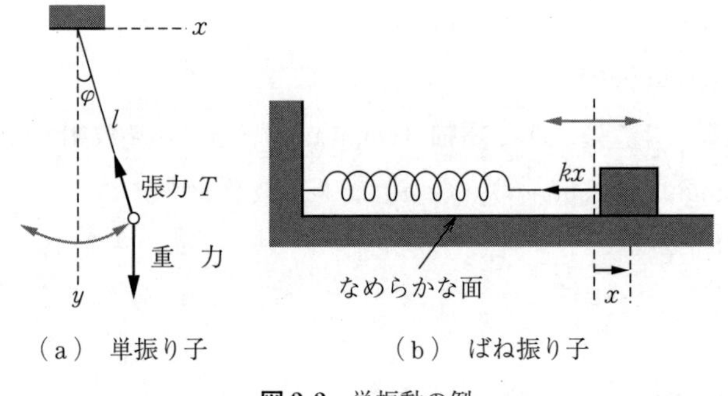

図 2.2　単振動の例

まず，単振り子の運動を考える。おもりの重さをmとし，x軸を水平方向に，y軸を垂直方向に取って，x方向，y方向で運動方程式を立てると

$$m\frac{d^2x}{dt^2}=-T\sin\varphi,$$

$$m\frac{d^2y}{dt^2}=mg-T\cos\varphi \tag{2.3}$$

を得る。おもりの軌道は，$x=l\sin\varphi$, $y=l\cos\varphi$で表されるが，φが微小な角度の場合，式$\sin\varphi\simeq\varphi$, $\cos\varphi\simeq1$が成り立ち，運動方程式は

$$ml\frac{d^2\varphi}{dt^2}=-T\varphi,$$
$$0=mg-T$$

と簡略化される。ここで，第2式から得られる式 $T=mg$ を第1式に代入し，$\omega_0^2=g/l$ とおけば

$$\frac{d^2\varphi}{dt^2}=-\omega_0^2\varphi$$

を得る。したがって，$x=l\varphi$ より単振り子の運動方程式は

$$\frac{d^2x}{dt^2}=-\omega_0^2x \tag{2.4}$$

で表される。

ばね振り子の運動方程式は，ばねの**弾性定数**† (elastic constant) を k とすれば

$$m\frac{d^2x}{dt^2}=-kx$$

であるが，$\omega_0=\sqrt{k/m}$ とおけば，単振り子と同じ運動方程式

$$\frac{d^2x}{dt^2}=-\omega_0^2x$$

を得る。

運動方程式 (2.4) の一般解は，例 5.14 より

$$x=ae^{i\omega_0t}+be^{-i\omega_0t}=(a+b)\cos\omega_0t+i(a-b)\sin\omega_0t \tag{2.5}$$

で表される。ここに，i は虚数単位を表す。この実数解は，係数 a，b を，実数 A，B を用いて

$$a=\frac{1}{2}A-\frac{i}{2}B,\quad b=\frac{1}{2}A+\frac{i}{2}B$$

と表すことにより

$$x=A\cos\omega_0t+B\sin\omega_0t=\alpha\cos(\omega_0t+\beta) \tag{2.6}$$

で表される。ここに，$A=\alpha\cos\beta$，$B=-\alpha\cos\beta$ とおいた。

† 弾力定数とも呼ばれる。

2.1.3 減 衰 振 動

空気の抵抗等を考慮した場合の振動を，ばね振り子について調べる。**図 2.3** に示すように，**抵抗力**（resistive force）は，速さ dx/dt に比例し，dx/dt とは逆向きに働く。このような抵抗力が働く結果，振動の振幅がしだいに小さくなり，最後には振動が止まってしまう。このような振動を，**減衰振動**（damped vibration）という。

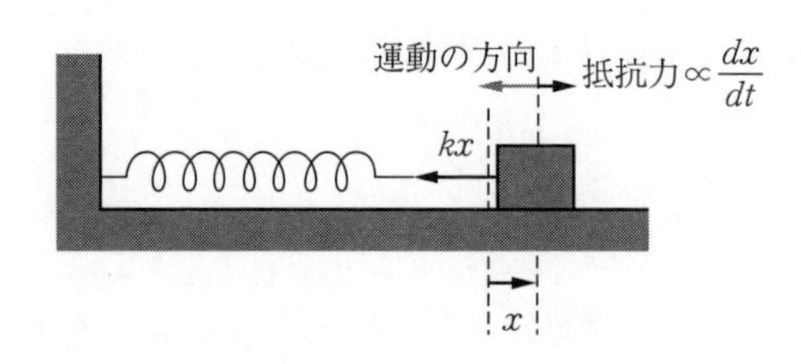

図 2.3　ばね振り子における抵抗力

抵抗力を考慮した運動方程式を立てるため，抵抗力と速さの比を r で表す。このとき，運動方程式は

$$m\frac{d^2x}{dt^2}=-kx-r\frac{dx}{dt}$$

で表される。$\omega_0=\sqrt{k/m}$ とし，簡単化のため $\tilde{r}=r/2m$ とおけば

$$\frac{d^2x}{dt^2}+2\tilde{r}\frac{dx}{dt}+\omega_0^2x=0 \tag{2.7}$$

を得る。

運動方程式 (2.7) の一般解は，5.2.2 項〔2〕より

$$x(t)=\begin{cases} e^{-\tilde{r}t}\left(ae^{\sqrt{\tilde{r}^2-\omega_0^2}t}+be^{-\sqrt{\tilde{r}^2-\omega_0^2}t}\right), & \tilde{r}^2\neq\omega_0^2, \\ e^{-\tilde{r}t}(at+b), & \tilde{r}^2=\omega_0^2 \end{cases} \tag{2.8}$$

で与えられる。まず，$\tilde{r}^2-\omega_0^2<0$ の場合，すなわち抵抗が比較的小さい場合について考察する。このとき，式 (2.8) の第 1 式における根号の中が負になるため

$$\sqrt{\tilde{r}^2-\omega_0^2}=i\sqrt{\omega_0^2-\tilde{r}^2}, \qquad \omega_0^2-\tilde{r}^2>0$$

とおいて，根号の中の符号を正に保つ。その結果

$$x(t)=e^{-\tilde{r}t}\left(ae^{i\sqrt{\omega_0^2-\tilde{r}^2}\,t}+be^{-i\sqrt{\omega_0^2-\tilde{r}^2}\,t}\right)$$
$$=e^{-\tilde{r}t}\left\{(a+b)\cos\sqrt{\omega_0^2-\tilde{r}^2}\ t+i(a-b)\sin\sqrt{\omega_0^2-\tilde{r}^2}\ t\right\}$$

を得る。この式の実数解は

$$a=\frac{1}{2}A-\frac{i}{2}B,\quad b=\frac{1}{2}A+\frac{i}{2}B \qquad (A,\ B\text{は実数})$$

と選べば

$$x(t)=e^{-\tilde{r}t}\left\{A\cos\sqrt{\omega_0^2-\tilde{r}^2}\ t+B\sin\sqrt{\omega_0^2-\tilde{r}^2}\ t\right\}$$
$$=\alpha e^{-\tilde{r}t}\cos\left(\sqrt{\omega_0^2-\tilde{r}^2}\ t+\beta\right) \tag{2.9}$$

で与えられる。ここに，$A=\alpha\cos\beta$，$B=-\alpha\sin\beta$ とおいた。**図 2.4** に示すように，式 (2.9) は，振幅が $\alpha e^{-\tilde{r}t}$ に従って減衰していく周期振動を表す。

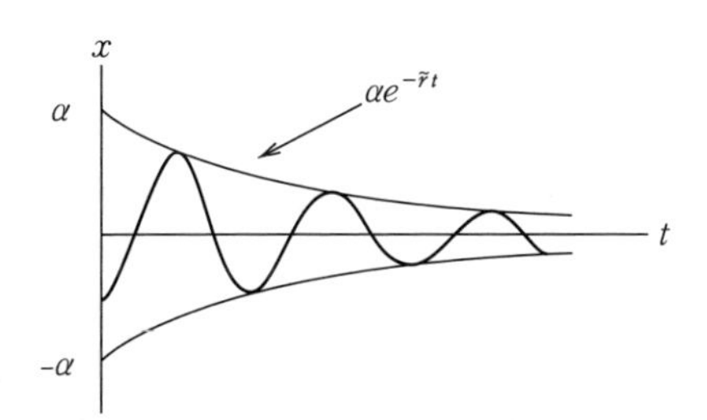

図 2.4　減衰振動

$\tilde{r}^2-\omega_0^2=0$ の場合の実数解は，式 (2.8) の第 2 式で $a=A$，$b=B$（A，B は実数）と選ぶことによって

$$x(t)=e^{-\tilde{r}t}(At+B) \tag{2.10}$$

で与えられる。この場合は**臨界制動**（critical damping）と呼ばれており，周期的な振動にはならない。$\tilde{r}^2-\omega_0^2>0$ の場合，すなわち抵抗が比較的大きい場合，実数解は，式 (2.8) の第 1 式で $a=A$，$b=B$（A，B は実数）と選ぶことによって

$$x(t)=e^{-\tilde{r}t}\left(Ae^{\sqrt{\tilde{r}^2-\omega_0^2}\,t}+Be^{-\sqrt{\tilde{r}^2-\omega_0^2}\,t}\right) \tag{2.11}$$

で与えられる。この場合は**過減衰**（over damping）と呼ばれ，臨界制動と同様，周期的な振動は起こらない。

2.1.4 強制振動

振動体が周期的な外力を受けて振動する場合のことを，**強制振動**（forced vibration）と呼ぶ。いま，外力を $F=F_0\cos\omega t$，復元力を $-kx$ で表す。強制振動を，抵抗がない場合と抵抗がある場合で分けて考察する。

〔1〕 **抵抗のない場合の強制振動**　　抵抗がない場合の強制振動は，運動方程式

$$m\frac{d^2x}{dt^2}=-kx+F_0\cos\omega t$$

で記述される。ここで，$\omega_0=\sqrt{k/m}$ とおけば

$$\frac{d^2x}{dt^2}+\omega_0^2x=\frac{F_0}{m}\cos\omega t \tag{2.12}$$

を得る。式 (2.12) の一般解は，同次微分方程式

$$\frac{d^2x}{dt^2}+\omega_0^2x=0 \tag{2.13}$$

の一般解と式 (2.12) の特解の和で表される。ここに，式 (2.13) は式 (2.4) と同じ式であり，その一般解は

$$x(t)=\alpha\cos(\omega_0t+\beta)$$

で与えられる。一方，式 (2.12) の特解を，$x=A\cos\omega t$ で表し，この式を式 (2.12) に代入すれば

$$(-\omega^2+\omega_0^2)A\cos\omega t=\frac{F_0}{m}\cos\omega t,$$

したがって

$$A=\frac{F_0}{m}\frac{1}{\omega_0^2-\omega^2}$$

を得る。以上より，運動方程式の一般解（実数解）は

$$x(t)=\alpha\cos(\omega_0t+\beta)+\frac{F_0}{m}\frac{1}{\omega_0^2-\omega^2}\cos\omega t \tag{2.14}$$

で与えられる。式 (2.14) の第 1 項は，外力がないときの運動であり，**固有振動**（characteristic vibration）と呼ばれる。一方，式 (2.14) の第 2 項は外力の影響を表し，$\omega=\omega_0$ の場合に振幅無限大（振幅共鳴）となる。

〔2〕 **抵抗がある場合の強制振動**　この場合の運動方程式は

$$m\frac{d^2x}{dt^2}=-kx-r\frac{dx}{dt}+F_0\cos\omega t$$

で与えられる。そこで，$\omega_0=\sqrt{k/m}$，$\tilde{r}=r/2m$ とおけば

$$\frac{d^2x}{dt^2}+2\tilde{r}\frac{dx}{dt}+\omega_0^2x=\frac{F_0}{m}\cos\omega t \tag{2.15}$$

を得る。微分方程式 (2.15) の一般解は，その同次方程式

$$\frac{d^2x}{dt^2}+2\tilde{r}\frac{dx}{dt}+\omega_0^2x=0 \tag{2.16}$$

の一般解と，式 (2.15) の特解との和で表される。式 (2.16) は式 (2.7) と同じ式であるため，その一般解は式 (2.8) で与えられる。特に $\tilde{r}^2-\omega_0^2<0$ の場合の一般解は式 (2.9) より

$$x(t)=\alpha e^{-\tilde{r}t}\cos\left(\sqrt{\omega_0^2-\tilde{r}^2}\ t+\beta\right) \tag{2.17}$$

である。一方，式 (2.15) の特解を $x=A\cos(\omega t-\delta)$ で表し，この式を式 (2.15) に代入して

$$-\omega^2A\cos(\omega t-\delta)-2\tilde{r}\omega A\sin(\omega t-\delta)+\omega_0^2A\cos(\omega t-\delta)=\frac{F_0}{m}\cos\omega t.$$

この式の左辺を変形すれば

$$\begin{aligned}
&(\omega_0^2-\omega^2)A\cos(\omega t-\delta)-2\tilde{r}\omega A\sin(\omega t-\delta)\\
&=\sqrt{(\omega_0^2-\omega^2)^2+4\tilde{r}^2\omega^2}\\
&\quad\times A\left\{\frac{\omega_0^2-\omega^2}{\sqrt{(\omega_0^2-\omega^2)^2+4\tilde{r}^2\omega^2}}\cos(\omega t-\delta)-\frac{2\tilde{r}\omega}{\sqrt{(\omega_0^2-\omega^2)^2+4\tilde{r}^2\omega^2}}\sin(\omega t-\delta)\right\}\\
&=\sqrt{(\omega_0^2-\omega^2)^2+4\tilde{r}^2\omega^2}\,A\cos\left(\omega t-\delta+\tan^{-1}\frac{2\tilde{r}\omega}{\omega_0^2-\omega^2}\right)
\end{aligned}$$

であるから，同式の右辺と比較して

$$A=\frac{1}{\sqrt{(\omega_0^2-\omega^2)^2+4\tilde{r}^2\omega^2}}\frac{F_0}{m},$$

$$\delta=\tan^{-1}\frac{2\tilde{r}\omega}{\omega_0^2-\omega^2}$$

が得られ，結局，式 (2.15) の特解は

$$x(t)=\frac{1}{\sqrt{(\omega_0^2-\omega^2)^2+4\tilde{r}^2\omega^2}}\frac{F_0}{m}\cos\left(\omega t-\tan^{-1}\frac{2\tilde{r}\omega}{\omega_0^2-\omega^2}\right) \tag{2.18}$$

で与えられる。

上記により，振動しながら減衰する場合 ($\tilde{r}^2-\omega_0^2<0$) の一般解（実数解）は

$$x(t)=\alpha e^{-\tilde{r}t}\cos\left(\sqrt{\omega_0^2-\tilde{r}^2}\,t+\beta\right)+\frac{1}{\sqrt{(\omega_0^2-\omega^2)^2+4\tilde{r}^2\omega^2}}\frac{F_0}{m}\cos(\omega t-\delta) \tag{2.19}$$

で表される。式 (2.19) の第1項は，減衰振動の項であり，第2項は強制振動の項である。強制振動の時間遅れ δ は，抵抗があることに基づく。式 (2.19) の強制振動を，**図 2.5** に示す。

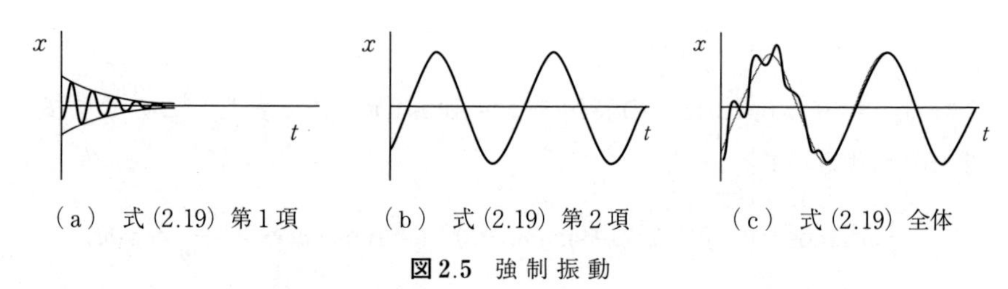

（a） 式 (2.19) 第1項　（b） 式 (2.19) 第2項　（c） 式 (2.19) 全体

図 2.5　強 制 振 動

2.1.5 共　　振

式 (2.19) の強制振動の項は，**定常状態** (steady state) の振動を表す。この項を変形すれば

$$\begin{aligned} x_s(t)&=\frac{1}{\sqrt{(\omega_0^2-\omega^2)^2+4\tilde{r}^2\omega^2}}\frac{F_0}{m}\cos(\omega t-\delta)\\ &=\frac{1}{\sqrt{\left(1-\frac{\omega^2}{\omega_0^2}\right)^2+4\frac{\tilde{r}^2}{\omega_0^2}\frac{\omega^2}{\omega_0^2}}}\frac{F_0}{m\omega_0^2}\cos(\omega t-\delta)\\ &=\frac{1}{\sqrt{(1-\xi^2)^2+4\gamma^2\xi^2}}\frac{F_0}{m\omega_0^2}\cos(\omega t-\delta) \end{aligned} \tag{2.20}$$

を得る。ここに，$\xi=\omega/\omega_0$，$\gamma=\tilde{r}/\omega_0$ とおいた。式 (2.20) の振幅のうち，周波数に依存する部分を A_s と書く。すなわち

$$A_s = \frac{1}{\sqrt{(1-\xi^2)^2 + 4\gamma^2\xi^2}}. \tag{2.21}$$

このとき，ξ と A_s のグラフを**共鳴曲線**（resonance curve）という。抵抗がない場合，$r=0$ より $\gamma=0$ であるから，共鳴曲線は $\xi=1$（$\omega=\omega_0$）で振幅無限大となる。抵抗がある場合，$0<\gamma<1/\sqrt{2}$ ならば，$\xi=\sqrt{1-2\gamma^2}$（$\omega=\omega_0\sqrt{1-2\gamma^2}$）で振幅最大となる。一方，$\gamma \geqq 1/\sqrt{2}$ ならば，$\xi=0$（$\omega=0$）で振幅最大であり，$\xi>0$ で単調に減少する。共鳴曲線を**図 2.6** に示す。

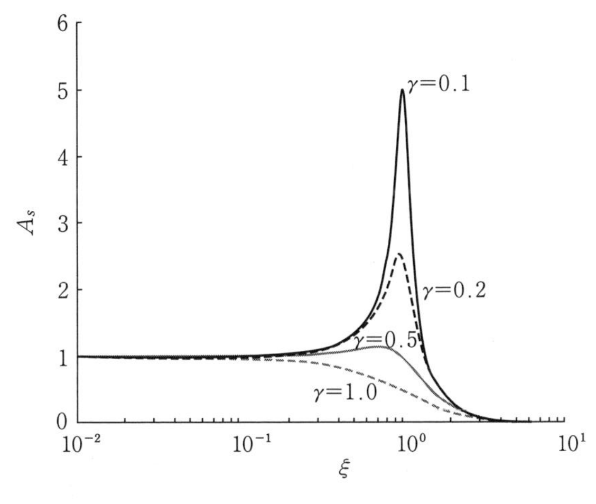

図 2.6　共 鳴 曲 線

抵抗がある場合の共鳴曲線を調べるため，式 (2.21) の分母の関数を考察する。すなわち，$x=\xi^2$ として

$$f(x) = (1-x)^2 + 4\gamma^2 x, \qquad x \geqq 0$$

を考える。

$$f'(x) = 2x + 2(2\gamma^2 - 1)$$

より，条件 $x \geqq 0$ を考慮すると，この関数が極値（最小値）を持つのは $2\gamma^2-1<0$，すなわち $\gamma<1/\sqrt{2}$ の時のみである。このとき，$f(x)$ は $x=1-2\gamma^2$ で最小となる。一方，$\gamma \geqq 1/\sqrt{2}$ では $f'(x)$ は $x \geqq 0$ で常に正値を取るため，$f(x)$ は単調に増加する。以上より，式 (2.21) の A_s は，$0<\gamma<1/\sqrt{2}$ のとき

$\xi=\sqrt{1-2\gamma^2}$ で振幅最大となり，$\gamma \geqq 1/\sqrt{2}$ では $\xi \geqq 0$ で単調減少することがわかる。

2.2 連続体の振動

本節では，われわれにとって身近な発音体である弦，棒，および膜の振動について考察する。

2.2.1 弦の振動

弦の振動（vibration of a string）を解析するにあたり，問題を簡単化するため，いくつかの仮定をおく。すなわち

1）両端を固定した弦が変形を受けた場合を扱う。

2）弦の張力 T のみを復元力として運動するものとする。

3）弦の各部分は，弦の長さの方向とは垂直な方向に振動する**横振動**（transverse vibration）のみを扱う。弦の長さの方向を x 方向，振動方向を y 方向と定める。

4）弦の変位に伴う伸びの割合は小さいとし，張力 T はどの部分でも一定とする。

5）弦の線密度は，どの部分でも一定であり，その値を σ とする。

6）弦と x 軸のなす角は，微小に保たれる。

また，独立変数を時間 t と弦上の座標 x と定める。従属変数は y 方向への弦の変位 $u(x, t)$ である。この様子を，**図 2.7** に示す。

図 2.7 において，弦の微小部分 PQ にかかる力の y 方向成分は，点 P における張力の y 方向成分 $-T\sin\theta(x, t)$ と点 Q における張力の y 方向成分 $T\sin\theta(x+\Delta x, t)$ の和で表される。また，仮定6）を用いれば，$\sin\theta \simeq \tan\theta = \partial u/\partial x$ が成り立ち，その結果，PQ にかかる力の y 方向成分は

$$T\sin\theta(x+\Delta x, t) - T\sin\theta(x, t) = T\frac{\partial}{\partial x}u(x+\Delta x, t) - T\frac{\partial}{\partial x}u(x, t)$$

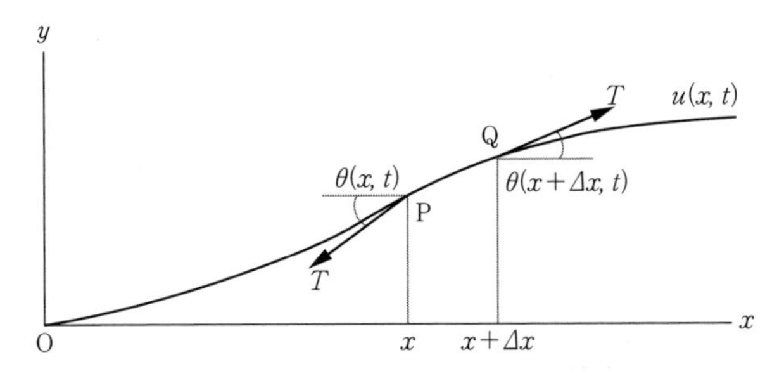

図 2.7　弦の振動のモデル

で表される。一方，微小部分 PQ の質量は $\sigma\Delta x$ であるから，PQ に対する運動方程式は

$$\sigma\Delta x\frac{\partial^2}{\partial t^2}u(x,\,t)=T\frac{\partial}{\partial x}u(x+\Delta x,\,t)-T\frac{\partial}{\partial x}u(x,\,t) \tag{2.22}$$

で与えられる。式 (2.22) の両辺を Δx で割り，$\Delta x\to 0$ とすれば

$$\sigma\frac{\partial^2}{\partial t^2}u(x,\,t)=T\lim_{\Delta x\to 0}\frac{\dfrac{\partial}{\partial x}u(x+\Delta x,\,t)-\dfrac{\partial}{\partial x}u(x,\,t)}{\Delta x}=T\frac{\partial^2}{\partial x^2}u(x,\,t).$$

そこで，$c=\sqrt{T/\sigma}$ とおけば，弦の振る舞いを記述する微分方程式

$$\frac{\partial^2 u}{\partial t^2}=c^2\frac{\partial^2 u}{\partial x^2} \tag{2.23}$$

を得る。微分方程式 (2.23) は，1 次元の**波動方程式**（wave equation）として知られている。

以下，**1 次元波動方程式**の一般解を求めてみよう。いま，変数 ξ，η を

$$\xi=x-ct,\quad \eta=x+ct$$

で定義する。このとき

$$\frac{\partial u}{\partial t}=\frac{\partial \xi}{\partial t}\frac{\partial u}{\partial \xi}+\frac{\partial \eta}{\partial t}\frac{\partial u}{\partial \eta}=-c\left(\frac{\partial u}{\partial \xi}-\frac{\partial u}{\partial \eta}\right),$$

$$\begin{aligned}\frac{\partial^2 u}{\partial t^2}&=-c\left(\frac{\partial \xi}{\partial t}\frac{\partial^2 u}{\partial \xi^2}+\frac{\partial \eta}{\partial t}\frac{\partial^2 u}{\partial \xi\partial \eta}-\frac{\partial \xi}{\partial t}\frac{\partial^2 u}{\partial \xi\partial \eta}-\frac{\partial \eta}{\partial t}\frac{\partial^2 u}{\partial \eta^2}\right)\\&=c^2\left(\frac{\partial^2 u}{\partial \xi^2}-2\frac{\partial^2 u}{\partial \xi\partial \eta}+\frac{\partial^2 u}{\partial \eta^2}\right),\end{aligned}$$

$$\frac{\partial u}{\partial x}=\frac{\partial \xi}{\partial x}\frac{\partial u}{\partial \xi}+\frac{\partial \eta}{\partial x}\frac{\partial u}{\partial \eta}=\frac{\partial u}{\partial \xi}+\frac{\partial u}{\partial \eta},$$

$$\frac{\partial^2 u}{\partial x^2}=\frac{\partial \xi}{\partial x}\frac{\partial^2 u}{\partial \xi^2}+\frac{\partial \eta}{\partial x}\frac{\partial^2 u}{\partial \xi \partial \eta}+\frac{\partial \xi}{\partial x}\frac{\partial^2 u}{\partial \xi \partial \eta}+\frac{\partial \eta}{\partial x}\frac{\partial^2 u}{\partial \eta^2}=\frac{\partial^2 u}{\partial \xi^2}+2\frac{\partial^2 u}{\partial \xi \partial \eta}+\frac{\partial^2 u}{\partial \eta^2}$$

より，式 (2.23) は

$$\frac{\partial^2 u}{\partial \xi \partial \eta}=0 \tag{2.24}$$

と変形される。そこで，式 (2.24) を η に関して不定積分して

$$\frac{\partial u}{\partial \xi}=\tilde{F}(\xi)$$

を得る。ここに，$\tilde{F}$ は 1 変数の任意関数である。これをさらに ξ で不定積分すれば

$$u=\int \tilde{F}(\xi)d\xi+G(\eta)$$

を得る。ここに，G は $\tilde{F}$ とは別の 1 変数任意関数である。

$$F(\xi)=\int \tilde{F}(\xi)d\xi$$

とおけば

$$u=F(\xi)+G(\eta)$$

が成り立ち，式 (2.23) の一般解は

$$u(x,t)=F(x-ct)+G(x+ct) \tag{2.25}$$

で表される。式 (2.25) の第 1 項は，時間とともに $+x$ 方向に伝搬する波，第 2 項は時間とともに $-x$ 方向に伝搬する波を表す。

今度は，1 次元波動方程式 (2.23) を変数分離法によって解いてみよう。すなわち，関数 $u(x,t)$ が，位置 x だけの関数 $X(x)$ と時間 t だけの関数 $T(t)$ の積で表されたとする。すなわち

$$u(x,t)=X(x)T(t). \tag{2.26}$$

式 (2.26) を式 (2.23) に代入すれば

$$\frac{1}{c^2}X\frac{\partial^2 T}{\partial t^2}-\frac{\partial^2 X}{\partial x^2}T=0$$

を得る。上式の両辺を $u(x,t)$ で割れば

$$\frac{T''(t)}{c^2T(t)}=\frac{X''(x)}{X(x)}$$

が成り立つ。この式の左辺は t のみの関数，右辺は x のみの関数であるから，この式は t にも x にも依存しない定数と考えられる。そこで，この定数を α とおけば

$$X''(x)=\alpha X(x),$$
$$T''(t)=\alpha c^2T(t) \tag{2.27}$$

を得る。式 (2.27) の一般解は，例 5.14 より

$$X(x)=X_1e^{\sqrt{\alpha}x}+X_2e^{-\sqrt{\alpha}x},$$
$$T(t)=T_1e^{\sqrt{\alpha}ct}+T_2e^{-\sqrt{\alpha}ct} \tag{2.28}$$

で表される。結局，式 (2.23) の一般解は，式 (2.28) の2つの式の積を取ることにより

$$\begin{aligned}u(x,t)&=(X_1e^{\sqrt{\alpha}x}+X_2e^{-\sqrt{\alpha}x})(T_1e^{\sqrt{\alpha}ct}+T_2e^{-\sqrt{\alpha}ct})\\&=X_1T_2e^{\sqrt{\alpha}(x-ct)}+X_2T_1e^{-\sqrt{\alpha}(x-ct)}+X_1T_1e^{\sqrt{\alpha}(x+ct)}+X_2T_2e^{-\sqrt{\alpha}(x+ct)}\end{aligned} \tag{2.29}$$

で与えられる。式 (2.29) 最右辺の第1項，第2項が式 (2.25) の関数 F に対応し，同第3項，第4項が式 (2.25) の関数 G に対応している。

例として，両端を固定した長さ L の弦の振動を考える。弦の振動は，式 (2.23) の微分方程式で記述されるが，弦は両端を固定されているので，境界条件

$$u(0,t)=0,\quad u(L,t)=0 \tag{2.30}$$

を満足する。この場合の一般解の解法は 5.2.3 項で述べることとし，ここでは，結果のみを示す。境界条件を考慮すれば，式 (5.54) より α は

$$\sqrt{\alpha}=i\frac{n\pi}{L},\quad n=\pm1,\ \pm2,\cdots \tag{2.31}$$

を満たす。したがって，式 (2.28) の関数 $X(x)$ と $T(t)$ は，各 n に対して

$$X_n(x)=A_n\sin\frac{n\pi}{L}x,$$
$$T_n(t)=B_1\cos\frac{n\pi c}{L}t+B_2\sin\frac{n\pi c}{L}t \tag{2.32}$$

で表される。式 (2.32) より，弦の振動を表す式

$$u(x,t)=\sum_{n=1}^{\infty} A_n \sin\frac{n\pi}{L}x\left(B_1\cos\frac{n\pi c}{L}t+B_2\sin\frac{n\pi c}{L}t\right) \tag{2.33}$$

を得る。なお，弦の振動の角周波数と周波数は

$$\omega_n=\frac{n\pi c}{L},\quad n=1,2,\cdots,$$

$$f_n=\frac{nc}{2L},\quad n=1,2,\cdots$$

で与えられる。

2.2.2　棒の縦振動

密度が一様な棒の振動のうち，各部分の変位が棒に沿って起こるものを**棒の縦振動**（longitudinal vibration of a bar）と呼ぶ。棒の一方を金槌などで叩いたときに，圧縮に対する弾性力によって，変位が棒の中を伝搬して生じる振動である。問題を簡単化するため，以下の仮定をおく。

1）棒は1次元の物体として見なせる。したがって，その各点の位置は，x 座標のみで表すことができる。

2）棒の各部分は，x 軸に水平な方向に動く（縦波）。

3）棒の密度は一定である。

4）棒のヤング率（縦弾性定数）は一定である。

以上の仮定のもとで，棒の縦振動を定式化する。独立変数は，棒上の座標 x と時間 t であり，従属変数は，棒上の点 x の時刻 t における変位 $u(x,t)$ である。

いま，棒の密度を ρ，棒の断面積を S，ヤング率を E で表す。**図 2.8** に示すように，棒の微小部分 PQ に応力 T, T' がかかり，P′Q′ になったとする。運動方程式は

$$\rho S\Delta x\frac{\partial^2}{\partial t^2}u(x,t)=(T'-T)S$$

で与えられ，さらに

$$\rho\Delta x\frac{\partial^2}{\partial t^2}u(x,t)=T'-T \tag{2.34}$$

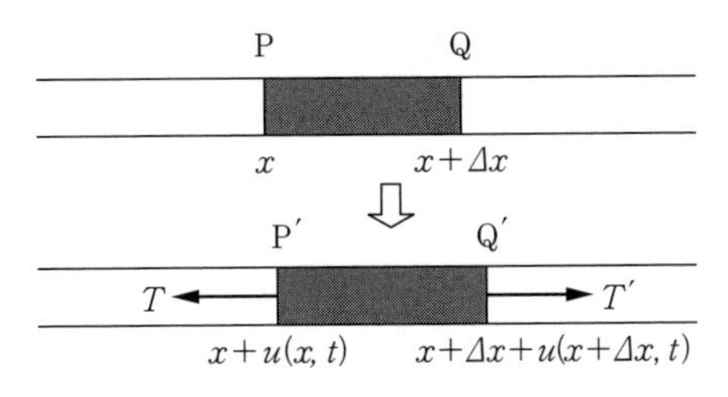

図 2.8 棒の縦振動

と変形できる。一方，PQ の伸び率は

$$\frac{\{x+\Delta x+u(x+\Delta x, t)\}-\{x+u(x, t)\}-\Delta x}{\Delta x}=\frac{u(x+\Delta x, t)-u(x, t)}{\Delta x}$$

で表され，$\Delta x \to 0$ のとき，この伸び率は $\partial u/\partial x$ と記述される。したがって，P′ における応力は

$$T=E\frac{\partial}{\partial x}u(x, t)$$

Q′ における応力は

$$T'=E\frac{\partial}{\partial x}u(x+\Delta x, t)$$

である。応力 T，T' を式 (2.34) に代入すれば

$$\rho\Delta x\frac{\partial^2}{\partial t^2}u(x, t)=E\left\{\frac{\partial}{\partial x}u(x+\Delta x, t)-\frac{\partial}{\partial x}u(x, t)\right\}$$

を得る。この式の両辺を Δx で割り，$\Delta x \to 0$ とすれば，棒の縦振動を記述する式

$$\rho\frac{\partial^2}{\partial t^2}u(x, t)=E\frac{\partial^2}{\partial x^2}u(x, t) \tag{2.35}$$

を得る。$c=\sqrt{E/\rho}$ とおけば，式 (2.35) は，式 (2.23) と同じ 1 次元波動方程式となる。

2.2.3 棒の横振動

密度一様な棒の振動のうち，各部分の変位が棒と直交する方向で起こるものを**棒の横振動**（transverse vibration of a bar）と呼ぶ。棒の横振動は，たわみ振動とも呼ばれる。この場合も，問題を簡単化するため，以下の仮定をおく。

1）棒の各点の位置は，x 座標のみで表すことができる。

2）棒の各部分は，z 軸方向に動く。

3）棒の密度は一定である。

4）棒のヤング率は一定である。

棒の横振動の独立変数は，縦振動と同様，棒上の座標 x と時間 t であり，従属変数は，棒上の点 x の時刻 t における z 方向の変位 $u(x, t)$ である。また，棒の密度を ρ，棒の断面積を S，ヤング率を E とする。

棒が曲がると外側は伸び，内側は縮む。その境界にある伸び縮みしない部分の変位を $z=u(x, t)$ とする。これらの条件のもとで，2 つの断面 P，Q に囲まれた微小部分の運動方程式を立てる。**図 2.9**（a）は，棒の横振動の様子を表し，図 2.9（b）は，そのうち微小部分 PQ を拡大したものである。いま，面 Q の面 P に対する傾きを $\varDelta\theta$ で表す。すなわち

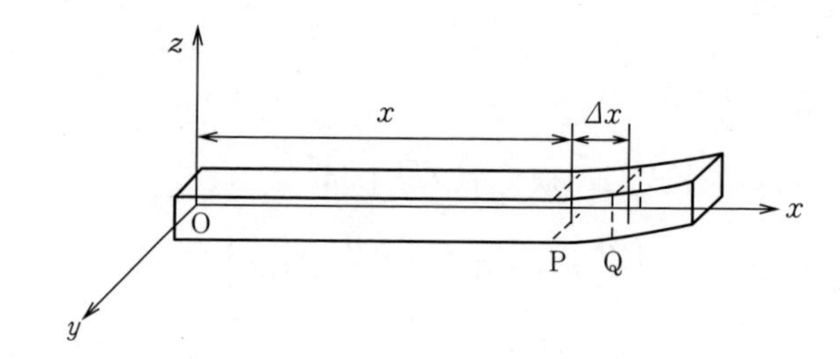

（a）　棒の z 方向の変形

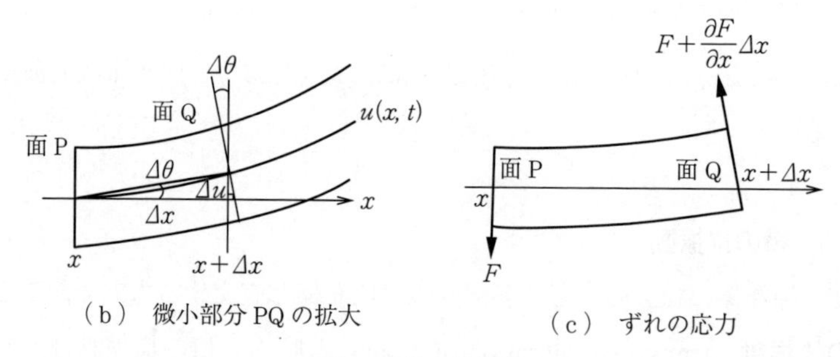

（b）　微小部分 PQ の拡大　　（c）　ずれの応力

図 2.9　棒の横振動

$$\tan \Delta\theta = \frac{\Delta u}{\Delta x}.$$

$\Delta\theta = \tan^{-1}(\Delta u/\Delta x)$ より，$\Delta x \to 0$ において

$$\frac{\partial\theta}{\partial x} = \frac{\partial}{\partial x}\left(\tan^{-1}\frac{\partial u}{\partial x}\right) = \frac{1}{1+\left(\frac{\partial u}{\partial x}\right)^2}\frac{\partial^2 u}{\partial x^2} \simeq \frac{\partial^2 u}{\partial x^2}$$

が成り立つ。よって，C を任意定数とすれば

$$\theta = \frac{\partial u}{\partial x} + C. \tag{2.36}$$

一方，ずれによる応力は，面Pでは $-z$ 方向に F，面Qでは $+z$ 方向に $F+(\partial F/\partial x)\Delta x$ と考えられる（図2.9（c））。よって，運動方程式は

$$\rho S \Delta x \frac{\partial^2}{\partial t^2}u(x, t) = \frac{\partial F}{\partial x}\Delta x \tag{2.37}$$

で表される。伸び縮みしない部分 $u(x, t)$ に対して，$+z$ 方向にある部分は縮み，$-z$ 方向にある部分は伸びる（**図2.10**）。したがって，$u(x, t)$ に対して $+z$ 方向にある部分を考えると，この部分では

$$z\sin\Delta\theta \simeq z\Delta\theta$$

だけ縮むため，その割合は $z(\Delta\theta/\Delta x)$ で与えられる。

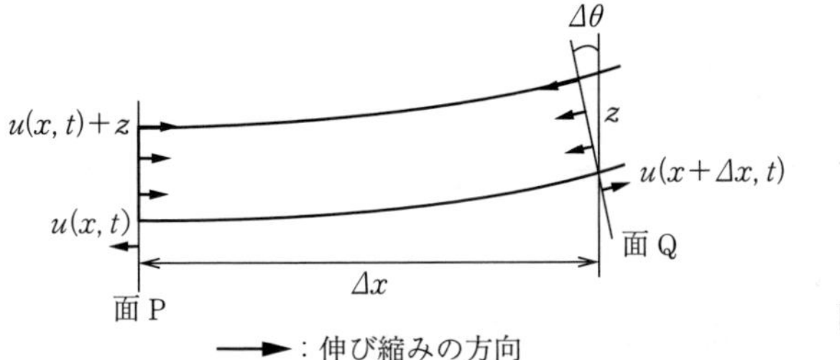

図2.10　棒の伸縮

さて，$\Delta x \to 0$ のとき，棒の弾性により面P上の点 $u(x, t)+z$ に現れる力は

$$E\left(z\frac{d\theta}{dx}\right)dydz$$

である。したがって，面P上で，変位 $u(x, t)$ で表される y 軸と平行な直線abを考えれば（**図2.11**），直線abの周りに現れる**曲げモーメント**（bending

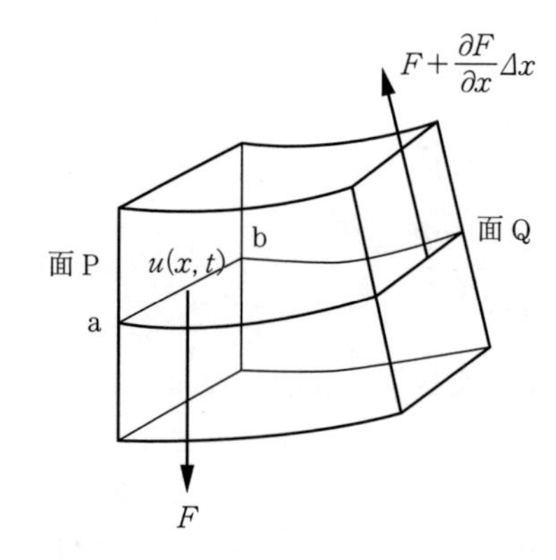

図 2.11　面 P における y 軸に平行な直線 ab

moment）は

$$M=\iint Ez\frac{d\theta}{dx}\cdot zdydz=E\frac{d\theta}{dx}\iint z^2dydz$$

で表される。

$$I=\iint z^2dydz$$

とおき，式 (2.36) を用いれば，面 P 上の曲げモーメントは

$$M=EI\frac{\partial^2 u}{\partial x^2} \tag{2.38}$$

で表され，面 Q 上の曲げモーメントは

$$M+\frac{\partial M}{\partial x}\Delta x=M+EI\frac{\partial^3 u}{\partial x^3}\Delta x \tag{2.39}$$

で表される。一方，面 P，Q で囲まれた微小部分の辺 ab の周りの慣性モーメントは $\rho I\Delta x$ であるため，辺 ab の周りの回転運動の方程式は

$$\rho I\Delta x\frac{\partial^2\theta}{\partial t^2}=\left(M+\frac{\partial M}{\partial x}\Delta x-M\right)+\left(F+\frac{\partial F}{\partial x}\Delta x\right)\Delta x$$

で与えられる。上式に，式 (2.36)，(2.38) を代入し，2 次の微小量 $(\Delta x)^2$ を省略すれば

$$\rho I\Delta x\frac{\partial^2}{\partial t^2}\left(\frac{\partial u}{\partial x}\right)=EI\frac{\partial^3 u}{\partial x^3}\Delta x+F\Delta x$$

が成り立つ。この両辺を Δx で割れば

$$\rho I \frac{\partial^2}{\partial t^2}\left(\frac{\partial u}{\partial x}\right) = EI \frac{\partial^3 u}{\partial x^3} + F$$

を得るが，その左辺は通常きわめて小さい量であるから，これを0とおけば

$$F = -EI \frac{\partial^3 u}{\partial x^3} \tag{2.40}$$

を得る。式(2.40)を式(2.37)に代入して

$$\rho S \frac{\partial^2 u}{\partial t^2} = \frac{\partial}{\partial x}\left(-EI \frac{\partial^3 u}{\partial x^3}\right),$$

すなわち

$$\frac{\partial^2}{\partial t^2} u(x, t) + \frac{EI}{\rho S} \frac{\partial^4}{\partial x^4} u(x, t) = 0 \tag{2.41}$$

を得る。

さて，**変数分離法**（separation of variables）を用いて，式(2.41)を解いてみよう。$u(x, t) = X(x)\cos(\omega t + \alpha)$ とおけば

$$-\omega^2 X + \frac{EI}{\rho S} \frac{\partial^4 X}{\partial x^4} = 0.$$

さらに，$X(x) = e^{px}$ として

$$p^4 X - \frac{\rho S \omega^2}{EI} X = p^4 X - \beta^4 X = (p^2 + \beta^2)(p^2 - \beta^2) X = 0$$

を得る。ここに，$\rho S \omega^2 / EI$ を β^4 とおいた。p は，$p = \pm\beta$ もしくは $p = \pm i\beta$ で表されるため，式(2.41)の解は

$$u(x, t) = (C_1 e^{\beta x} + C_2 e^{-\beta x} + C_3 e^{i\beta x} + C_4 e^{-i\beta x})\cos(\omega t + \alpha)$$

あるいは

$$u(x, t) = (D_1 \cosh \beta x + D_2 \sinh \beta x + D_3 \cos \beta x + D_4 \sin \beta x)\cos(\omega t + \alpha) \tag{2.42}$$

で与えられる。ここに，$C_1, C_2, C_3, C_4, D_1, D_2, D_3, D_4$ は任意定数を表す。

2.2.4 膜の振動

次の仮定の下で，**矩形膜**（rectangular membrane）および**円形膜**（circular

membrane）の振動を調べる。

1）膜は一様で，xy平面内にある変形しない枠に一定の張力で張られている。

2）膜は，z方向に振動する。

この場合，膜上の位置座標(x, y)と時間tが独立変数であり，時刻tにおける膜のz方向の変位$u(x, y, t)$が従属変数である。いま，膜の静止時の面密度をρ，膜の張力をTとする。**図2.12**に示すように，静止時の膜上の微小部分ABCDが，z方向に変位してA′B′C′D′となったとして，運動方程式を立てる。

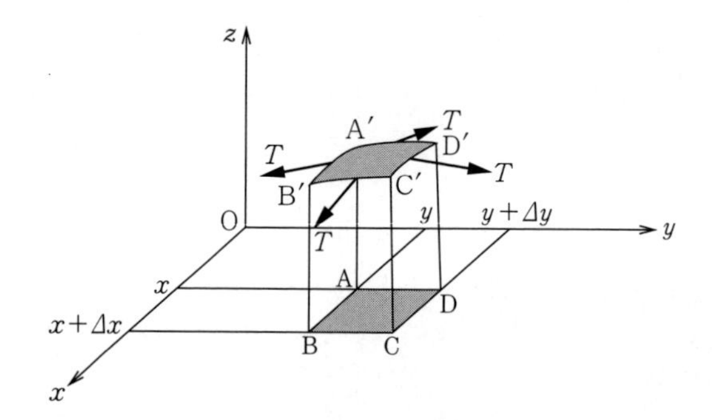

図2.12　膜の変形

辺A′D′上の単位長にかかる張力のz成分は，**図2.13**における角度θを微小角と仮定すると

$$-T\sin\theta \simeq -T\tan\theta = -T\frac{\partial z}{\partial x} = -T\frac{\partial}{\partial x}u(x, y, t)$$

で表される。したがって，辺A′D′上にかかる張力のz成分は

$$-T\frac{\partial}{\partial x}u(x, y, t)\Delta y$$

である。一方，辺B′C′にかかる張力のz成分は

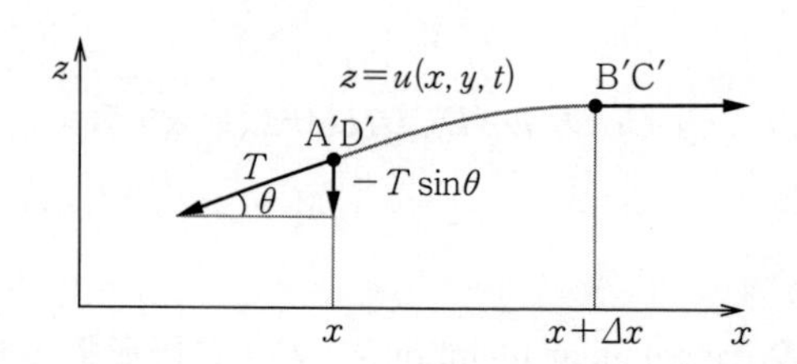

図2.13　膜の断面図

$$T\frac{\partial}{\partial x}u(x+\Delta x, y, t)\Delta y \simeq T\left(\frac{\partial u(x, y, t)}{\partial x}+\frac{\partial^2 u(x, y, t)}{\partial x^2}\Delta x\right)\Delta y$$

で表される。結局，辺 A′D′ と辺 B′C′ にかかる張力の z 成分の和は

$$T\frac{\partial^2 u(x, y, t)}{\partial x^2}\Delta x\Delta y$$

となる。同様に，辺 A′B′ と辺 D′C′ にかかる張力の z 成分の和は

$$T\frac{\partial^2 u(x, y, t)}{\partial y^2}\Delta x\Delta y$$

で表される。したがって，膜の振動の運動方程式は

$$\rho\Delta x\Delta y\frac{\partial^2 u}{\partial t^2}=T\left(\frac{\partial^2 u}{\partial x^2}+\frac{\partial^2 u}{\partial y^2}\right)\Delta x\Delta y$$

で与えられる。この式の両辺を $\Delta x\Delta y$ で割り，$c=\sqrt{T/\rho}$ とおけば

$$\frac{1}{c^2}\frac{\partial^2 u}{\partial t^2}=\frac{\partial^2 u}{\partial x^2}+\frac{\partial^2 u}{\partial y^2} \tag{2.43}$$

を得る。式 (2.43) は 2 次元波動方程式と呼ばれる。

〔1〕**矩形膜の振動**　2 次元波動方程式を変数分離法によって解くため，$u(x, y, t)=V(x, y)T(t)$ を式 (2.43) に代入すれば

$$\frac{1}{c^2}V\frac{\partial^2 T}{\partial t^2}=T\left(\frac{\partial^2}{\partial x^2}+\frac{\partial^2}{\partial y^2}\right)V$$

を得る。すなわち

$$\frac{1}{c^2}\frac{T''}{T}=\frac{\nabla^2 V}{V} \tag{2.44}$$

が成り立つ。ここに

$$\nabla^2=\frac{\partial^2}{\partial x^2}+\frac{\partial^2}{\partial y^2}$$

である。式 (2.44) の左辺は時間変数 t の関数，右辺は空間変数 x, y の関数であるから，この式は定数でなければならない。そこで，この定数を λ とおけば

$$\nabla^2 V(x, y)=\lambda V(x, y),$$

$$T''(t)=\lambda c^2 T(t) \tag{2.45}$$

を得る。時間関数 T の一般解は，式 (2.28) と同様に

$$T(t)=T_1e^{\sqrt{\lambda}ct}+T_2e^{-\sqrt{\lambda}ct} \tag{2.46}$$

で与えられる。空間関数 V については，$V(x, y)=X(x)Y(y)$ とおけば

$$X''(x)Y(y)+X(x)Y''(y)=\lambda X(x)Y(y)$$

が成り立ち

$$\frac{X''(x)}{X(x)}=\lambda-\frac{Y''(y)}{Y(y)}=\mu \tag{2.47}$$

を得る。ここに μ は定数である。式 (2.47) より，X と Y の一般解は

$$X=X_1e^{\sqrt{\mu}x}+X_2e^{-\sqrt{\mu}x},$$

$$Y=Y_1e^{\sqrt{\lambda-\mu}y}+Y_2e^{-\sqrt{\lambda-\mu}y} \tag{2.48}$$

で表される。したがって，2 次元波動方程式の一般解

$$u(x, y, t)=(X_1e^{\sqrt{\mu}x}+X_2e^{-\sqrt{\mu}x})(Y_1e^{\sqrt{\lambda-\mu}y}+Y_2e^{-\sqrt{\lambda-\mu}y})(T_1e^{\sqrt{\lambda}ct}+T_2e^{-\sqrt{\lambda}ct}) \tag{2.49}$$

を得る。

次に，2 辺の長さが a，b で，周囲が固定されている膜の振動を調べる。この場合の境界条件は，$u(0, y, t)=0$，$u(a, y, t)=0$，$u(x, 0, t)=0$，$u(x, b, t)=0$，すなわち

$$X(0)=0,\quad X(a)=0,$$

$$Y(0)=0,\quad Y(b)=0$$

である。この境界条件は，式 (2.30) と同じであるから，式 (2.31) より

$$\sqrt{\mu}=i\frac{m\pi}{a},\qquad m=\pm1,\ \pm2, \cdots,$$

$$\sqrt{\lambda-\mu}=i\frac{n\pi}{b},\quad n=\pm1,\ \pm2, \cdots$$

を得る。よって

$$\mu=-\frac{m^2}{a^2}\pi^2,\quad m=\pm1,\ \pm2, \cdots,$$

$$\lambda=-\left(\frac{m^2}{a^2}+\frac{n^2}{b^2}\right)\pi^2,\quad m=\pm1,\ \pm2, \cdots,\ n=\pm1,\ \pm2, \cdots \tag{2.50}$$

であり，式 (2.32) の第 1 式より

$$X(x)=\sum_{m=1}^{\infty} A_m \sin\frac{m\pi}{a}x, \quad Y(y)=\sum_{n=1}^{\infty} B_n \sin\frac{n\pi}{b}y$$

を得る。一方，式 (2.46) は

$$\begin{aligned}T(t)&=T_1 e^{i\sqrt{\frac{m^2}{a^2}+\frac{n^2}{b^2}}\pi ct}+T_2\, e^{-i\sqrt{\frac{m^2}{a^2}+\frac{n^2}{b^2}}\pi ct}\\&=T_1 e^{i\sqrt{\frac{m^2}{a^2}+\frac{n^2}{b^2}}\sqrt{\frac{T}{\rho}}\pi t}+T_2\, e^{-i\sqrt{\frac{m^2}{a^2}+\frac{n^2}{b^2}}\sqrt{\frac{T}{\rho}}\pi t}\end{aligned}$$

であり，その実数部を取れば

$$T(t)=C_{mn}\cos\left(\sqrt{\frac{m^2}{a^2}+\frac{n^2}{b^2}}\sqrt{\frac{T}{\rho}}\,\pi t+\alpha_{mn}\right)$$

を得る。以上より，式 (2.43) の実数解は，次式で与えられる。

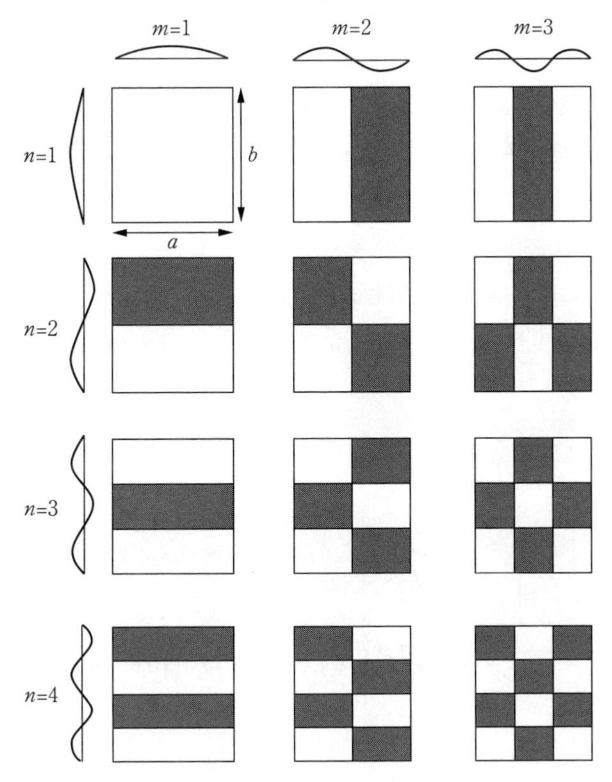

図 2.14　矩形膜の振動モード

$$u(x, y, t)=\sum_{m, n=1}^{\infty} D_{mn}\sin\left(\frac{m\pi}{a}x\right)\sin\left(\frac{n\pi}{b}y\right)\cos\left(\sqrt{\frac{m^2}{a^2}+\frac{n^2}{b^2}}\sqrt{\frac{T}{\rho}}\ \pi t+\alpha_{mn}\right). \tag{2.51}$$

矩形膜の各固有振動は

$$u_{mn}(x, y, t)=D_{mn}\sin\left(\frac{m\pi}{a}x\right)\sin\left(\frac{n\pi}{b}y\right)\cos\left(\sqrt{\frac{m^2}{a^2}+\frac{n^2}{b^2}}\sqrt{\frac{T}{\rho}}\ \pi t+\alpha_{mn}\right),$$
$$m=1, 2, 3, \cdots,\quad n=1, 2, 3, \cdots \tag{2.52}$$

で表される。ここに，$\sin\left(\frac{m\pi}{a}x\right)\sin\left(\frac{n\pi}{b}y\right)$ は固有関数，$\pi^2\left(\frac{m^2}{a^2}+\frac{n^2}{b^2}\right)$ は固有値である。$m=1, 2, 3$，$n=1, 2, 3, 4$ に対する振動モードを**図 2.14** に示す。図 2.14 において，U_{mn} (x, y, t) が正の値を取る部分を白で，また負の値を取る部分を灰色で示した。

〔2〕 **円形膜の振動**　　円形膜の振動を解析するため，2 次元の波動方程式 (2.43) を**円柱座標系**（cylindrical coordinates）で記述する。円柱座標系を用いれば，**図 2.15** より直交座標 (x, y, z) は

$$x=r\cos\varphi,\quad y=r\sin\varphi,\quad z=z \tag{2.53}$$

で表される。このとき，波動方程式の解は z 方向の動きとして，$z=u(r, \varphi, t)$ で与えられる。

いま

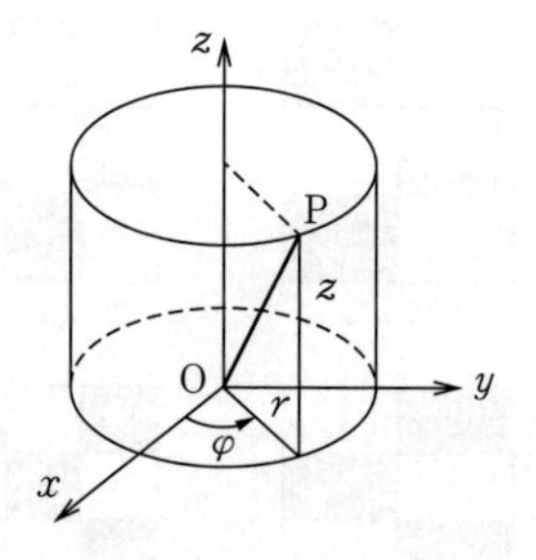

図 2.15　円柱座標系

$$\frac{\partial}{\partial x}=\frac{\partial r}{\partial x}\frac{\partial}{\partial r}+\frac{\partial \varphi}{\partial x}\frac{\partial}{\partial \varphi},\quad \frac{\partial}{\partial y}=\frac{\partial r}{\partial y}\frac{\partial}{\partial r}+\frac{\partial \varphi}{\partial y}\frac{\partial}{\partial \varphi},$$

$$\frac{\partial^2}{\partial x^2}=\frac{\partial^2 r}{\partial x^2}\frac{\partial}{\partial r}+\left(\frac{\partial r}{\partial x}\right)^2\frac{\partial^2}{\partial r^2}+\frac{\partial^2 \varphi}{\partial x^2}\frac{\partial}{\partial \varphi}+\left(\frac{\partial \varphi}{\partial x}\right)^2\frac{\partial^2}{\partial \varphi^2},$$

$$\frac{\partial^2}{\partial y^2}=\frac{\partial^2 r}{\partial y^2}\frac{\partial}{\partial r}+\left(\frac{\partial r}{\partial y}\right)^2\frac{\partial^2}{\partial r^2}+\frac{\partial^2 \varphi}{\partial y^2}\frac{\partial}{\partial \varphi}+\left(\frac{\partial \varphi}{\partial y}\right)^2\frac{\partial^2}{\partial \varphi^2}$$

が成り立つので

$$\frac{\partial^2}{\partial x^2}+\frac{\partial^2}{\partial y^2}=\left(\frac{\partial^2 r}{\partial x^2}+\frac{\partial^2 r}{\partial y^2}\right)\frac{\partial}{\partial r}+\left\{\left(\frac{\partial r}{\partial x}\right)^2+\left(\frac{\partial r}{\partial y}\right)^2\right\}\frac{\partial^2}{\partial r^2}$$
$$+\left(\frac{\partial^2 \varphi}{\partial x^2}+\frac{\partial^2 \varphi}{\partial y^2}\right)\frac{\partial}{\partial \varphi}+\left\{\left(\frac{\partial \varphi}{\partial x}\right)^2+\left(\frac{\partial \varphi}{\partial y}\right)^2\right\}\frac{\partial^2}{\partial \varphi^2}. \tag{2.54}$$

一方，式 (2.53) より

$$r=\sqrt{x^2+y^2},\quad \varphi=\tan^{-1}\frac{y}{x}$$

であるから

$$\frac{\partial r}{\partial x}=\frac{x}{r},\quad \frac{\partial r}{\partial y}=\frac{y}{r},\quad \frac{\partial^2 r}{\partial x^2}=\frac{1}{r}-\frac{x^2}{r^3},\quad \frac{\partial^2 r}{\partial y^2}=\frac{1}{r}-\frac{y^2}{r^3},$$

$$\frac{\partial \varphi}{\partial x}=-\frac{y}{r^2},\quad \frac{\partial \varphi}{\partial y}=\frac{x}{r^2},\quad \frac{\partial^2 \varphi}{\partial x^2}=\frac{2xy}{r^4},\quad \frac{\partial^2 \varphi}{\partial y^2}=-\frac{2xy}{r^4}$$

が成り立つ。ゆえに

$$\frac{\partial^2 r}{\partial x^2}+\frac{\partial^2 r}{\partial y^2}=\frac{1}{r},\ \left(\frac{\partial r}{\partial x}\right)^2+\left(\frac{\partial r}{\partial y}\right)^2=1,\ \frac{\partial^2 \varphi}{\partial x^2}+\frac{\partial^2 \varphi}{\partial y^2}=0,$$

$$\left\{\left(\frac{\partial \varphi}{\partial x}\right)^2+\left(\frac{\partial \varphi}{\partial y}\right)^2\right\}=\frac{1}{r^2}. \tag{2.55}$$

式 (2.55) を式 (2.54) に代入すれば

$$\frac{\partial^2}{\partial x^2}+\frac{\partial^2}{\partial y^2}=\frac{\partial^2}{\partial r^2}+\frac{1}{r}\frac{\partial}{\partial r}+\frac{1}{r^2}\frac{\partial^2}{\partial \varphi^2}$$

であり，円柱座標系による 2 次元波動方程式

$$\frac{\partial^2 u}{\partial r^2}+\frac{1}{r}\frac{\partial u}{\partial r}+\frac{1}{r^2}\frac{\partial^2 u}{\partial \varphi^2}=\frac{1}{c^2}\frac{\partial^2 u}{\partial t^2} \tag{2.56}$$

を得る。

式 (2.56) を変数分離法で解く。$u(\rho, \varphi, t)=R(\rho)\Phi(\varphi)T(t)$ とおけば

$$\frac{1}{R}\frac{\partial^2 R}{\partial r^2}+\frac{1}{rR}\frac{\partial R}{\partial r}+\frac{1}{r^2\Phi}\frac{\partial^2 \Phi}{\partial \varphi^2}=\frac{1}{c^2T}\frac{\partial^2 T}{\partial t^2} \tag{2.57}$$

が成り立つ。この式の左辺は空間の関数，右辺は時間の関数であるから，この式は定数でなければならない。そこで，波動解を得るため，この定数を負 $(-k^2)$ とおく。このとき，式 (2.57) 右辺は

$$\frac{1}{c^2T}\frac{\partial^2 T}{\partial t^2}=-k^2$$

であり，これより

$$T(t)=T_1e^{ikct}+T_2e^{-ikct}$$

を得る。いま，定数 k を**波数**（wave constant, $k=\omega/c$）とすれば，時間関数 T は角周波数 ω の振動となる。その実数解は

$$T(t)=A\cos(\omega t+\alpha) \tag{2.58}$$

で表される。

一方，式 (2.57) の左辺は

$$\frac{1}{R}\frac{\partial^2 R}{\partial r^2}+\frac{1}{rR}\frac{\partial R}{\partial r}+\frac{1}{r^2\Phi}\frac{\partial^2 \Phi}{\partial \varphi^2}=-k^2 \tag{2.59}$$

となる。式 (2.59) 左辺のうち，φ の関数になるのは第 3 項のみであるから，これも定数である。波動解を得るため，これを負の定数 $-n^2(n=1, 2, \cdots)$ とする。すなわち

$$\frac{1}{\Phi}\frac{\partial^2 \Phi}{\partial \varphi^2}=-n^2 \tag{2.60}$$

とおく。その結果

$$\Phi(\varphi)=\Phi_1e^{in\varphi}+\Phi_2e^{-in\varphi}$$

を得る。その実数解は

$$\Phi(\varphi)=B\cos(n\varphi+\beta) \tag{2.61}$$

で与えられる。

さて，式 (2.59) に式 (2.60) を代入すれば

$$\frac{1}{R}\frac{\partial^2 R}{\partial r^2}+\frac{1}{rR}\frac{\partial R}{\partial r}-\frac{n^2}{r^2}=-k^2$$

すなわち

$$\frac{\partial^2 R}{\partial r^2}+\frac{1}{r}\frac{\partial R}{\partial r}+\left(k^2-\frac{n^2}{r^2}\right)R=0$$

を得る。η を kr で定義すれば

$$r=\frac{1}{k}\eta,\quad \frac{\partial}{\partial r}=k\frac{\partial}{\partial \eta},\quad \frac{\partial^2}{\partial r^2}=k^2\frac{\partial^2}{\partial \eta^2}$$

であるから，上式は

$$k^2\frac{\partial^2 R}{\partial \eta^2}+\frac{k^2}{\eta}\frac{\partial R}{\partial \eta}+\left(k^2-\frac{k^2 n^2}{\eta^2}\right)R=0$$

と変形でき，ベッセルの微分方程式

$$\frac{\partial^2 R}{\partial \eta^2}+\frac{1}{\eta}\frac{\partial R}{\partial \eta}+\left(1-\frac{n^2}{\eta^2}\right)R=0 \tag{2.62}$$

に帰着する。ベッセルの微分方程式の解は，**ベッセル関数**（Bessel function）$J_n(\eta)$（5.75）と**ノイマン関数**（Neumann function）$Y_n(\eta)$（5.76）によって与えられる。このうち，ノイマン関数は原点（$r=0$）で $-\infty$ となるため，ここでは，式 (2.62) の各 n に対する解としてベッセル関数 J_n を採用する。

$$R(kr)=CJ_n(kr). \tag{2.63}$$

4 次までのベッセル関数を，**図 2.16** に示す。結局，式 (2.58)，(2.61)，(2.63) より，2 次元波動方程式の実数解は

$$u(r,\varphi,t)=\sum_{n=0}^{\infty} D_n J_n(kr)\cos(n\varphi+\beta)\cos(\omega t+\alpha) \tag{2.64}$$

で与えられる。

式 (2.64) を利用して，半径が a で，周囲が固定されている円形膜の振動を調べる。円の中心からの距離を r とし，$\eta=kr$ とおく。したがって，円の中心は $\eta=0$ で表される。境界条件より

$$J_n(ka)=0 \tag{2.65}$$

を得る。そこで，$J_n(\eta)=0$ を満たす η，すなわち $J_n(\eta)$ の零点を，値の小さい順

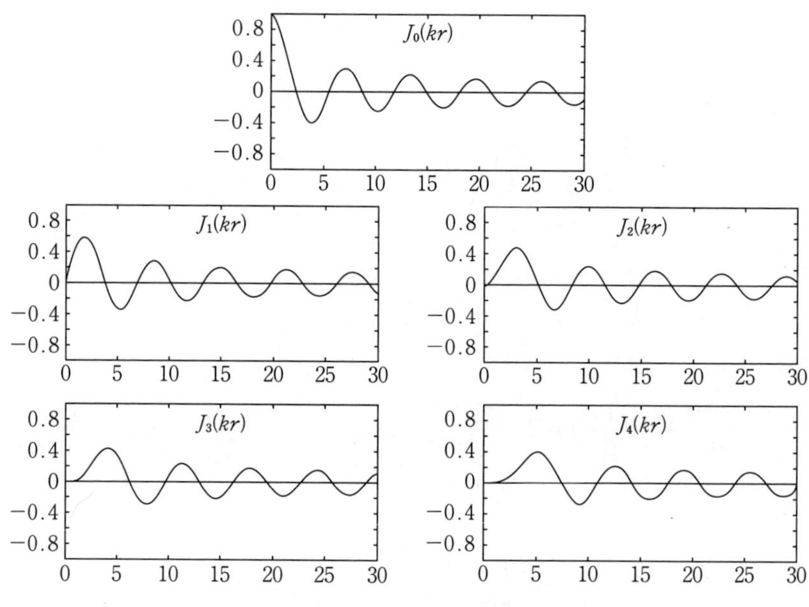

図 2.16 ベッセル関数

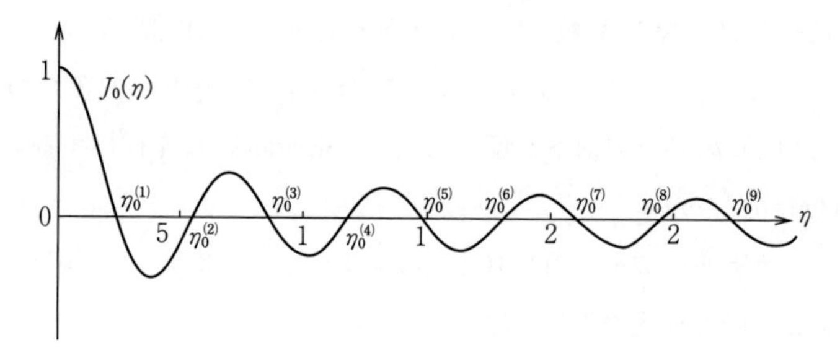

図 2.17 ベッセル関数 $J_0(\eta)$ とその零点

に $\eta_n^{(1)}, \eta_n^{(2)}, \eta_n^{(3)}, \cdots$ と名付ける。参考までに，$J_0(\eta)$ のグラフとその零点を，**図 2.17** に示す。

ベッセル関数の零点をこのように定義すると，式 (2.65) の境界条件は，$ka=\eta_n^{(m)}$, $m=1, 2, 3, \cdots$，すなわち

$$\omega=\frac{c}{a}\eta_n^{(m)} \tag{2.66}$$

を満たす角周波数で成り立つ。**図 2.18** は，ベッセル関数が正の値を取る部分

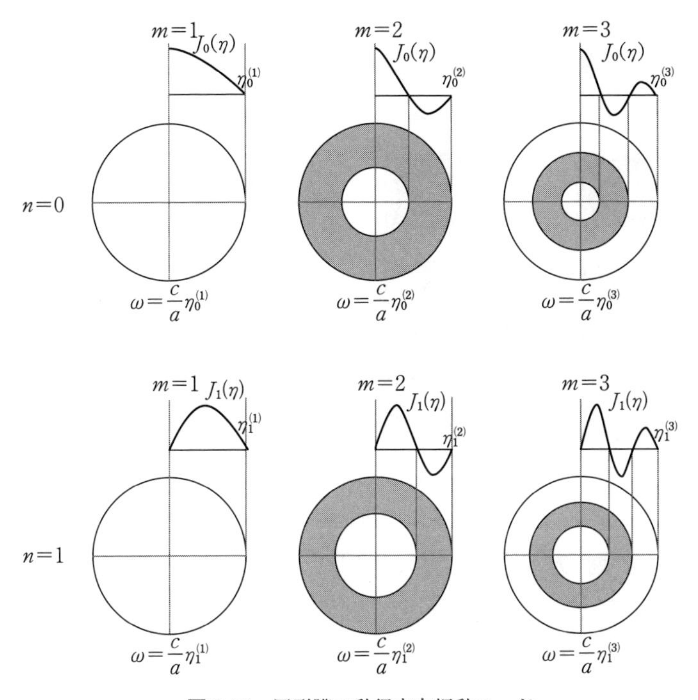

図 2.18 円形膜の動径方向振動モード

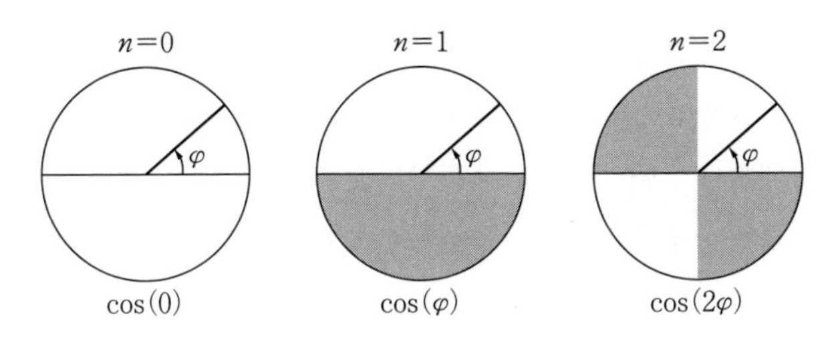

図 2.19 円形膜の角度方向振動モード

を白で，また負の値を取る部分を灰色で示したものである。これらの図は，円形膜の動径方向（r 方向）の振動モードを示す。また，動径方向の振動の他に，角度方向（φ 方向）の振動モードが存在する。簡単化のため式 (2.64) において $\beta=0$ とすれば，角度方向成分は $\cos(n\varphi)$ で表される。角度方向の振動モードを**図 2.19** に示す。円形膜の固有振動は，**図 2.20** に示すように，これらの 2 つのモードの積で表される。

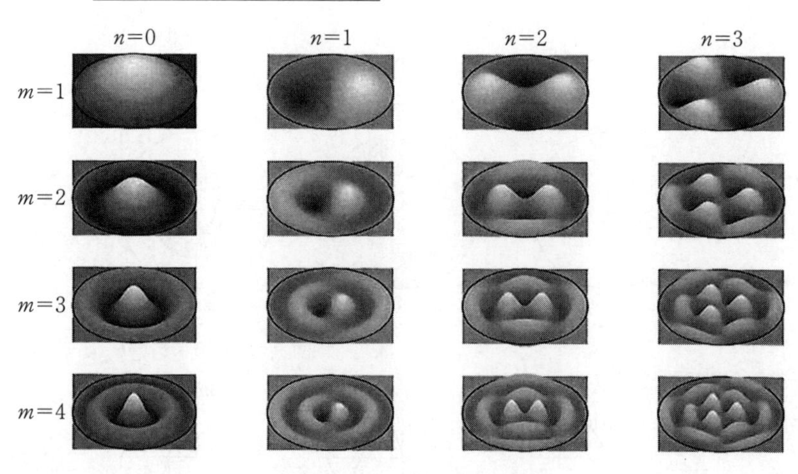

図 2.20　円形膜の固有振動

2.3 波動方程式

今まで，発音体の振動について考察してきた。本節では，発音体から発せられた音波が，媒質内でどのように伝搬するかを考察する。このため，流体力学で用いられている**粒子**（particle）の概念を導入し，媒質を流体として扱う。粒子とは，音波の波長に比べ，きわめて小さい流体の一部分であるが，その中に多くの分子を含むものである。分子・原子のような微細構造を扱わず，粒子を単位とする理由は，個々の分子は複雑に変動するため，分子レベルの動きを見ても音波の本質を見極めにくいのに対して，一定のサイズにおける平均的な動きを見たほうが，音響現象を見極めやすいからである。

音波を記述するにあたり，以下の仮定をおく。

1）完全流体，すなわち，粘性のない流体を扱う。

2）流体は均質とする。すなわち，波の伝搬速度は場所に依存しない。

3）等方性を仮定する。すなわち，波の伝搬速度は方向によらない。

また，流体を5つの独立した変量，すなわち，**粒子速度**（particle velocity）$\boldsymbol{v}$，**密度**（density）ρ，**圧力**（pressure）P で記述する。このうち，密度と圧力はスカラー量であるのに対して，粒子速度は3次元のベクトル量である。これらを解くための方程式も5つ存在する。すなわち，質量保存則から得られる連続方程式，流体における力の釣り合いを表すオイラーの運動方程式，エネルギー保存則である熱力学第1法則から得られる状態方程式である。このうち，オイラーの運動方程式は，3次元の方程式である。本節では，音による圧力変動，すなわち音圧が大気圧に比べ微小量であることを利用して，流体力学の方程式を線形化した後，音圧に関する3次元波動方程式を導く。

2.3.1 連続方程式

連続方程式（equation of continuity）は，流体における質量の保存を表す式であり

$$\frac{\partial \rho}{\partial t}+\mathrm{div}(\rho \boldsymbol{v})=0 \tag{2.67}$$

で与えられる。以下で，連続方程式を導出する。**図2.21**に示す任意領域 V を考え，その表面すなわち境界面を S で表す。このとき，面積要素 dS を通って単位時間に外部に流出する質量は，dS における波動方向の単位ベクトルを $\boldsymbol{n}$ とすれば $\rho\boldsymbol{v}\cdot\boldsymbol{n}dS$ で表される。質量保存則より，S から単位時間に流出する質量は，V の質量の単位時間減少量に等しいため

$$\iint_S \rho\boldsymbol{v}\cdot\boldsymbol{n}dS=-\frac{\partial}{\partial t}\iiint_V \rho dV=-\iiint_V \frac{\partial \rho}{\partial t}\,dV \tag{2.68}$$

が成り立つ。

ガウスの定理（5.25）を用いて，上式左辺を体積積分に変換する。すなわち

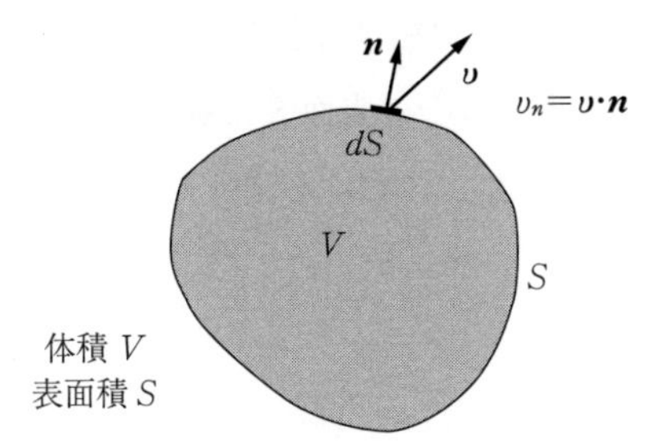

図2.21 任意領域 V における媒質の流出

$$\iint_S \rho \boldsymbol{v} \cdot \boldsymbol{n} dS = \iiint_V \mathrm{div}(\rho \boldsymbol{v})\, dV$$

とする。その結果

$$\iiint_V \left\{ \frac{\partial \rho}{\partial t} + \mathrm{div}(\rho \boldsymbol{v}) \right\} dV = 0$$

が成り立つが，いま領域 V の選び方は任意であり，したがって，どのように V を取っても上式が成り立つ。これは，非積分関数が 0 であることを意味する。すなわち，連続方程式

$$\frac{\partial \rho}{\partial t} + \mathrm{div}(\rho \boldsymbol{v}) = 0$$

が導出された。

2.3.2　オイラーの運動方程式

オイラーの運動方程式（Euler equation of motion）は，流体内の力の釣り合いを表す式であり

$$\frac{D\boldsymbol{v}}{Dt} = \boldsymbol{F} - \frac{1}{\rho} \mathrm{grad}(P) \tag{2.69}$$

で与えられる。ここに，微分演算子 D/Dt はラグランジュ微分または物質微分とも呼ばれるものであり，粒子の動きに沿った時間的な変化を与える演算子である。その定義は，粒子速度 $\boldsymbol{v}$ の x，y，z 成分をそれぞれ v_x，v_y，v_z とすると

$$\frac{D}{Dt} = \frac{\partial}{\partial t} + v_x \frac{\partial}{\partial x} + v_y \frac{\partial}{\partial y} + v_z \frac{\partial}{\partial z}$$

で与えられる。以下，オイラーの運動方程式を導出する。

流体内の任意領域 V にかかる圧力 P は，その表面 S に対して垂直に加わる。そこで，その圧力の合力は，S 上の任意の点における法線方向の単位ベクトルを $\boldsymbol{n}$ で表せば

$$\iint_S -P\boldsymbol{n} dS$$

で与えられる。ここで，負号は，**図 2.22** に示すように，圧力が $\boldsymbol{n}$ と反対方向

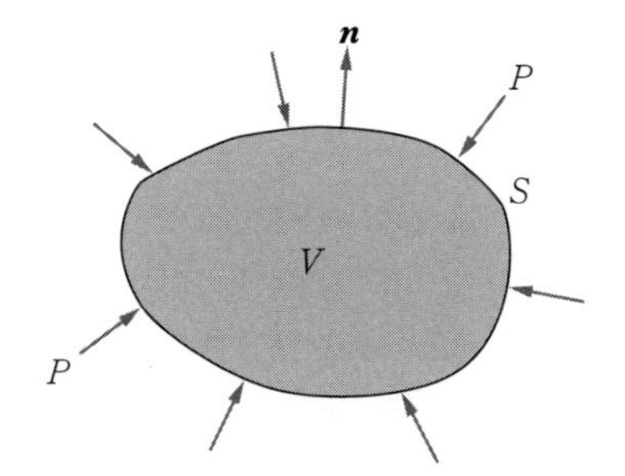

図 2.22　任意領域 V における力の釣り合い

にかかるからである。一方，V の各部分に対し，単位体積，単位質量当りに働く外力（重力）を $\boldsymbol{F}$ と書くと，その総和は

$$\iiint_V \rho \boldsymbol{F} dV$$

で与えられる。そこで，ニュートンの運動方程式，すなわち外からの力＝質量×加速度を式で表せば

$$\iiint_V \rho \boldsymbol{F} dV + \iint_S -P\boldsymbol{n} dS = \iiint_V \rho \frac{D\boldsymbol{v}}{Dt} dV \tag{2.70}$$

を得る。ガウスの定理 (5.26) を用いて，式 (2.70) の左辺第 2 項を体積積分に変換すれば

$$\iint_S P\boldsymbol{n} dS = \iiint_V \mathrm{grad}(P)\, dV$$

を得る。その結果

$$\iiint_V \left\{ \rho \boldsymbol{F} - \mathrm{grad}(P) - \rho \frac{D\boldsymbol{v}}{Dt} \right\} dV = 0$$

が成り立つが，領域 V の選び方は任意であったから，結局，オイラーの運動方程式

$$\frac{D\boldsymbol{v}}{Dt} = \boldsymbol{F} - \frac{1}{\rho} \mathrm{grad}(P)$$

が得られる。

2.3.3　熱力学と状態方程式

理想気体（ideal gas）とは，その内部エネルギーが温度だけの関数であって，**状態方程式**（characteristic equation）

$$PV=RT \tag{2.71}$$

を満たす気体のことである。ここに，P は圧力，V は体積，T は温度であり，R は**気体定数**（gas constant，$R \fallingdotseq 8.134$〔$\mathrm{J \cdot K^{-1} \cdot mol^{-1}}$〕）である。いま，流体として理想気体を仮定すれば，理想気体では，内部エネルギーは体積によらないので，$\partial U/\partial V=0$ が成り立つ。

熱力学第1法則は，物体の内部のエネルギーの変化量が，外界によって物体になされた仕事と，外界から物体に流入した熱量の和に等しいことを示すエネルギー保存則である。これを式で書けば

$$\Delta U=W+Q$$

である。ここに，ΔU は物体の内部エネルギーの変化量であり，W と Q は，それぞれその変化をもたらした外界からの仕事と熱量を指す。熱力学系が**準静的過程**（quasi-static process）に従う場合，すなわち系が**熱力学的平衡**（thermodynamic equilibrium）の状態系列を一歩ずつたどっていく過程である場合，上式は全微分

$$dU=dW+dQ \tag{2.72}$$

で表される。熱力学の状態変数として，温度 T と体積 V を採用すれば，式(2.72)の左辺は

$$dU=\frac{\partial U}{\partial T}dT+\frac{\partial U}{\partial V}dV$$

で表される。一方，物体に圧力 P がかかった結果，物体の体積が V から dV だけ減少したとき，外部から物体になされた仕事は $dW=-PdV$ で与えられる。そこで，これらの式を式(2.72)に代入して dQ で解けば

$$dQ=dU-dW=\frac{\partial U}{\partial T}dT+\frac{\partial U}{\partial V}dV+PdV=\frac{\partial U}{\partial T}dT+\left\{P+\frac{\partial U}{\partial V}\right\}dV \tag{2.73}$$

を得る。

物体の温度を単位温度高くするのに要する熱量を**熱容量**（heat capacity）と呼ぶ。また，単位質量の物体に対する熱容量を**比熱**（specific heat）と呼ぶ。体積を一定に保つ過程における比熱を定積比熱 C_V と呼び

$$C_V=\frac{\partial U}{\partial T}$$

で表す。一方，圧力を一定に保つ過程における比熱を定圧比熱 C_P と呼ぶ。定積比熱と定圧比熱の間には

$$C_P=C_V+R \tag{2.74}$$

という関係式が成り立つ。式 (2.73) に定積比熱の式と，理想気体の性質 $\partial U/\partial V=0$ を代入し，状態方程式 (2.71) を考慮すると

$$dQ=C_VdT+PdV=C_VdT+\frac{RT}{V}dV$$

を得る。

さて，音波の伝搬に対して熱の伝搬は十分に遅いため，音波の伝搬は**断熱過程**（adiabatic process）と考えられる。すなわち，$dQ=0$ が成り立つ。したがって，上式より

$$C_V\frac{dT}{T}+R\frac{dV}{V}=0 \tag{2.75}$$

を得る。温度 T_0 で体積 V_0 の状態から，断熱過程によって温度 T で体積 V の状態に移行した場合，式 (2.75) より

$$C_V\int_{T_0}^{T}\frac{dT}{T}+R\int_{V_0}^{V}\frac{dV}{V}=0$$

が成り立ち，その結果

$$C_V\log\left(\frac{T}{T_0}\right)+(C_P-C_V)\log\left(\frac{V}{V_0}\right)=0 \tag{2.76}$$

を得る。いま，**比熱比** (heat capacity ratio) $\gamma=C_P/C_V$ を用いれば，式 (2.76) は

$$C_V\log\left(\frac{T}{T_0}\right)+C_V(\gamma-1)\log\left(\frac{V}{V_0}\right)=0$$

すなわち

$$\log \frac{TV^{\gamma-1}}{T_0 V_0^{\gamma-1}} = 0$$

となり

$$TV^{\gamma-1} = T_0 V_0^{\gamma-1} \tag{2.77}$$

を得る。式 (2.77) に，理想気体の状態方程式 (2.71) を代入すれば

$$\frac{PV}{R} V^{\gamma-1} = \frac{P_0 V_0}{R} V_0^{\gamma-1}$$

すなわち

$$PV^{\gamma} = P_0 V_0^{\gamma}$$

を得る。上式は，音波の伝搬では，積 PV^{γ} が一定であることを示す。そこで，体積は密度と反比例することを用いて，状態方程式

$$\frac{P}{\rho^{\gamma}} = \mathrm{const.} \tag{2.78}$$

を得る。なお，比熱比 γ は，酸素で約 1.4，ヘリウムで約 1.67 という値を取る。

2.3.4　音波の方程式

ここでは，大気中を伝搬する音波を記述する方程式を導出する。地球表面上の空気には大気圧 P_s がかかっている。標準大気圧は，約 1 013 hPa，すなわち 101 300 Pa である。音波が到来すると，空気流体内の圧力と密度が微小に変化し

$$P_s \rightarrow P = P_s + p,$$

$$\rho_s \rightarrow \rho = \rho_s + \delta\rho$$

となる。このとき，$p = P - P_s$ を**音圧**（sound pressure）と呼ぶ。音圧の範囲は，最小可聴音圧が 2×10^{-5}Pa，聴覚に異常を来さない最大の音圧は数 Pa と言われている。いずれにしても，大気圧に対しては微小量である。また，大気圧の時間的変化は，音の変化に比べて十分遅い。大気圧と音圧の関係を**図 2.23** に示す。

また，微小な圧力変化に伴う密度の変化や粒子速度も，同様に微小量と考え

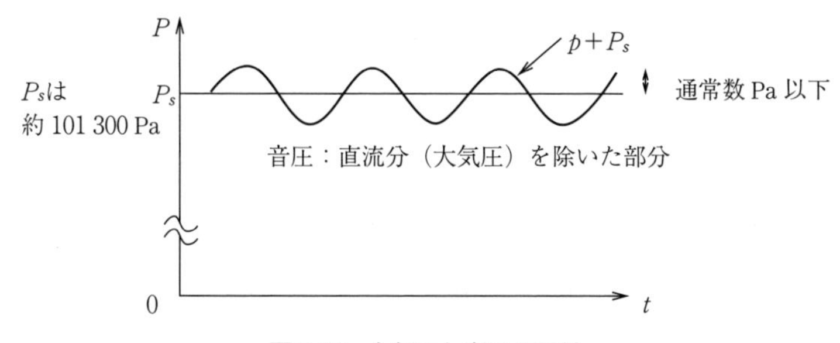

図 2.23　大気圧と音圧の関係

られる。粒子速度については，ほぼ無風状態を仮定すれば，音による粒子速度 $\boldsymbol{u}$ を流体の粒子速度 $\boldsymbol{v}$ で近似することができる。さらに，オイラーの運動方程式における外力（重力）は，空気粒子の重さを十分小さい量として無視することができる。以上により，音波の連続方程式，運動方程式，状態方程式は

$$\frac{\partial \rho}{\partial t}+\mathrm{div}(\rho \boldsymbol{u})=0, \tag{2.79}$$

$$\frac{D\boldsymbol{u}}{Dt}=-\frac{1}{\rho}\mathrm{grad}(P), \tag{2.80}$$

$$\frac{P}{P_s}=\left(\frac{\rho}{\rho_s}\right)^{\gamma}=(1+s)^{\gamma} \tag{2.81}$$

で表される。ここに，状態方程式 (2.81) において，s は**圧縮度**（condensation）

$$s \triangleq \frac{\rho-\rho_s}{\rho_s}=\frac{\delta\rho}{\rho_s}$$

である。以下では，音圧などが微小量であることを利用して，これら方程式の線形近似を求める。

〔1〕 **状態方程式**　　状態方程式を，圧縮度でテイラー展開すれば

$$\frac{P}{P_s}=(1+s)^{\gamma}=1+\gamma s+\frac{1}{2}\gamma(\gamma-1)s^2+\cdots$$

であり，したがって

$$P=P_s+Ks+o(s) \tag{2.82}$$

を得る。ここに，$o(s)$ は s に関する 2 次以上の微小項である。2 次以上の微小項を無視することによって方程式を線形化すれば

$$P = P_s + Ks \tag{2.83}$$

を得る。ここに

$$K = \frac{P - P_s}{s} = \frac{p}{s} \tag{2.84}$$

は，**体積弾性率**（bulk modulus）と呼ばれる。式 (2.82) より，K は γP_s でも表される。式 (2.83) に圧縮度の定義を代入すれば

$$P = P_s + Ks = P_s + K\frac{\rho - \rho_s}{\rho_s}$$

であり，したがって，次の２式を得る。

$$\frac{dP}{d\rho} = \frac{K}{\rho_s},$$

$$p = P - P_s = Ks = K\frac{\delta\rho}{\rho_s}.$$

そこで，変量 c を $c = \sqrt{dP/d\rho}$ で定義する。上式より $c^2 = K/\rho_s$ であり，音波の状態方程式

$$p = c^2\delta\rho \tag{2.85}$$

を得る。後に示す波動方程式 (2.90) からも明らかなように，ここで定義した変量 c は音の**伝搬速度**（propagation velocity）であり

$$c = \sqrt{\frac{K}{\rho_s}} = \sqrt{\frac{\gamma P_s}{\rho_s}} \tag{2.86}$$

で与えられる。

〔２〕**連続方程式**　　式 (2.79) に $\rho = \rho_s + \delta\rho$ を代入し，定数 ρ_s の微分は 0 になることを用いると

$$\begin{aligned}
&\frac{\partial(\rho_s + \delta\rho)}{\partial t} + \mathrm{div}((\rho_s + \delta\rho)\boldsymbol{u}) \\
&= \frac{\partial(\rho_s + \delta\rho)}{\partial t} + \frac{\partial}{\partial x}((\rho_s + \delta\rho)u_x) + \frac{\partial}{\partial y}((\rho_s + \delta\rho)u_y) + \frac{\partial}{\partial z}((\rho_s + \delta\rho)u_z) \\
&= \frac{\partial(\delta\rho)}{\partial t} + \left(\frac{\partial(\delta\rho)}{\partial x}u_x + \frac{\partial(\delta\rho)}{\partial y}u_y + \frac{\partial(\delta\rho)}{\partial z}u_z\right) + \rho_s\left(\frac{\partial u_x}{\partial x} + \frac{\partial u_y}{\partial y} + \frac{\partial u_z}{\partial z}\right)
\end{aligned}$$

$$+\delta\rho\left(\frac{\partial u_x}{\partial x}+\frac{\partial u_y}{\partial y}+\frac{\partial u_z}{\partial z}\right)=0$$

を得る。上式において，2次の微小量（微小量と微小量の積）を無視すれば，線形化した連続方程式

$$\frac{\partial(\delta\rho)}{\partial t}+\rho_s\mathrm{div}(\boldsymbol{u})=0$$

を得る。また，状態方程式 (2.85) を用いて，連続方程式から $\delta\rho$ を消去すれば

$$\frac{1}{c^2}\frac{\partial p}{\partial t}+\rho_s\mathrm{div}(\boldsymbol{u})=0 \tag{2.87}$$

を得る。

〔3〕**運動方程式**　　式 (2.80) に $\rho=\rho_s+\delta\rho$, $P=P_s+p$ を代入すれば

$$(\rho_s+\delta\rho)\frac{D\boldsymbol{u}}{Dt}+\mathrm{grad}(P_s+p)$$

$$=(\rho_s+\delta\rho)\frac{\partial\boldsymbol{u}}{\partial t}+(\rho_s+\delta\rho)\left(u_x\frac{\partial\boldsymbol{u}}{\partial x}+u_y\frac{\partial\boldsymbol{u}}{\partial y}+u_z\frac{\partial\boldsymbol{u}}{\partial z}\right)+\mathrm{grad}(p)=0$$

を得る。ここに，ラグランジュ微分の定義式を用いた。上式で，2次の微小量を無視して線形化すれば

$$\rho_s\frac{\partial\boldsymbol{u}}{\partial t}+\mathrm{grad}(p)=0 \tag{2.88}$$

を得る。

〔4〕**波動方程式**　　式 (2.87) を時間変数 t で偏微分して

$$\frac{1}{c^2}\frac{\partial^2 p}{\partial t^2}+\rho_s\mathrm{div}\left(\frac{\partial\boldsymbol{u}}{\partial t}\right)=0 \tag{2.89}$$

を得る。式 (2.88) を式 (2.89) に代入すれば

$$\frac{1}{c^2}\frac{\partial^2 p}{\partial t^2}+\rho_s\mathrm{div}\left(-\frac{1}{\rho_s}\mathrm{grad}(p)\right)=0$$

が得られ，音波の波動方程式

$$\frac{\partial^2 p}{\partial t^2}-c^2\nabla^2 p=0 \tag{2.90}$$

が導かれる。ここに

$$\nabla^2 = \frac{\partial^2}{\partial x^2} + \frac{\partial^2}{\partial y^2} + \frac{\partial^2}{\partial z^2}$$

を**ラプラシアン**（Laplacian）と呼ぶ。

2.4 音　　波

2.4.1 膨　張　度

図 2.24 に示すように，微小な直六面体粒子が，体積変化を伴いながら音波の到来によって点（x, y, z）から点（$x+\xi, y+\eta, z+\zeta$）に移動した場合を考える。体積は，$\delta V = \varDelta x \varDelta y \varDelta z$ から

$$\delta V' = \left(1 + \frac{\partial \xi}{\partial x}\right)\varDelta x \cdot \left(1 + \frac{\partial \eta}{\partial y}\right)\varDelta y \cdot \left(1 + \frac{\partial \zeta}{\partial z}\right)\varDelta z$$

に変化したとする。変化後の体積は，2 次の微小量を無視することにより

$$\delta V' = \left(1 + \frac{\partial \xi}{\partial x} + \frac{\partial \eta}{\partial y} + \frac{\partial \zeta}{\partial z}\right)\delta V \tag{2.91}$$

で表される。

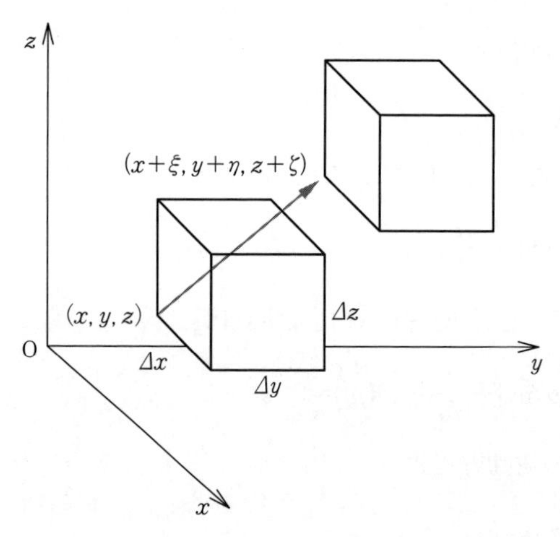

図 2.24　音波の到来による直六面体粒子の移動

いま，**膨張度** D（dilatation）を体積変化の割合で定義する。

$$D \triangleq \frac{\delta V' - \delta V}{\delta V} = \frac{\partial \xi}{\partial x} + \frac{\partial \eta}{\partial y} + \frac{\partial \zeta}{\partial z}. \tag{2.92}$$

膨張度と圧縮度の関係は $D=-s$ で表される。すなわち，音波によって粒子の密度は ρ_s から $\rho=\rho_s+\delta\rho$ に変化するが，粒子の質量 M は移動しても一定であるから

$$\rho_s = \frac{M}{\delta V}, \quad \rho = \frac{M}{\delta V'}$$

が成り立ち，これを膨張度の定義式に代入して微小量を無視すれば

$$D = \frac{\delta V' - \delta V}{\delta V} = \frac{\dfrac{M}{\rho} - \dfrac{M}{\rho_s}}{\dfrac{M}{\rho_s}} = -\frac{\rho - \rho_s}{\rho} = -\frac{\delta\rho}{\rho_s + \delta\rho} \simeq -\frac{\delta\rho}{\rho_s} = -s$$

を得る。

さて，音圧 p と体積弾性率 K の関係式 (2.83) より

$$p = P - P_s = Ks = -KD \tag{2.93}$$

が成り立つ。この関係式は，**フックの法則**（Hooke's law）

$$F = -kx$$

と比較すると興味深い。ここに，F はばねにおける応力，x はばねの変位であり，k はばねの弾性を表す弾性定数である。これより，体積弾性率は，ばねの弾性定数に対応する定数と考えられる。この対応関係からもわかるとおり，空気中の音波の伝搬は，空気の弾性体としての性質を利用しており，音圧が粒子の変位を引き起こし，その粒子変位が弾性応力を生み出して次の粒子への圧力となっている。

なお，粒子速度と音波の伝搬速度（音速）は，どちらも速度であるが，粒子速度は粒子の振動速度であり，音速は弾性に基づいて粒子の振動が伝搬する速度である。

2.4.2　速度ポテンシャル

流体の粒子速度ベクトル $\boldsymbol{v}$ から定義されるベクトル変量として，**渦度**（vorticity）$\boldsymbol{\omega}$ が知られており，次式で定義される。

$$\boldsymbol{\omega}=\mathrm{rot}\ \boldsymbol{v}=\begin{bmatrix}\dfrac{\partial v_z}{\partial y}-\dfrac{\partial v_y}{\partial z}\\ \dfrac{\partial v_x}{\partial z}-\dfrac{\partial v_z}{\partial x}\\ \dfrac{\partial v_y}{\partial x}-\dfrac{\partial v_x}{\partial y}\end{bmatrix}. \tag{2.94}$$

ここに，v_x，v_y，v_z はそれぞれ粒子速度ベクトル $\boldsymbol{v}$ の x，y，z 成分である。$\boldsymbol{\omega}=\boldsymbol{0}$ の流体は渦なし，そうでない流体は渦ありと呼ばれる。渦なし流体の解析に用いられるスカラー関数として，**速度ポテンシャル**（velocity potential）Φ がある。速度ポテンシャルは，粒子速度 $\boldsymbol{v}$ に対し

$$\boldsymbol{v}=\mathrm{grad}(\Phi) \tag{2.95}$$

を満足するスカラー量 Φ で定義される[†]。

粒子速度 $\boldsymbol{v}$ が速度ポテンシャルで表現されるならば，流体は渦なしである。このことは，次の式によって明らかである。

$$\mathrm{rot}\,\boldsymbol{v}=\mathrm{rot}(\mathrm{grad}\ \Phi)=\mathrm{rot}\begin{pmatrix}\dfrac{\partial\Phi}{\partial x}\\ \dfrac{\partial\Phi}{\partial y}\\ \dfrac{\partial\Phi}{\partial z}\end{pmatrix}=\begin{pmatrix}\dfrac{\partial}{\partial y}\left(\dfrac{\partial\Phi}{\partial z}\right)-\dfrac{\partial}{\partial z}\left(\dfrac{\partial\Phi}{\partial y}\right)\\ \dfrac{\partial}{\partial z}\left(\dfrac{\partial\Phi}{\partial x}\right)-\dfrac{\partial}{\partial x}\left(\dfrac{\partial\Phi}{\partial z}\right)\\ \dfrac{\partial}{\partial x}\left(\dfrac{\partial\Phi}{\partial y}\right)-\dfrac{\partial}{\partial y}\left(\dfrac{\partial\Phi}{\partial x}\right)\end{pmatrix}$$

$$=\begin{pmatrix}\dfrac{\partial^2\Phi}{\partial y\partial z}-\dfrac{\partial^2\Phi}{\partial z\partial y}\\ \dfrac{\partial^2\Phi}{\partial z\partial x}-\dfrac{\partial^2\Phi}{\partial x\partial z}\\ \dfrac{\partial^2\Phi}{\partial x\partial y}-\dfrac{\partial^2\Phi}{\partial y\partial x}\end{pmatrix}=\boldsymbol{0}.$$

また，速度ポテンシャルには任意性があり，Φ が $\boldsymbol{v}$ の速度ポテンシャルなら

† $\boldsymbol{v}=-\mathrm{grad}(\Phi)$ という定義が用いられることもある。

ば，任意の定数Cに対して，$\Phi+C$も$\boldsymbol{v}$の速度ポテンシャルであることが知られている。

さて，音の粒子速度$\boldsymbol{u}$から定義された速度ポテンシャルΦを用いれば，音圧pもΦによって表現される。すなわち

$$p=-\rho_s\frac{\partial\Phi}{\partial t},$$

$$\boldsymbol{u}=\mathrm{grad}(\Phi) \tag{2.96}$$

が成立する。式(2.96)の第1式は

$$\boldsymbol{u}=\mathrm{grad}(\Phi)=\begin{bmatrix}\dfrac{\partial\Phi}{\partial x}\\ \dfrac{\partial\Phi}{\partial y}\\ \dfrac{\partial\Phi}{\partial z}\end{bmatrix}$$

を式(2.88)に代入することにより確かめられる。すなわち

$$\rho_s\begin{pmatrix}\dfrac{\partial}{\partial t}\left(\dfrac{\partial\Phi}{\partial x}\right)\\ \dfrac{\partial}{\partial t}\left(\dfrac{\partial\Phi}{\partial y}\right)\\ \dfrac{\partial}{\partial t}\left(\dfrac{\partial\Phi}{\partial y}\right)\end{pmatrix}+\begin{pmatrix}\dfrac{\partial p}{\partial x}\\ \dfrac{\partial p}{\partial y}\\ \dfrac{\partial p}{\partial z}\end{pmatrix}=\rho_s\begin{pmatrix}\dfrac{\partial}{\partial x}\left(\dfrac{\partial\Phi}{\partial t}\right)\\ \dfrac{\partial}{\partial y}\left(\dfrac{\partial\Phi}{\partial t}\right)\\ \dfrac{\partial}{\partial z}\left(\dfrac{\partial\Phi}{\partial t}\right)\end{pmatrix}+\begin{pmatrix}\dfrac{\partial p}{\partial x}\\ \dfrac{\partial p}{\partial y}\\ \dfrac{\partial p}{\partial z}\end{pmatrix}$$

$$=\begin{pmatrix}\dfrac{\partial}{\partial x}\left(\rho_s\dfrac{\partial\Phi}{\partial t}+p\right)\\ \dfrac{\partial}{\partial y}\left(\rho_s\dfrac{\partial\Phi}{\partial t}+p\right)\\ \dfrac{\partial}{\partial z}\left(\rho_s\dfrac{\partial\Phi}{\partial t}+p\right)\end{pmatrix}=\mathbf{0}.$$

2.4.3　音圧レベル

音圧は，広いレンジを持つ物理量である。例えば

・人間の聞くことのできる最小音圧：約 2×10^{-5}〔Pa〕

・人間の会話：約 2×10^{-2}〔Pa〕

・録音エンジニアの聴取レベル：約 0.2〔Pa〕

・工場騒音：約 1〔Pa〕

ということが知られている。このようなレンジが広い変量は，数値として扱いにくいため，レベル表現が用いられる。音圧の場合には，**音圧レベル**（sound pressure level，SPL）を用いる。音圧レベルの定義は

$$\mathrm{SPL}=20\log_{10}\frac{\bar{p}}{p_0}\ 〔\mathrm{dB}〕 \tag{2.97}$$

である。ここに，p_0 は最小可聴音圧（2×10^{-5}〔Pa〕）であり，$\bar{p}$ は音圧 p の実効値

$$\bar{p}=\sqrt{\frac{1}{T}\int_0^T p^2(t)\,dt}$$

である。

2.4.4 平　面　波

音波のモデルとして，球面波と平面波がよく用いられる。球面波は，音源の近くにおける音波のモデルであり，波長に比べ十分小さい音源を扱う場合に有効である。一方，平面波は，音源から遠く離れた点における音波のモデルであるが，断面の径が波長に比べて十分小さい管の中の伝搬モデルとしても用いられる。ここでは，まず平面波について説明する。

波面が平面である場合には，音の伝わる方向を x 軸に取れば，その音圧は y，z 方向では一定であるため，空間変数は x のみを考えれば十分である。以下，x 方向に伝搬する**平面波**（plane wave）について述べる。

この場合，ラプラシアンは，x に関する 2 階の偏微分となるため，音波は，次の 1 次元波動方程式で記述される。

$$\frac{\partial^2 p}{\partial x^2}-\frac{1}{c^2}\frac{\partial^2 p}{\partial t^2}=0. \tag{2.98}$$

1 次元波動方程式の一般解は，すでに式 (2.25) で求めた。その結果を用いれば，音圧 p は，任意関数 f_1，f_2 によって

$$p(x,\ t)=f_1\left(t-\frac{x}{c}\right)+f_2\left(t+\frac{x}{c}\right) \tag{2.99}$$

で与えられる。ここに，f_1 は時間とともに $+x$ 方向に伝搬する波を表し，f_2 は時間とともに $-x$ 方向に伝搬する波を表す。いま，音の反射等がない場合を考え，$+x$ 方向に伝搬する波 f_1 に着目する。このとき，音圧は

$$p(x,\ t)=f_1\left(t-\frac{x}{c}\right) \tag{2.100}$$

で与えられる。$x=0$ の点で観測される音圧波形は

$$p(0, t)=f_1(t)$$

であり，同じ波形が x' で観測される時刻は，次式より $\tau=t+x'/c$ で与えられる。

$$p(x', \tau)=p\left(x', t+\frac{x'}{c}\right)=f_1\left(t+\frac{x'}{c}-\frac{x'}{c}\right)=f_1(t).$$

このことは，$x=0$ と同じ波形が，時間 x'/c だけ遅れて距離 x' に到達することを意味しており，先に定義した c が音の伝搬速度，すなわち音速であることを示している。

さて，2.4.1 項で述べたことは，平面波にも当てはまる。すなわち，平面音波が到来すると，粒子は圧縮や伸張を受けながら振動する。いま，**図 2.25** に示すように，平面波の到来によって，粒子の存在範囲が〔$x, x+\Delta x$〕から〔$x+\xi, x+\xi+\Delta(x+\xi)$〕に変化する場合を考える。

このとき，x 軸方向の長さは，Δx から

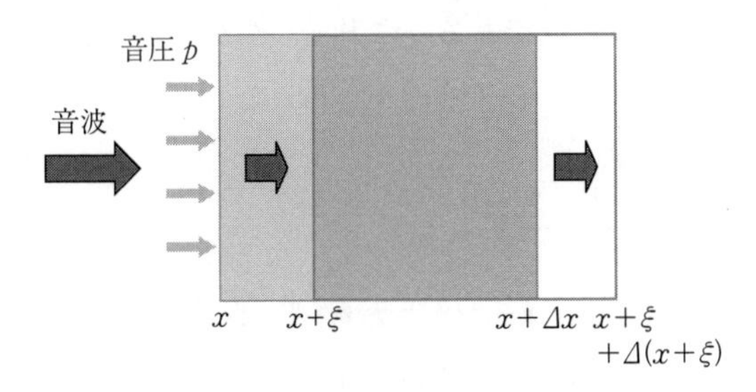

図 2.25　平面波の到来による粒子の移動

$$\Delta(x+\xi)\simeq\left(1+\frac{\partial\xi}{\partial x}\right)\Delta x \tag{2.101}$$

に変化する。式 (2.101) において，2 次以上の微分項は無視した。この場合の膨張度は $D=\partial\xi/\partial x$ であるから，音圧と膨張度の関係式 (2.93) より

$$p=-K\frac{\partial\xi}{\partial x} \tag{2.102}$$

を得る。平面波の場合，粒子速度は x 方向成分のみを持つスカラー関数となる。このスカラー粒子速度を u で表せば，粒子速度と粒子変位の関係は

$$u=\frac{\partial\xi}{\partial t}$$

で与えられる。さて，平面波の場合，式 (2.88) は

$$\rho_s\frac{\partial u}{\partial t}=-\frac{\partial p}{\partial x}$$

と変形できる。左辺を粒子変位で表し，右辺に式 (2.102) を代入すれば

$$\rho_s\frac{\partial^2\xi}{\partial t^2}=K\frac{\partial^2\xi}{\partial x^2},$$

すなわち

$$\frac{\partial^2\xi}{\partial x^2}-\frac{1}{c^2}\frac{\partial^2\xi}{\partial t^2}=0 \tag{2.103}$$

を得る。式 (2.103) より，平面波では，粒子変位 ξ も波動方程式を満たす。したがって，波動方程式の一般解 (2.99) より，$+x$ 方向に伝わる平面音波の粒子変位 ξ は $t-x/c$ の関数である。これを，$\xi(t-x/c)$ と書くことにする。この粒子変位を微分すれば，粒了速度が得られる。

$$u(x,t)=\frac{\partial\xi\left(t-\dfrac{x}{c}\right)}{\partial t}=\frac{\partial\xi(\lambda)}{\partial\lambda}. \tag{2.104}$$

なお，式 (2.104) では，$\lambda=t-x/c$ とおけば，$d\lambda=dt$ が成り立つことを用いた。一方，式 (2.102) より，音圧を計算すれば

$$p(x,t)=-K\frac{\partial\xi\left(t-\dfrac{x}{c}\right)}{\partial x}=\frac{K}{c}\frac{\partial\xi(\lambda)}{\partial\lambda} \tag{2.105}$$

を得る。ここでは，$\lambda=t-x/c$ という置き換えにより $dx=-cd\lambda$ が成り立つことを用いている。式（2.105）と式（2.104）の比を取ると

$$\frac{p(x,\,t)}{u(x,\,t)}=\frac{K}{c}=\rho_s c \tag{2.106}$$

が得られ，音圧と粒子速度の比は定数となる。この比 $\rho_s c$ を**固有音響抵抗**（specific acoustic resistance）と呼ぶ。音響固有抵抗は，媒質に依存する量である。

2.4.5 球　面　波

球面波（spherical wave）は，その波源の位置，すなわち球面波の中心を座標系の原点とすると，原点を中心とした球対称の波となって扱いが容易である。その結果，音圧や粒子速度を記述する際の変数は，原点からの距離 r と時間 t となる。以下，r と t を用いて，球面波を記述する。

さて，原点から点（x, y, z）までの距離 r は

$$r=\sqrt{x^2+y^2+z^2} \tag{2.107}$$

で与えられる。球面波の波動方程式を得るため，ラプラシアンを原点からの距離のみで記述する。r を x で偏微分すると

$$\frac{\partial r}{\partial x}=\frac{2x}{2\sqrt{x^2+y^2+z^2}}=\frac{x}{r}$$

を得る。この結果，x による音圧 p の偏微分は

$$\frac{\partial p}{\partial x}=\frac{\partial r}{\partial x}\frac{\partial p}{\partial r}=\frac{x}{r}\frac{\partial p}{\partial r},$$

$$\frac{\partial^2 p}{\partial x^2}=\frac{\partial}{\partial x}\left(\frac{x}{r}\right)\frac{\partial p}{\partial r}+\frac{x}{r}\frac{\partial r}{\partial x}\frac{\partial^2 p}{\partial r^2}=\frac{r-x\dfrac{x}{r}}{r^2}\frac{\partial p}{\partial r}+\left(\frac{x}{r}\right)^2\frac{\partial^2 p}{\partial r^2}$$

$$=\left(\frac{x}{r}\right)^2\frac{\partial^2 p}{\partial r^2}+\left(\frac{1}{r}-\frac{x^2}{r^3}\right)\frac{\partial p}{\partial r}$$

で与えられる。変数 y，z による偏微分についても同様に求めることができ，結果として

$$\frac{\partial r}{\partial x}=\frac{x}{r},\quad \frac{\partial p}{\partial x}=\frac{x}{r}\frac{\partial p}{\partial r},\quad \frac{\partial^2 p}{\partial x^2}=\left(\frac{x}{r}\right)^2\frac{\partial^2 p}{\partial r^2}+\left(\frac{1}{r}-\frac{x^2}{r^3}\right)\frac{\partial p}{\partial r},$$

$$\frac{\partial r}{\partial y}=\frac{y}{r},\quad \frac{\partial p}{\partial y}=\frac{y}{r}\frac{\partial p}{\partial r},\quad \frac{\partial^2 p}{\partial y^2}=\left(\frac{y}{r}\right)^2\frac{\partial^2 p}{\partial r^2}+\left(\frac{1}{r}-\frac{y^2}{r^3}\right)\frac{\partial p}{\partial r},$$

$$\frac{\partial r}{\partial z}=\frac{z}{r},\quad \frac{\partial p}{\partial z}=\frac{z}{r}\frac{\partial p}{\partial r},\quad \frac{\partial^2 p}{\partial z^2}=\left(\frac{z}{r}\right)^2\frac{\partial^2 p}{\partial r^2}+\left(\frac{1}{r}-\frac{z^2}{r^3}\right)\frac{\partial p}{\partial r} \tag{2.108}$$

を得る。したがって，音圧のラプラシアンは

$$\begin{aligned}\nabla^2 p&=\left(\frac{\partial^2}{\partial x^2}+\frac{\partial^2}{\partial y^2}+\frac{\partial^2}{\partial z^2}\right)p\\&=\frac{x^2+y^2+z^2}{r^2}\frac{\partial^2 p}{\partial r^2}+\left(\frac{3}{r}-\frac{x^2+y^2+z^2}{r^3}\right)\frac{\partial p}{\partial r}\\&=\frac{\partial^2 p}{\partial r^2}+\frac{2}{r}\frac{\partial p}{\partial r}\end{aligned}$$

で与えられる。

$$\frac{\partial^2(rp)}{\partial r^2}=\frac{\partial}{\partial r}\left(p+r\frac{\partial p}{\partial r}\right)=r\frac{\partial^2 p}{\partial r^2}+2\frac{\partial p}{\partial r}$$

を用いれば

$$\nabla^2 p=\frac{1}{r}\frac{\partial^2(rp)}{\partial r^2}. \tag{2.109}$$

よって，球面音波の波動方程式は

$$\frac{\partial^2 p}{\partial t^2}-\frac{c^2}{r}\frac{\partial^2(rp)}{\partial r^2}=0$$

で与えられるが，さらに

$$\frac{1}{r}\frac{\partial^2(rp)}{\partial t^2}=\frac{\partial^2 p}{\partial t^2}$$

を用いることにより

$$\frac{\partial^2(rp)}{\partial t^2}-c^2\frac{\partial^2(rp)}{\partial r^2}=0 \tag{2.110}$$

を得る。

波動方程式 (2.110) の一般解は，平面波の式 (2.99) と同様に

$$rp(r,\ t)=f_1\!\left(t-\frac{r}{c}\right)+f_2\!\left(t+\frac{r}{c}\right)$$

で与えられる。いま，中心から広がっていく音波

$$p(r,\ t)=\frac{1}{r}f\!\left(t-\frac{r}{c}\right) \tag{2.111}$$

について考える。なお，記述の簡単化のため，関数 f の添字は省略した。上式からわかるように，音圧は原点（波源）からの距離に逆比例する。また，音圧は $t-r/c$ の関数であるから，平面波の場合と同様，音波は音速 c で拡散する。

音圧はスカラー量であるのに対して，粒子速度は方向を持つベクトル量である。そこで，原点から点 (x, y, z) に向かった方向を r 方向と呼び，r 方向の単位ベクトルを

$$\boldsymbol{n}_r=\begin{pmatrix}\dfrac{x}{r}\\[2mm] \dfrac{y}{r}\\[2mm] \dfrac{z}{r}\end{pmatrix}$$

で表す。また，関数 g の r 方向の空間微分を

$$\frac{\partial g}{\partial r}=\mathrm{grad}(g)\cdot\boldsymbol{n}_r \tag{2.112}$$

で表す。粒子速度の r 方向成分を u_r で表せば，式 (2.88) は

$$\rho_s\frac{\partial u_r}{\partial t}+\frac{\partial p}{\partial r}=0 \tag{2.113}$$

となる。式 (2.111) を式 (2.113) に代入するため，まず，$\partial p/\partial r$ を計算する。式 (2.111) を x で偏微分すれば

$$\begin{aligned}\frac{\partial p(r,\ t)}{\partial x}&=\frac{\partial}{\partial x}\left(\frac{1}{r}f\!\left(t-\frac{r}{c}\right)\right)\\&=-\frac{1}{r^2}\frac{\partial r}{\partial x}f\!\left(t-\frac{r}{c}\right)+\frac{1}{r}\left(-\frac{1}{c}\right)\frac{\partial r}{\partial x}f'\!\left(t-\frac{r}{c}\right)\\&=-\frac{x}{r^3}f\!\left(t-\frac{r}{c}\right)-\frac{x}{cr^2}f'\!\left(t-\frac{r}{c}\right)\end{aligned}$$

を得る。同様に y, z で偏微分することにより

$$\frac{\partial p(r,t)}{\partial x}=-\frac{x}{r^3}f\left(t-\frac{r}{c}\right)-\frac{x}{cr^2}f'\left(t-\frac{r}{c}\right),$$

$$\frac{\partial p(r,t)}{\partial y}=-\frac{y}{r^3}f\left(t-\frac{r}{c}\right)-\frac{y}{cr^2}f'\left(t-\frac{r}{c}\right),$$

$$\frac{\partial p(r,t)}{\partial z}=-\frac{z}{r^3}f\left(t-\frac{r}{c}\right)-\frac{z}{cr^2}f'\left(t-\frac{r}{c}\right) \tag{2.114}$$

を得る。したがって

$$\begin{aligned}\frac{\partial p}{\partial r}&=\mathrm{grad}(p(r,t))\cdot\boldsymbol{n}_r=\frac{\partial p(r,t)}{\partial x}\frac{x}{r}+\frac{\partial p(r,t)}{\partial y}\frac{y}{r}+\frac{\partial p(r,t)}{\partial z}\frac{z}{r}\\&=\left\{-\frac{x}{r^3}f\left(t-\frac{r}{c}\right)-\frac{x}{cr^2}f'\left(t-\frac{r}{c}\right)\right\}\frac{x}{r}\\&\quad+\left\{-\frac{y}{r^3}f\left(t-\frac{r}{c}\right)-\frac{y}{cr^2}f'\left(t-\frac{r}{c}\right)\right\}\frac{y}{r}\\&\quad+\left\{-\frac{z}{r^3}f\left(t-\frac{r}{c}\right)-\frac{z}{cr^2}f'\left(t-\frac{r}{c}\right)\right\}\frac{z}{r}\\&=-\frac{x^2+y^2+z^2}{r^4}f\left(t-\frac{r}{c}\right)-\frac{x^2+y^2+z^2}{cr^3}f'\left(t-\frac{r}{c}\right)\\&=-\frac{1}{r^2}f\left(t-\frac{r}{c}\right)-\frac{1}{cr}f'\left(t-\frac{r}{c}\right)\end{aligned}$$

が成り立ち

$$\frac{\partial p(r,t)}{\partial r}=-\frac{1}{r^2}f\left(t-\frac{r}{c}\right)-\frac{1}{cr}f'\left(t-\frac{r}{c}\right) \tag{2.115}$$

を得る。式 (2.115) を式 (2.113) に代入すれば

$$\frac{\partial}{\partial t}u_r(r,t)=-\frac{1}{\rho_s}\frac{\partial p(r,t)}{\partial r}=\frac{1}{\rho_s cr}f'\left(t-\frac{r}{c}\right)+\frac{1}{\rho_s r^2}f\left(t-\frac{r}{c}\right)$$

であるから，この式を積分して，球面波の粒子速度を表す式

$$\boldsymbol{u}(r,t)=\left\{\frac{1}{\rho_s cr}f(t-\frac{r}{c})+\frac{1}{\rho_s r^2}F(t-\frac{r}{c})\right\}\boldsymbol{n}_r \tag{2.116}$$

を得る。ここに，$F(x)$ は $f(x)$ の不定積分である。

2.4.6 点　音　源

全指向性音源のモデルとして，**モノポール音源**（monopole source）が知られている。モノポール音源の位置を原点に選べば，その速度ポテンシャルは

$$\Phi=\frac{f\left(t-\frac{r}{c}\right)}{r} \tag{2.117}$$

で与えられる。式（2.96）を用いて，速度ポテンシャルから音圧と粒子速度を計算すれば

$$p(r,t)=-\rho_s\frac{\partial\Phi}{\partial t}=-\rho_s\frac{f'\left(t-\frac{r}{c}\right)}{r}, \tag{2.118}$$

$$u_r(r,t)=\frac{\partial\Phi}{\partial r}=-\frac{f\left(t-\frac{r}{c}\right)}{r^2}-\frac{f'\left(t-\frac{r}{c}\right)}{cr} \tag{2.119}$$

を得る。

半径がきわめて小さい球状のモノポール音源を，**点音源**（simple source）と呼ぶ。以下で，点音源の速度ポテンシャルを求める。半径 a の球形モノポール音源の**体積速度**（volume velocity）〔m^3/s〕は，粒子速度と表面積の積で求められる。

$$\tilde{Q}(t)=4\pi a^2u_r(a,t)=-4\pi\left[f\left(t-\frac{a}{c}\right)+\frac{a}{c}f'\left(t-\frac{a}{c}\right)\right]. \tag{2.120}$$

式（2.120）で $a\to 0$ とすれば

$$Q(t)=\lim_{a\to 0}\tilde{Q}(t)=-4\pi f(t)$$

を得る。よって，点音源の速度ポテンシャルは

$$\Phi=\frac{f\left(t-\frac{r}{c}\right)}{r}=-\frac{Q\left(t-\frac{r}{c}\right)}{4\pi r} \tag{2.121}$$

で与えられる。角周波数 ω の正弦波点音源の場合，その速度ポテンシャルは，音源振幅を A とすれば

$$\Phi = -\frac{A}{4\pi r} e^{i\omega\left(t-\frac{r}{c}\right)} = -\frac{A}{4\pi r} e^{i(\omega t - kr)} \tag{2.122}$$

で表される。

式 (2.121) を用いて，点音源による音圧を求めてみよう。式 (2.96) より

$$p(r, t) = -\rho_s \frac{\partial \Phi}{\partial t} = \frac{1}{4\pi r}\left\{\rho_s \frac{\partial}{\partial t} Q\left(t - \frac{r}{c}\right)\right\}$$

を得る。上式の｛ ｝の中は，単位時間当りの質量速度（密度×体積速度）あるいは，質量加速度と呼ばれる量である。そこで，点音源の質量加速度を $q(t)$ で表せば

$$p(r, t) = \frac{1}{4\pi r} q\left(t - \frac{r}{c}\right) \tag{2.123}$$

を得る。

2.5 回 折 理 論

本節では，音波の**フーリエ変換**（Fourier transform）に基づく回折理論を紹介する。フーリエ変換は，音の信号処理では，音響信号の周波数分析を行う方法として知られている。これは，時間変数に関するフーリエ変換である。一方で，空間変数に関してフーリエ変換を行うと，空間周波数の概念を導入することができ，合成波面などの形状の複雑さを表すことができる。以下，フーリエ変換の概念を導入し，キルヒホッフ-ヘルムホルツの積分定理を導入するとともに，レイリー積分を導出する。

2.5.1 音波のフーリエ変換

まず，時間関数に関するフーリエ変換の定義を述べる。本書で扱う変量は，有限区間のみで値を持つ連続変量とする。数学的に記述すれば，台が有限な連続変量ということである。時間に関する有限区間を T で表せば

$$f(\boldsymbol{r}, t)=0,\quad t \notin T \qquad \left(\boldsymbol{r}=\begin{bmatrix} x \\ y \\ z \end{bmatrix}：\text{空間変数}\right) \tag{2.124}$$

となる。音響学で扱う物理量では，通常，有史以前や遠い将来の状態を考慮する必要がないので，式 (2.124) の仮定は妥当なものと考えられる。また，この仮定により，フーリエ変換の収束性を意識する必要がなくなるという利点もある。

さて，時間に関するフーリエ変換対は

$$f(\boldsymbol{r}, \omega)=\int_{-\infty}^{\infty} f(\boldsymbol{r}, t) e^{-i\omega t} dt,$$

$$f(\boldsymbol{r}, t)=\frac{1}{2\pi}\int_{-\infty}^{\infty} f(\boldsymbol{r}, \omega) e^{i\omega t} d\omega \tag{2.125}$$

で定義される。一方，空間に関するフーリエ変換対は，1 次元空間変数 x の関数 $g(x)$ の場合

$$g(k)=\int_{-\infty}^{\infty} g(x) e^{ikx} dx,$$

$$g(x)=\frac{1}{2\pi}\int_{-\infty}^{\infty} g(k) e^{-ikx} dk \tag{2.126}$$

で与えられる。ここに，k は空間周波数であり，通常波数を用いる。式 (2.126) は，その指数における符号が，式 (2.125) と異なることに注意が必要である。この理由は，フーリエ変換が，直交関数系の 1 つである複素正弦関数との内積に基づいていることによる (5.1.2 項参照)。式 (5.13) で定義される内積では，2 つ目の変量は，積分計算の際に複素共役を取る。式 (2.122) を見ればわかるとおり，時間関数は $e^{i\omega t}$ の形で表されるため，内積計算において $e^{-i\omega t}$ を乗じて積分する。一方，空間関数は，同式で示されるように e^{-ikx} という形を取るため，e^{ikx} を乗じて積分するのである。

空間に関する 3 次元フーリエ変換対も同様に

$$f(\boldsymbol{k}, t)=\int_{-\infty}^{\infty}\left(\int_{-\infty}^{\infty}\left(\int_{-\infty}^{\infty}g(\boldsymbol{r}, t)e^{ik_x x}dx\right)e^{ik_y y}dy\right)e^{ik_z z}dz=\int_{-\infty}^{\infty}\int_{-\infty}^{\infty}\int_{-\infty}^{\infty}g(\boldsymbol{r}, t)e^{i\boldsymbol{k}\cdot\boldsymbol{r}}dxdydz,$$

$$f(\boldsymbol{r}, t)=\frac{1}{(2\pi)^3}\int_{-\infty}^{\infty}\int_{-\infty}^{\infty}\int_{-\infty}^{\infty}f(\boldsymbol{k}, t)e^{-i\boldsymbol{k}\cdot\boldsymbol{r}}dk_x dk_y dk_z \tag{2.127}$$

で定義される。ここで，$\boldsymbol{k}=\begin{bmatrix}k_x\\k_y\\k_z\end{bmatrix}$ は3次元空間周波数，$\boldsymbol{k}\cdot\boldsymbol{r}=k_x x+k_y y+k_z z$ は空間周波数と位置変数とのベクトルの内積である。

以下で，平面波と球面波について音圧の時間フーリエ変換を与える。

〔1〕平面波のフーリエ変換　$+x$ 方向に進行する平面波の波動方程式の解は，式 (2.100) により

$$p(x, t)=f\left(t-\frac{x}{c}\right)$$

で与えられた。いま，音源関数 $f(t)$ のフーリエ変換を $f(\omega)$ とする。すなわち

$$f(\omega)=\int_{-\infty}^{\infty}f(t)e^{-i\omega t}dt. \tag{2.128}$$

このとき，$+x$ 方向に進行する平面波のフーリエ変換は

$$p(x, \omega)=\int_{-\infty}^{\infty}f\left(t-\frac{x}{c}\right)e^{-i\omega t}dt=\int_{-\infty}^{\infty}f(\tau)e^{-i\omega\left(\tau+\frac{x}{c}\right)}d\tau=e^{-i\omega\frac{x}{c}}\int_{-\infty}^{\infty}f(\tau)e^{-i\omega\tau}d\tau$$

より

$$p(x, \omega)=f(\omega)e^{-ikx} \tag{2.129}$$

で与えられる。

一方，任意の方向に進行する平面波については，進行方向の単位ベクトルを $\boldsymbol{u}$ で表せば，波動方程式の解は

$$p(\boldsymbol{r}, t)=f\left(t-\frac{\boldsymbol{u}\cdot\boldsymbol{r}}{c}\right)=f\left(t-\frac{u_x x+u_y y+u_z z}{c}\right) \tag{2.130}$$

で表される。ただし

$$\boldsymbol{u}=\begin{pmatrix} u_x \\ u_y \\ u_z \end{pmatrix}, \quad \sqrt{{u_x}^2+{u_y}^2+{u_z}^2}=1$$

である。この場合の平面波のフーリエ変換は

$$p(\boldsymbol{r},\,\omega)=\int_{-\infty}^{\infty} f\left(t-\frac{u_x x+u_y y+u_z z}{c}\right)e^{-i\omega t}dt=e^{-i\omega\frac{u_x x+u_y y+u_z z}{c}}\int_{-\infty}^{\infty} f(\tau)e^{-i\omega\tau}d\tau$$

より

$$p(\boldsymbol{r},\,\omega)=f(\omega)e^{-i(k_x x+k_y y+k_z z)} \tag{2.131}$$

で与えられる。ただし，$k_x \triangleq ku_x$, $k_y \triangleq ku_y$, $k_z \triangleq ku_z$ である。いま，波数ベクトルを

$$\boldsymbol{k}=\begin{bmatrix} k_x \\ k_y \\ k_z \end{bmatrix}=k\boldsymbol{u}$$

で定義する。この定義を用いれば，平面波のフーリエ変換は

$$p(\boldsymbol{r},\,\omega)=f(\omega)e^{-i\boldsymbol{k}\cdot\boldsymbol{r}} \tag{2.132}$$

で与えられる。

〔2〕 **球面波のフーリエ変換**　2.4.5項と同じく球面波の中心を座標系の原点に選ぶ。観測点の座標をベクトル

$$\boldsymbol{r}=\begin{bmatrix} x \\ y \\ z \end{bmatrix}$$

で表し，原点から観測点までの距離を r（$r=|\boldsymbol{r}|$）とする。このとき，原点から広がっていく球面波の音圧は，式(2.111)より

$$p(\boldsymbol{r},\,t)=\frac{1}{r}f\left(t-\frac{r}{c}\right)$$

で与えられる。上式のフーリエ変換は

$$p(\boldsymbol{r},\,\omega)=\int_{-\infty}^{\infty}\frac{1}{r}f\left(t-\frac{r}{c}\right)e^{-i\omega t}dt=\int_{-\infty}^{\infty}\frac{1}{r}f(\tau)e^{-i\omega\left(\tau+\frac{r}{c}\right)}d\tau=\frac{e^{-i\omega\frac{r}{c}}}{r}\int_{-\infty}^{\infty}f(\tau)e^{-i\omega\tau}d\tau$$

より

$$p(\boldsymbol{r},\omega)=f(\omega)\frac{e^{-ikr}}{r} \tag{2.133}$$

で与えられる。

さて，**図 2.26**（a）に示すモノポール音源からの音圧は，式 (2.123) より

$$p(r,t)=\frac{1}{4\pi r}f\left(t-\frac{r}{c}\right) \tag{2.134}$$

で表され，そのフーリエ変換は，式 (2.133) と同様に

$$p(r,\omega)=f(\omega)\frac{e^{-ikr}}{4\pi r} \tag{2.135}$$

で与えられる。ここに，$f(t)$ は音源信号を表す。

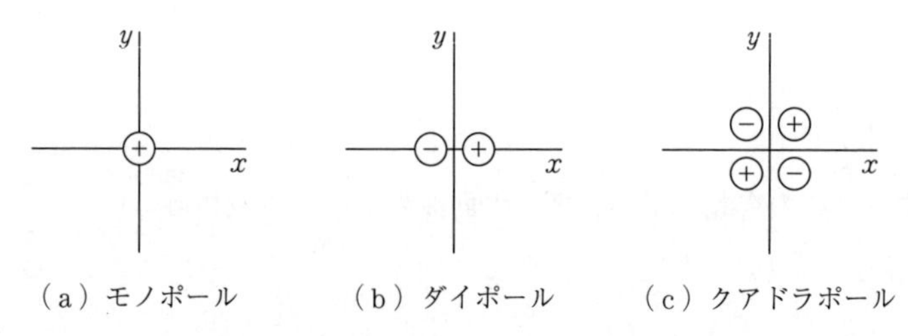

図 2.26　多重極の音源配置（+，−は音源の極性）

一方，図 2.26（b）に示すように，2 つのモノポール音源を近接して配置し，それぞれ信号 $f(t)$，$-f(t)$ で駆動する音源を**ダイポール音源**（dipole source）と呼ぶ。2 つのモノポール音源を x 方向に距離 l だけ離して設置したダイポール音源による音圧のフーリエ表現は

$$p(r,\omega)=-\frac{e^{-ikr}}{4\pi r^2}(lf(\omega))(1+ikr)\cos\theta=d(\omega)\frac{\partial}{\partial x}\left(\frac{e^{-ikr}}{4\pi r}\right) \tag{2.136}$$

で表される。ここに，$d(\omega)=lf(\omega)$ をダイポール音源の駆動信号と呼ぶ。

さらに，図 2.26（c）に示すように，2 つのダイポール音源を，極性を反転させて近接配置した音源を**クアドラポール音源**（quadrupole source）と呼ぶ。クアドラポール音源による音圧のフーリエ変換は

$$p(r,\omega)=q(\omega)\frac{\partial^2}{\partial x\partial y}\left(\frac{e^{-ikr}}{4\pi r}\right) \tag{2.137}$$

で与えられる。ここに，$q(\omega)=l^2 f(\omega)$ をクアドラポール音源の駆動信号と呼ぶ。

2.5.2 ヘルムホルツ方程式

音圧の波動方程式は，式（2.90）より

$$\frac{\partial^2 p}{\partial t^2}-c^2\nabla^2 p=0$$

で与えられた。この波動方程式を時間に関してフーリエ変換する。上式左辺第2項のフーリエ変換は

$$\int_{-\infty}^{\infty}(\nabla^2 p(\boldsymbol{r},t))e^{-i\omega t}dt=\nabla^2\left(\int_{-\infty}^{\infty}p(\boldsymbol{r},t)e^{-i\omega t}dt\right)=\nabla^2 p(\boldsymbol{r},\omega)$$

で計算される。ここに，関数 p の連続性により，積分と微分の順序は交換可能であることを利用した。波動方程式の第1項は，部分積分により計算する。

$$\int_{-\infty}^{\infty}\left(\frac{d^2 p(\boldsymbol{r},t)}{dt^2}\right)e^{-i\omega t}dt$$

$$=\left[\frac{dp(\boldsymbol{r},t)}{dt}e^{-i\omega t}\right]_{-\infty}^{\infty}-\int_{-\infty}^{\infty}(-i\omega)\frac{dp(\boldsymbol{r},t)}{dt}e^{-i\omega t}dt=i\omega\int_{-\infty}^{\infty}\frac{dp(\boldsymbol{r},t)}{dt}e^{-i\omega t}dt$$

$$=i\omega[p(\boldsymbol{r},t)e^{-i\omega t}]_{-\infty}^{\infty}-i\omega\int_{-\infty}^{\infty}(-i\omega)p(\boldsymbol{r},t)e^{-i\omega t}dt=-\omega^2\int_{-\infty}^{\infty}p(\boldsymbol{r},t)e^{-i\omega t}dt$$

$$=-\omega^2 p(\boldsymbol{r},\omega).$$

上式では，音圧が有限時間区間以外では0となることを用いて計算している。

以上の結果より，波動方程式のフーリエ変換である**ヘルムホルツ方程式**（Helmholtz equation）

$$\nabla^2 p(\boldsymbol{r},\omega)+k^2 p(\boldsymbol{r},\omega)=0 \tag{2.138}$$

が得られた。

2.5.3 ガウスの定理とグリーンの定理

5.1.6項より，ベクトル変数 $\boldsymbol{u}$ に対する**ガウスの定理**（Gauss' theorem）は

$$\iiint_V \mathrm{div}\boldsymbol{u}\, dV = \iint_S \boldsymbol{u}\cdot\boldsymbol{n}dS \tag{2.139}$$

で与えられ，スカラー変数 P に対するガウスの定理は

$$\iiint_V \mathrm{grad}P\, dV = \iint_S P\boldsymbol{n}dS \tag{2.140}$$

で与えられる。式 (2.139)，(2.140) における領域 V を**図 2.27** に示す。

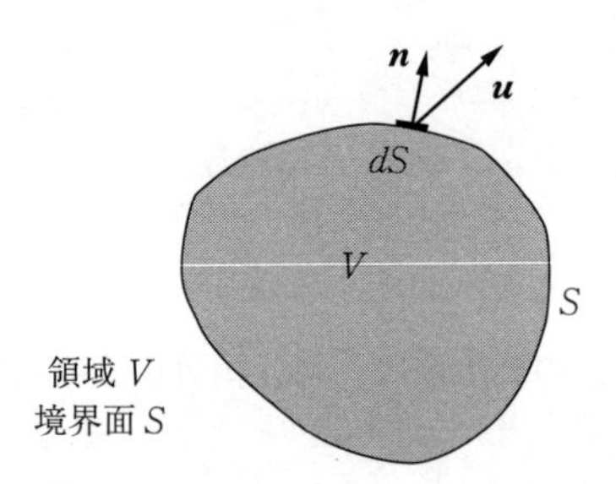

図 2.27　ガウスの定理における領域 V

いま，スカラー関数 f，g を用いてベクトル関数

$$\boldsymbol{A} = f\ \nabla g = \begin{pmatrix} f\dfrac{\partial g}{\partial x} \\ f\dfrac{\partial g}{\partial y} \\ f\dfrac{\partial g}{\partial z} \end{pmatrix}$$

を作る。このとき，$\boldsymbol{A}$ の空間微分は

$$\mathrm{div}\boldsymbol{A} = \nabla\cdot\boldsymbol{A} = \begin{pmatrix} \dfrac{\partial}{\partial x} & \dfrac{\partial}{\partial y} & \dfrac{\partial}{\partial z} \end{pmatrix} \begin{pmatrix} f\dfrac{\partial g}{\partial x} \\ f\dfrac{\partial g}{\partial y} \\ f\dfrac{\partial g}{\partial z} \end{pmatrix}$$

$$= \frac{\partial f}{\partial x}\frac{\partial g}{\partial x} + f\frac{\partial^2 g}{\partial x^2} + \frac{\partial f}{\partial y}\frac{\partial g}{\partial y} + f\frac{\partial^2 g}{\partial y^2} + \frac{\partial f}{\partial z}\frac{\partial g}{\partial z} + f\frac{\partial^2 g}{\partial z^2}$$

より

$$\mathrm{div}\,\boldsymbol{A}=\nabla f\cdot\nabla g+f\nabla^2 g \tag{2.141}$$

で与えられる。

さて，ベクトル変数 $\boldsymbol{A}=f\nabla g$ をガウスの定理（2.139）に代入し，式（2.141）を用いれば

$$\iiint_V(\nabla f\cdot\nabla g+f\nabla^2 g)dV=\iint_S(f\nabla g)\cdot\boldsymbol{n}dS \tag{2.142}$$

を得る。式（2.142）を**グリーンの第 1 定理**（Green's first theorem）と呼ぶ。次に，式（2.142）において，関数 f と g を入れ替えた式を作る。すなわち

$$\iiint_V(\nabla g\cdot\nabla f+g\nabla^2 f)dV=\iint_S(g\nabla f)\cdot\boldsymbol{n}dS. \tag{2.143}$$

式（2.142）から式（2.143）を辺々引き算すると

$$\iiint_V(f\nabla^2 g-g\nabla^2 f)dV=\iint_S(f\nabla g-g\nabla f)\cdot\boldsymbol{n}dS \tag{2.144}$$

が得られる。式（2.144）を**グリーンの第 2 定理**（Green's second theorem）と呼ぶ。

いま，$\boldsymbol{n}$ 方向の空間微分を，空間微分の $\boldsymbol{n}$ 方向成分によって

$$\frac{\partial f}{\partial n}=(\nabla f)\cdot\boldsymbol{n}=\frac{\partial f}{\partial x}n_x+\frac{\partial f}{\partial y}n_y+\frac{\partial f}{\partial z}n_z \tag{2.145}$$

で定義する。ここに，ベクトル $\boldsymbol{n}$ は

$$\boldsymbol{n}=\begin{pmatrix}n_x\\n_y\\n_z\end{pmatrix},\quad|\boldsymbol{n}|=1$$

を満たす。式（2.145）を用いれば，グリーンの第 2 定理は

$$\iiint_V(f\nabla^2 g-g\nabla^2 f)dV=\iint_S\left(f\frac{\partial g}{\partial n}-g\frac{\partial f}{\partial n}\right)dS \tag{2.146}$$

で表される。

2.5.4 キルヒホッフ-ヘルムホルツの積分定理

今までと同様，空間上の任意の点をベクトル

$$\boldsymbol{r}=\begin{bmatrix} x \\ y \\ z \end{bmatrix}$$

で表す。2.5.2 項で述べたように，ヘルムホルツの方程式は

$$\nabla^2 p(\boldsymbol{r}, \omega)+k^2 p(\boldsymbol{r}, \omega)=0$$

で表される。ここに，$p(\boldsymbol{r}, \omega)$ は $p(\boldsymbol{r}, t)$ のフーリエ変換であり，k は波数である。いま，領域 V でヘルムホルツ方程式を満たす 2 つの関数 $p(\boldsymbol{r}, \omega)$，$q(\boldsymbol{r}, \omega)$ を考える。このとき

$$\begin{aligned} &p(\boldsymbol{r}, \omega)\nabla^2 q(\boldsymbol{r}, \omega)-q(\boldsymbol{r}, \omega)\nabla^2 p(\boldsymbol{r}, \omega) \\ &\quad =-k^2 p(\boldsymbol{r}, \omega)q(\boldsymbol{r}, \omega)+k^2 q(\boldsymbol{r}, \omega)p(\boldsymbol{r}, \omega)=0 \end{aligned}$$

が成り立つ。上式をグリーンの第 2 定理（2.146）に代入すれば，その左辺が 0 となり

$$\iint_S \left(p(\boldsymbol{r}, \omega)\frac{\partial q(\boldsymbol{r}, \omega)}{\partial n}-q(\boldsymbol{r}, \omega)\frac{\partial p(\boldsymbol{r}, \omega)}{\partial n} \right) dS=0 \tag{2.147}$$

を得る。なお上式の積分は，ベクトル $\boldsymbol{r}$ を境界面 S 全体で動かすことにより行う。

さて，式（2.147）において，$p(\boldsymbol{r}, \omega)$ を音圧のフーリエ変換とし，$q(\boldsymbol{r}, \omega)$ として，キルヒホッフの補助関数

$$q(\boldsymbol{r}, \omega)=\frac{e^{-ik|\boldsymbol{r}-\boldsymbol{r}_A|}}{|\boldsymbol{r}-\boldsymbol{r}_A|} \tag{2.148}$$

を用いることにしよう。音圧は波動方程式を満たすため，そのフーリエ変換はヘルムホルツ方程式を満足する。また，計算すれば明らかなように，式（2.148）もヘルムホルツの方程式を満たす。いま，音場内の領域 V を，**図 2.28** のように設定する。ここに，内側の境界面は，$\boldsymbol{r}_A$ を中心とする半径 ε の球である。式（2.148）を式（2.147）に代入すれば

$$\iint_{S+S'} \left(p(\boldsymbol{r}, \omega)\frac{\partial}{\partial n}\left(\frac{e^{-ik|\boldsymbol{r}-\boldsymbol{r}_A|}}{|\boldsymbol{r}-\boldsymbol{r}_A|}\right)-\frac{e^{-ik|\boldsymbol{r}-\boldsymbol{r}_A|}}{|\boldsymbol{r}-\boldsymbol{r}_A|}\frac{\partial p(\boldsymbol{r}, \omega)}{\partial n} \right) dS=0$$

を得る。この式を以下のように変形しておく。

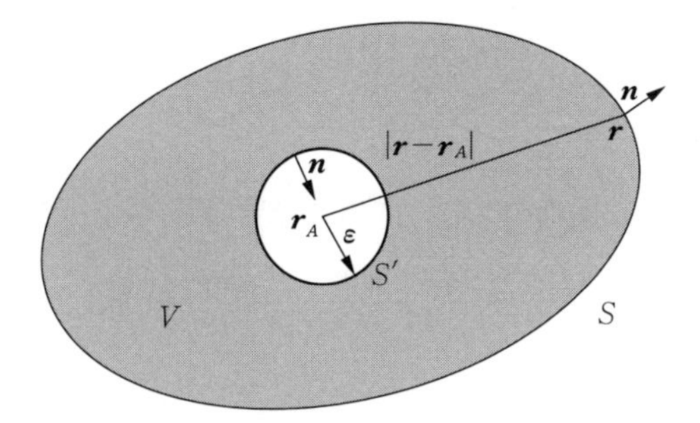

図 2.28　音場内の領域 V

$$\iint_{S'}\left(p(\boldsymbol{r},\omega)\frac{\partial}{\partial n}\left(\frac{e^{-ik|\boldsymbol{r}-\boldsymbol{r}_A|}}{|\boldsymbol{r}-\boldsymbol{r}_A|}\right)-\frac{e^{-ik|\boldsymbol{r}-\boldsymbol{r}_A|}}{|\boldsymbol{r}-\boldsymbol{r}_A|}\frac{\partial p(\boldsymbol{r},\omega)}{\partial n}\right)dS$$

$$=-\iint_{S}\left(p(\boldsymbol{r},\omega)\frac{\partial}{\partial n}\left(\frac{e^{-ik|\boldsymbol{r}-\boldsymbol{r}_A|}}{|\boldsymbol{r}-\boldsymbol{r}_A|}\right)-\frac{e^{-ik|\boldsymbol{r}-\boldsymbol{r}_A|}}{|\boldsymbol{r}-\boldsymbol{r}_A|}\frac{\partial p(\boldsymbol{r},\omega)}{\partial n}\right)dS. \tag{2.149}$$

ここで，式 (2.149) の左辺を計算する。境界面 S' は半径 ε の球面であるため，Ω を $\boldsymbol{r}_A$ を中心とした立体角とすれば，S' 上で

$$|\boldsymbol{r}-\boldsymbol{r}_A|=\varepsilon,\quad dS=\varepsilon^2 d\Omega$$

が成り立つ。また，ベクトル $\boldsymbol{n}$ と $\boldsymbol{\varepsilon}$ は方向が逆であるため，その方向微分の間には

$$\frac{\partial p}{\partial n}=-\frac{\partial p}{\partial \varepsilon}$$

が成り立つ。これらの結果を用いると，式 (2.149) の左辺は

$$\iint_{S'}\left(p(\boldsymbol{r},\omega)\frac{\partial}{\partial n}\left(\frac{e^{-ik|\boldsymbol{r}-\boldsymbol{r}_A|}}{|\boldsymbol{r}-\boldsymbol{r}_A|}\right)-\frac{e^{-ik|\boldsymbol{r}-\boldsymbol{r}_A|}}{|\boldsymbol{r}-\boldsymbol{r}_A|}\frac{\partial p(\boldsymbol{r},\omega)}{\partial n}\right)dS$$

$$=\int_0^{4\pi}\left\{p(\boldsymbol{r},\omega)\left(-\frac{\partial}{\partial \varepsilon}\left(\frac{e^{-ik\varepsilon}}{\varepsilon}\right)\right)-\frac{e^{-ik\varepsilon}}{\varepsilon}\left(-\frac{\partial p(\boldsymbol{r},\omega)}{\partial \varepsilon}\right)\right\}\varepsilon^2 d\Omega$$

$$=\int_0^{4\pi}\left\{p(\boldsymbol{r},\omega)\frac{e^{-ik\varepsilon}}{\varepsilon}\left(ik+\frac{1}{\varepsilon}\right)+\frac{e^{-ik\varepsilon}}{\varepsilon}\frac{\partial p(\boldsymbol{r},\omega)}{\partial \varepsilon}\right\}\varepsilon^2 d\Omega$$

$$=\int_0^{4\pi}\left\{p(\boldsymbol{r},\omega)e^{-ik\varepsilon}(ik\varepsilon+1)+\varepsilon e^{-ik\varepsilon}\frac{\partial p(\boldsymbol{r},\omega)}{\partial \varepsilon}\right\}d\Omega$$

と変形できる。ただし，上式の3行目において

$$\frac{\partial}{\partial\varepsilon}\left(\frac{e^{-ik\varepsilon}}{\varepsilon}\right)=-ik\frac{e^{-ik\varepsilon}}{\varepsilon}-\frac{e^{-ik\varepsilon}}{\varepsilon^2}=-\frac{e^{-ik\varepsilon}}{\varepsilon}\left(ik+\frac{1}{\varepsilon}\right)$$

を用いた。このような条件の下で，内側の境界面 S' の半径を $\varepsilon\to 0$ とすれば

$$\lim_{\varepsilon\to 0}\iint_{S'}\left(p(\boldsymbol{r},\omega)\frac{\partial}{\partial n}\left(\frac{e^{-ik|\boldsymbol{r}-\boldsymbol{r}_A|}}{|\boldsymbol{r}-\boldsymbol{r}_A|}\right)-\frac{e^{-ik|\boldsymbol{r}-\boldsymbol{r}_A|}}{|\boldsymbol{r}-\boldsymbol{r}_A|}\frac{\partial p(\boldsymbol{r},\omega)}{\partial n}\right)dS$$

$$=\int_0^{4\pi}p(\boldsymbol{r},\omega)d\Omega=4\pi p(\boldsymbol{r}_A,\omega) \tag{2.150}$$

が成り立つ。ここに，$\varepsilon\to 0$ のとき，S' 上のすべての点 $\boldsymbol{r}$ は $\boldsymbol{r}_A$ に収束することを用いた。式(2.150)を式(2.149)に代入することにより，**キルヒホッフ-ヘルムホルツの積分定理**（Kirchhoff-Helmholtz integral theorem）

$$p(\boldsymbol{r}_A,\omega)=\frac{1}{4\pi}\iint_S\left(\frac{e^{-ik|\boldsymbol{r}-\boldsymbol{r}_A|}}{|\boldsymbol{r}-\boldsymbol{r}_A|}\frac{\partial p(\boldsymbol{r},\omega)}{\partial n}-p(\boldsymbol{r},\omega)\frac{\partial}{\partial n}\left(\frac{e^{-ik|\boldsymbol{r}-\boldsymbol{r}_A|}}{|\boldsymbol{r}-\boldsymbol{r}_A|}\right)\right)dS \tag{2.151}$$

が得られる。式(2.151)は

$$p(\boldsymbol{r}_A,\omega)=\iint_S\left(\left(\frac{1}{4\pi}\frac{e^{-ik|\boldsymbol{r}-\boldsymbol{r}_A|}}{|\boldsymbol{r}-\boldsymbol{r}_A|}\right)\frac{\partial p(\boldsymbol{r},\omega)}{\partial n}-p(\boldsymbol{r},\omega)\frac{\partial}{\partial n}\left(\frac{1}{4\pi}\frac{e^{-ik|\boldsymbol{r}-\boldsymbol{r}_A|}}{|\boldsymbol{r}-\boldsymbol{r}_A|}\right)\right)dS$$

と書くことができる。上式において

$$\frac{1}{4\pi}\frac{e^{-ik|\boldsymbol{r}-\boldsymbol{r}_A|}}{|\boldsymbol{r}-\boldsymbol{r}_A|}$$

はモノポール音源を表す関数であり

$$\frac{\partial}{\partial n}\left(\frac{1}{4\pi}\frac{e^{-ik|\boldsymbol{r}-\boldsymbol{r}_A|}}{|\boldsymbol{r}-\boldsymbol{r}_A|}\right)$$

はダイポール音源を表す関数である。したがって，式(2.151)の被積分関数は，モノポール音源を音圧傾度（法線方向の音圧の傾き）で駆動した項と，ダイポール音源を音圧で駆動した項からなっている。

レイリー積分を導出するため，式(2.151)を変形しておく。ヘルムホルツの定理を満たす新しい関数 $\tilde{q}$ を

$$\tilde{q}(\boldsymbol{r},\omega)=\frac{e^{-ik|\boldsymbol{r}-\boldsymbol{r}_A|}}{|\boldsymbol{r}-\boldsymbol{r}_A|}+\Gamma(\boldsymbol{r},\omega) \tag{2.152}$$

で定義する。ここに，$\Gamma(\boldsymbol{r}, \omega)$ は，領域 V 内でヘルムホルツ方程式を満足する関数である。式 (2.147) において，式 (2.148) の関数 q の代わりに関数 $\tilde{q}$ を用いて，図 2.28 の領域で

$$\iint_{S'}\left\{p(\boldsymbol{r}, \omega)\frac{\partial}{\partial n}\left(\frac{e^{-ik|\boldsymbol{r}-\boldsymbol{r}_A|}}{|\boldsymbol{r}-\boldsymbol{r}_A|}+\Gamma(\boldsymbol{r}, \omega)\right)-\left(\frac{e^{-ik|\boldsymbol{r}-\boldsymbol{r}_A|}}{|\boldsymbol{r}-\boldsymbol{r}_A|}+\Gamma(\boldsymbol{r}, \omega)\right)\frac{\partial p(\boldsymbol{r}, \omega)}{\partial n}\right\}dS$$

$$=-\iint_{S}\left\{p(\boldsymbol{r}, \omega)\frac{\partial}{\partial n}\left(\frac{e^{-ik|\boldsymbol{r}-\boldsymbol{r}_A|}}{|\boldsymbol{r}-\boldsymbol{r}_A|}+\Gamma(\boldsymbol{r}, \omega)\right)\right.$$

$$\left.-\left(\frac{e^{-ik|\boldsymbol{r}-\boldsymbol{r}_A|}}{|\boldsymbol{r}-\boldsymbol{r}_A|}+\Gamma(\boldsymbol{r}, \omega)\right)\frac{\partial p(\boldsymbol{r}, \omega)}{\partial n}\right\}dS \tag{2.153}$$

を計算する。その結果，式 (2.153) の左辺は，式 (2.150) と同様 $\varepsilon\to 0$ のとき，$4\pi p(\boldsymbol{r}_A, \omega)$ に収束する。したがって，式 (2.151) と同様の式

$$p(\boldsymbol{r}_A, \omega)=\frac{1}{4\pi}\iint_{S}\left(\left(\frac{e^{-ik|\boldsymbol{r}-\boldsymbol{r}_A|}}{|\boldsymbol{r}-\boldsymbol{r}_A|}+\Gamma(\boldsymbol{r}, \omega)\right)\frac{\partial p(\boldsymbol{r}, \omega)}{\partial n}\right.$$

$$\left.-p(\boldsymbol{r}, \omega)\frac{\partial}{\partial n}\left(\frac{e^{-ik|\boldsymbol{r}-\boldsymbol{r}_A|}}{|\boldsymbol{r}-\boldsymbol{r}_A|}+\Gamma(\boldsymbol{r}, \omega)\right)\right)dS \tag{2.154}$$

を得る。いま，ベクトル $\boldsymbol{n}$ を領域 V の内向き法線方向の単位ベクトルとすると，上式は

$$p(\boldsymbol{r}_A, \omega)=\frac{1}{4\pi}\iint_{S}\left(p(\boldsymbol{r}, \omega)\frac{\partial}{\partial n}\left(\frac{e^{-ik|\boldsymbol{r}-\boldsymbol{r}_A|}}{|\boldsymbol{r}-\boldsymbol{r}_A|}+\Gamma(\boldsymbol{r}, \omega)\right)\right.$$

$$\left.-\left(\frac{e^{-ik|\boldsymbol{r}-\boldsymbol{r}_A|}}{|\boldsymbol{r}-\boldsymbol{r}_A|}+\Gamma(\boldsymbol{r}, \omega)\right)\frac{\partial p(\boldsymbol{r}, \omega)}{\partial n}\right)dS \tag{2.155}$$

と変形される。この式を用いて，次項でレイリー積分を導出する。

2.5.5 レイリー積分

レイリー積分を導出するにあたり，まず図 2.28 に示した領域を，**図 2.29** に示すように変形する。なお，図 2.29 において，以下のパラメータを導入した。

$$S_1 \triangleq \{(x,y,z)|x^2+y^2 \leqq R'^2,\ z=z_1\},$$

$$S_2 \triangleq \{(x,y,z)|(x-x_0)^2+(y-y_0)^2+(z-z_0)^2=R^2,\ z \geqq z_1\},$$

$$R' \triangleq \sqrt{R^2-(z_1-z_0)^2}. \tag{2.156}$$

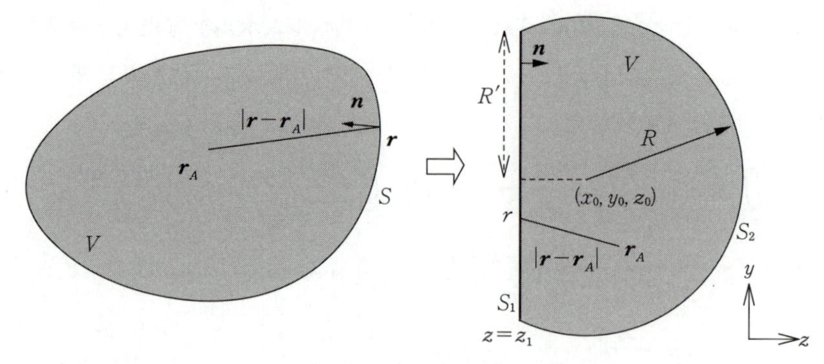

図 2.29　領域 V の変形

新たに定義した領域において，キルヒホッフ-ヘルムホルツ積分定理は，以下のように表される。

$$p(\boldsymbol{r}_A, \omega)=p_1(\boldsymbol{r}_A, \omega)+p_2(\boldsymbol{r}_A, \omega), \tag{2.157}$$

$$p_1(\boldsymbol{r}_A, \omega)\triangleq\frac{1}{4\pi}\iint_{S_1}\left\{p(\boldsymbol{r}, \omega)\frac{\partial}{\partial n}\left(\frac{e^{-ik|\boldsymbol{r}-\boldsymbol{r}_A|}}{|\boldsymbol{r}-\boldsymbol{r}_A|}+\Gamma(\boldsymbol{r}, \omega)\right)\right.$$
$$\left.-\left(\frac{e^{-ik|\boldsymbol{r}-\boldsymbol{r}_A|}}{|\boldsymbol{r}-\boldsymbol{r}_A|}+\Gamma(\boldsymbol{r}, \omega)\right)\frac{\partial p(\boldsymbol{r}, \omega)}{\partial n}\right\}dS,$$

$$p_2(\boldsymbol{r}_A, \omega)\triangleq\frac{1}{4\pi}\iint_{S_2}\left\{p(\boldsymbol{r}, \omega)\frac{\partial}{\partial n}\left(\frac{e^{-ik|\boldsymbol{r}-\boldsymbol{r}_A|}}{|\boldsymbol{r}-\boldsymbol{r}_A|}+\Gamma(\boldsymbol{r}, \omega)\right)\right.$$
$$\left.-\left(\frac{e^{-ik|\boldsymbol{r}-\boldsymbol{r}_A|}}{|\boldsymbol{r}-\boldsymbol{r}_A|}+\Gamma(\boldsymbol{r}, \omega)\right)\frac{\partial p(\boldsymbol{r}, \omega)}{\partial n}\right\}dS. \tag{2.158}$$

上式において，$R\to\infty$ とすると，境界面 S_2 からの音波が有限時間内に V に到達できなくなるため $p_2(\boldsymbol{r}_A, \omega)\to 0$ となる。その結果

$$p(\boldsymbol{r}_A, \omega)=p_1(\boldsymbol{r}_A, \omega)$$
$$=\frac{1}{4\pi}\iint_{S_1}\left\{p(\boldsymbol{r}, \omega)\frac{\partial}{\partial n}\left(\frac{e^{-ik|\boldsymbol{r}-\boldsymbol{r}_A|}}{|\boldsymbol{r}-\boldsymbol{r}_A|}+\Gamma(\boldsymbol{r}, \omega)\right)\right.$$
$$\left.-\left(\frac{e^{-ik|\boldsymbol{r}-\boldsymbol{r}_A|}}{|\boldsymbol{r}-\boldsymbol{r}_A|}+\Gamma(\boldsymbol{r}, \omega)\right)\frac{\partial p(\boldsymbol{r}, \omega)}{\partial n}\right\}dS \tag{2.159}$$

が成り立つ。

いま，**図 2.30** に示すように，S_1 に対して $\boldsymbol{r}_A$ と鏡像の位置にある点を $\boldsymbol{r}_A'$ と

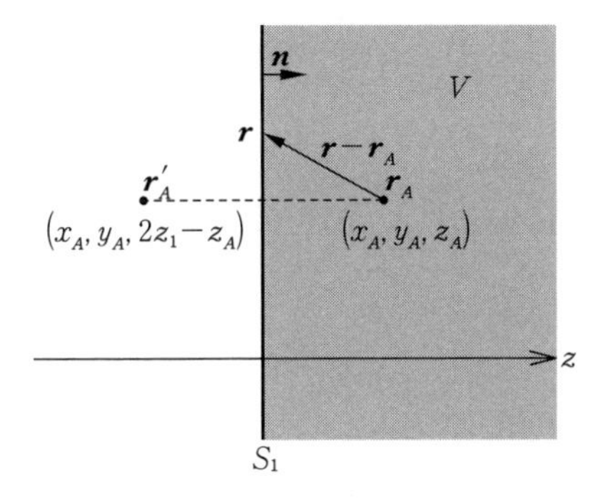

図 2.30　S_1 に対して $\boldsymbol{r}_A$ と鏡像の位置にある点 $\boldsymbol{r}'_A$

し，この $\boldsymbol{r}'_A$ を用いて新たなキルヒホッフの補助関数を

$$\Gamma(\boldsymbol{r},\omega)=\frac{e^{-ik|\boldsymbol{r}-\boldsymbol{r}'_A|}}{|\boldsymbol{r}-\boldsymbol{r}'_A|}$$

で定義する。このとき，S_1 上で関係式

$$\frac{e^{-ik|\boldsymbol{r}-\boldsymbol{r}_A|}}{|\boldsymbol{r}-\boldsymbol{r}_A|}+\Gamma(\boldsymbol{r},\omega)=2\frac{e^{-ik|\boldsymbol{r}-\boldsymbol{r}_A|}}{|\boldsymbol{r}-\boldsymbol{r}_A|}\ ,$$

$$\frac{\partial}{\partial n}\left(\frac{e^{-ik|\boldsymbol{r}-\boldsymbol{r}_A|}}{|\boldsymbol{r}-\boldsymbol{r}_A|}\right)+\frac{\partial}{\partial n}\Gamma(\boldsymbol{r},\omega)=0 \tag{2.160}$$

が成り立つ。そこで，式 (2.159) に関数 $\Gamma(\boldsymbol{r},\omega)$ を代入すると，**第 1 種レイリー積分**（Rayleigh I integral）

$$p(\boldsymbol{r}_A,\omega)=-\frac{1}{2\pi}\iint_{S_1}\frac{\partial p(\boldsymbol{r},\omega)}{\partial z}\frac{e^{-ik|\boldsymbol{r}-\boldsymbol{r}_A|}}{|\boldsymbol{r}-\boldsymbol{r}_A|}dS \tag{2.161}$$

が得られる。ただし，式 (2.161) では，ベクトル $\boldsymbol{n}$ の方向と $+z$ 方向が同じであることから，式 $\partial/\partial n=\partial/\partial z$ を用いた。

今度は，関数 $\Gamma(\boldsymbol{r},\omega)$ として

$$\Gamma(\boldsymbol{r},\omega)=-\frac{e^{-ik|\boldsymbol{r}-\boldsymbol{r}'_A|}}{|\boldsymbol{r}-\boldsymbol{r}'_A|}$$

を用いる。その結果，式 (2.160) の代わりに，S_1 上で関係式

$$\frac{e^{-ik|\boldsymbol{r}-\boldsymbol{r}_A|}}{|\boldsymbol{r}-\boldsymbol{r}_A|}+\Gamma(\boldsymbol{r},\omega)=0\ ,$$

$$\frac{\partial}{\partial n}\left(\frac{e^{-ik|\boldsymbol{r}-\boldsymbol{r}_A|}}{|\boldsymbol{r}-\boldsymbol{r}_A|}\right)+\frac{\partial}{\partial n}\Gamma(\boldsymbol{r},\omega)=2\frac{\partial}{\partial n}\left(\frac{e^{-ik|\boldsymbol{r}-\boldsymbol{r}_A|}}{|\boldsymbol{r}-\boldsymbol{r}_A|}\right) \tag{2.162}$$

が成り立つ。この新たな関数を式 (2.159) に代入すれば，**第 2 種レイリー積分**（Rayleigh II integral）

$$p(\boldsymbol{r}_A, \omega)=\frac{1}{2\pi}\iint_{S_1} p(\boldsymbol{r}, \omega)\frac{\partial}{\partial z}\left(\frac{e^{-ik|\boldsymbol{r}-\boldsymbol{r}_A|}}{|\boldsymbol{r}-\boldsymbol{r}_A|}\right)dS \tag{2.163}$$

が得られる。

以上で，空間座標として (x, y, z) 座標系を用いた場合の回折理論を記述した。空間を極座標系によって記述する場合の理論については，より高度な数学が必要となるため，5.4 節で解説する。

引用・参考文献

振動論についてさらに学習したい読者には，文献 1) をお勧めする。流体力学については，文献 2) がコンパクトにまとまった良書である。文献 3) は振動論から始めて音響学全般を俯瞰した入門書である。2.5 節の回折理論は，音に限った話ではない。文献 4) は光学の教科書であるが，回折理論を丁寧に記述している。また，レイリー積分の記述については文献 5) を参考とした。

1) 有山正孝：振動・波動，裳華房（1970）
2) 今井功：流体力学，岩波書店（1993）
3) 小橋豊：音と音波，裳華房（1969）
4) M. Born and E. Wolf：Principle of Optics, 7th edition, Cambridge University Press (1999)
5) A. J. Berkhout：Applied Seismic Wave Theory, Elsevier (1987)

3章 聴覚の基礎

◆本章のテーマ

「聴覚的感覚を引き起こす弾性波」として音を定義することもあるように，音と聴覚は切っても切れない関係にあり，音響学の多くの分野で聴覚に関する知見が必要となっている。

本章ではまず，聴覚情報処理を理解するための基本的な音響学的キーワードを整理したうえで，音響情報を表現・処理する生理学的機構について解説する。一般に，音の信号は，時間領域および周波数領域での表現が可能である。これら時間領域，周波数領域の情報が，聴覚末梢系においてどのように表現されているかを理解していただきたい。さらに，その表現を元に高次の情報を抽出する中枢機構の概要について理解していただきたい。

聴覚の心理学に関しては，様々な知覚現象の理解の基礎となる周波数分解能について，やや詳しく解説する。そのうえで，音響学を構成する（聴覚以外の）様々な分野に関連が深いと思われるトピックを中心に，基本的な知識を解説する。

◆本章の構成（キーワード）

3.1 聴覚理解のための前提知識

時間波形とスペクトル，フィルタ，線形性，振幅変調

3.2 聴覚の生理学

末梢系，基底膜，有毛細胞，聴神経，中枢系，周波数局在，階層処理，特徴抽出

3.3 聴覚の心理学

最小可聴値，周波数分解能とマスキング，ラウドネス，強度弁別，ピッチ，空間知覚，聴覚情景分析，音色，音声知覚

3.1 聴覚理解のための前提知識

音の一般的な物理特性は2章，信号処理手法については4章で解説されているとおりである。このほか聴覚を理解しようとする際には，特に注目すべき音の特性，信号処理，また，独特の用語や概念がある。本節では，それらを整理して解説する。

3.1.1 時間波形とスペクトル

同一波形を繰り返すような音は**周期音**（periodic sound）と呼ばれる。これに対する非周期音には，統計的に不規則な波形をもつ**雑音**（またはノイズ；noise）や，持続時間の短い**過渡音**（transient sound）がある。周期音について定義される値には，**周波数**（frequency または repetition rate; 同一波形が毎秒繰り返される回数；単位 Hz または 1/s），**周期**（period; 波形の1サイクルに要する時間；周波数の逆数；単位 s），**位相**（phase; 波形の1サイクル内の時点で，1周期を 360° または 2π rad としたときの角度で表す；単位は度「°」または rad）がある。なお，周期音はしばしば，音楽的な音の高さ（ピッチ；3.3.5項）の感覚を生じるときがある。このように，音楽的な高さを生じる音を特に**トーン**（tone）と呼ぶときもある。

図3.1に，様々な音の時間波形と振幅スペクトルを示す。聴覚分野で断りなくスペクトルという場合には，通常はこのような振幅スペクトルまたはパワースペクトルを指す。無限の長さをもつ正弦波音のスペクトルは，当然，単一周波数成分にのみパワーをもつ（図（a））。このため，正弦波音は**純音**（pure tone）とも呼ばれる。スペクトルが，ある周波数（**基本周波数**；fundamental frequency）の整数倍の周波数にのみ成分（**倍音成分**；harmonic component）をもつような構造を，**調波構造**（harmonic structure）という。スペクトルが調波構造をもつ音は，基本周波数に対応する周期をもつ周期音である。**調波複合音**（harmonic complex）とも呼ばれる。図（b）に示したパルス列はその一例である。**白色雑音**（white noise）は，平坦な振幅スペクトルをもつ雑音であ

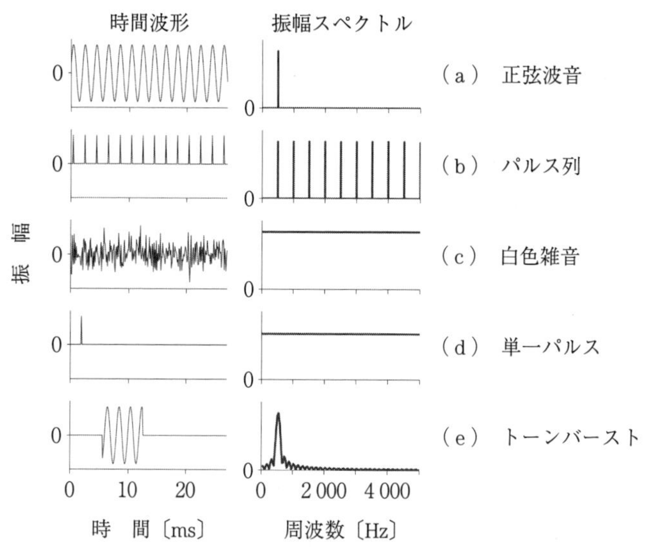

図 3.1 音の時間波形とスペクトルの例

る（図（c））。振幅スペクトルが平坦であっても，単一パルス（クリック音（click）ともいう）のように，まったく異なる時間波形をもつ場合がある（図（d））。白色雑音と単一パルスは，振幅スペクトルが同一であっても，**位相スペクトル**（phase spectrum）が異なる。

数学的には，フーリエ分析・フーリエ変換でスペクトルを計算する際には，無限長の時間にわたる積分を行う必要がある。しかし実際は，ある有限の時間長をもつ時間窓内の波形を切り出し，その窓外の振幅を 0 と置いてスペクトルを計算する（4.2.7 項参照）。図（e）に示したのは，正弦波の一部を切り出してきた音の時間波形と，そのスペクトルである。このような音は，**トーンバースト**（tone burst），**トーンパルス**（tone pulse）あるいは**トーンピップ**（tone pip）と呼ばれる。（ほとんどの現実場面や実験条件のように）持続長が無限ではないことが自明である場合には，このように有限長で切り出した正弦波音であっても，単に純音ということもある。ただし，無限長の正弦波（図（a））と異なり，トーンバーストの振幅スペクトルでは，エネルギーが本来の周波数の周辺に広がって分布する。これを**スペクトル拡散**（spectral splatter）と呼ぶ。

このように，音の時間表現（波形）とスペクトル表現は表裏一体であり，時間波形の操作は必ずスペクトルの変化を伴う（その逆もしかり）。3.2.4項で示すように，聴覚系では，その末梢の段階から，音の時間表現（聴神経発火の時間パターン）とスペクトル表現（基底膜におけるトノトピー）が併存している。このため，刺激音の波形を分析・設計・操作する場合には。スペクトル表現における変化にも注意する必要である。スペクトル拡散が生じた場合，聴覚系の意図しない周波数チャネルを刺激してしまうことがある。実際にクリック音のような音が聞こえるときもある。フーリエ分析あるいはフーリエ解析の原理的に，トーンバーストのような有限長の正弦波では，スペクトル拡散を完全に取り除くことはできないが，音の立ち上がり・立ち下がりの変化を緩やかにする（典型的には数ms～数十ms秒のコサイン状の立ち上がり・立ち下がり（raised-cosine ramps）を導入する）ことによって，聴覚上の問題をある程度回避できる。

音のスペクトルを操作するため，ある特定の周波数範囲のエネルギーのみ通過させ，その範囲外のエネルギーを減衰させる機器または機能をフィルタと呼ぶ。特に，ある特定の周波数（**遮断周波数**；cutoff frequency）より高い周波数成分のみを通過させるフィルタを**高域通過フィルタ**（high-pass filter）といい，それより低い成分のみ通過させるフィルタを**低域通過フィルタ**（low-pass filter）と呼ぶ。2つの遮断周波数をもち，その間の周波数成分のみ通過させるフィルタは**帯域通過フィルタ**（band-pass filter）と呼ばれ，一方，ある帯域内の成分を遮断するフィルタは**帯域遮断フィルタ**（band-stop filter）と呼ばれる。帯域通過フィルタにおいて，エネルギーが通過する周波数範囲を**通過帯域**（pass-band）と呼ぶ。通過帯域は，通常，**中心周波数**（center frequency）と**帯域幅**（band width）で表される。広い周波数範囲をカバーするように中心周波数が分布した帯域通過フィルタ群を用い，各フィルタからの出力を測ることにより，音のスペクトルが分析（周波数分析ともいう）できる。通過帯域幅が狭いほど周波数分析の精度は高いといえる。ただし，一般に帯域幅が狭くなるほど，時間分解能は低くなる。

3.1.2 線形性とひずみ

線形システムとは，入力 $x_1(t)$ および $x_2(t)$ に対する出力がそれぞれ $y_1(t)$ および $y_2(t)$ であるとき，入力

$$a_1x_1(t)+a_2x_2(t), \qquad a_1, a_2 \text{ は任意の定数}$$

に対する出力が

$$a_1y_1(t)+a_2y_2(t)$$

となるようなシステムである。線形システムでは，正弦波入力に対しては振幅と位相のみが変化する。線形性からの逸脱の程度が無視できないシステムでは出力にひずみが生じる（非線形ひずみ）。非線形圧縮は非線形システムの一例で，入力振幅値が高くなるほど，増幅率が低くなるシステムである。信号振幅を「圧縮」することにより，狭い（ピーク間）ダイナミックレンジで，多くのエネルギーを伝搬することができる。放送音声，音楽録音，補聴器などでよく使われる手法であるが，われわれの内耳にもこの機能が備わっている。

非線形ひずみが生じると，振幅スペクトルにも影響が出る。入力信号に含まれない周波数成分が出力においてエネルギーをもつこともある。入力として正弦波を与えると，その周波数の整数倍に成分が発生する（倍音または高調波）。複数の正弦波入力に対して非線形ひずみが生じた場合，そのスペクトルはより複雑である。入力周波数の組合せに応じて，**結合音**（combination tone）が発生する。2つの入力正弦波の周波数を f_1，f_2 とすると，出力波形のスペクトルには，一般に $mf_1(t)\pm nf_2$ に成分をもつ（m，n は整数）。内耳でもこのような結合音が生じている。

3.1.3 振 幅 変 調

音の振幅の時間的変動は，**振幅変調**（amplitude modulation, AM）とも呼ばれている。AM では，一定の振幅をもった**搬送波**（carrier）の振幅が，比較的ゆっくり変化する**変調波**（modulator）に比例して変動していると考える。搬送波として正弦波を用いた場合，AM 音の波形 $y(t)$ は

$$y(t)=\{1+A(t)\}\sin(2\pi f_c t)$$

として表される。ここで，$A(t)$ は変調波の波形，f_c は搬送波の周波数である（位相項は省略）。さらに，変調波が正弦波状の場合（**図 3.2**），AM 音の波形は

$$y(t)=\{1+m\cos(2\pi f_m t+\varphi)\}\sin(2\pi f_c t)$$

と表される。ここで，f_m は**変調周波数**（modulation frequency）で，φ は変調波の位相である。m は**変調度**（modulation index）または**変調の深さ**（modulation depth）と呼ばれる。この式は

$$y(t)=\sin(2\pi f_c t)+\frac{m}{2}\sin(2\pi(f_c+f_m)t+\varphi)+\frac{m}{2}\sin(2\pi(f_c-f_m)t-\varphi)$$

と変形できる。つまり，周波数 f_c をもつ搬送波を，周波数 f_m で振幅変調して得られた音は，振幅が一定の３つの周波数成分（f_c-f_m, f_c, f_c+f_m）からなる複合音と物理的には等価である。搬送波周波数以外の成分を**側帯波**（sideband）という。聴覚実験において振幅変調音を刺激として用いる場合には，この点と聴覚の周波数分解能を合わせて考慮する必要がある。例えば，聴覚系の時間特性を調べる意図で振幅変調を加えたとしても，f_m が一定以上大きく，聴覚系において f_c-f_m, f_c, f_c+f_m の周波数成分が分解される場合には，聴覚系内部では，時間的な変調ではなく，スペクトルパターンとしてその音が表現されていることになる。

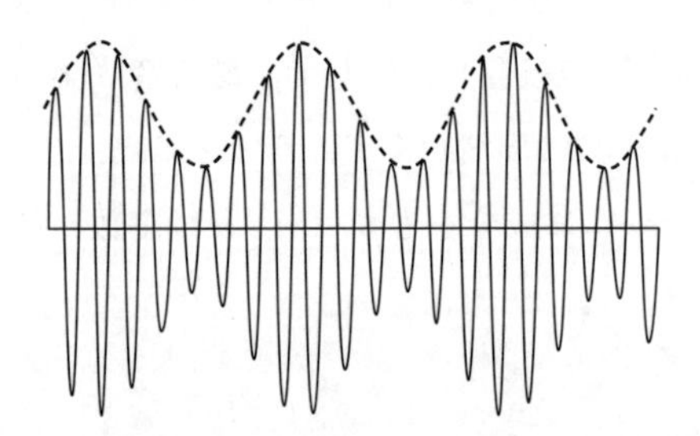

図 3.2　正弦波状の振幅変調

3.2　聴覚の生理学

3.2.1　末梢系の概略と構造

聴覚末梢系（外耳から内耳）の概観を**図 3.3** に示す。

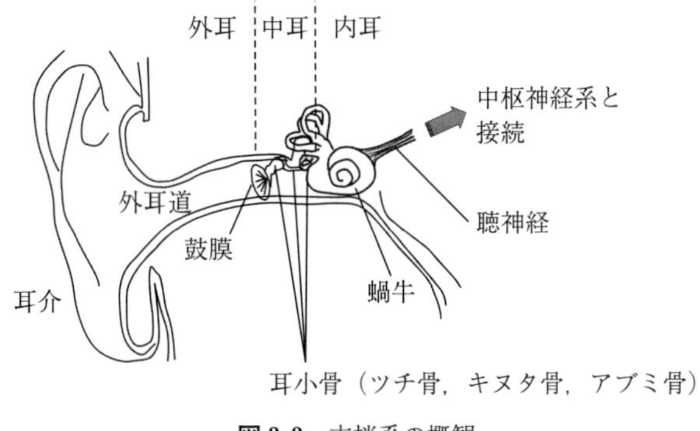

図 3.3　末梢系の概観

〔1〕 **外　耳**　耳に到来した音は，**耳介**（pinna）の複雑な構造による反射音・直接音の干渉のため，音のスペクトルに変化が生じる。このスペクトル変化は音源の空間的位置に依存し，聴空間知覚，特に上下・前後方向の音源定位の知覚に重要な役割を果たす（3.3.6 項参照）。外耳の形状には個人差があるため，このスペクトル変化と音源位置との対応関係も個人ごとに異なる。

〔2〕 **中　耳**　外耳道を経た音は**鼓膜**（eardrum; tympanic membrane）を振動させ，ツチ骨，キヌタ骨，アブミ骨と呼ばれる 3 つの**耳小骨**（ossicles）の連鎖を通じて内耳へと伝えられる。後述のように，内耳はリンパ液で満たされている。リンパ液は空気と比較して音響インピーダンスが高い。鼓膜とアブミ骨底（リンパ液との界面）と面積比，ツチ骨・キヌタ骨によるテコの作用などによる昇圧によって，中耳は，空気の振動である音をリンパ液振動へと伝達するためのインピーダンス整合器として機能していると考えられる。耳小骨に付着する耳小骨筋は，大きな音が入力された場合や，自らが発声する場合に自動的に緊張し[1)†]，低域（$<1 \sim 2$ kHz）周波数成分のゲインを低下させる。

〔3〕 **内　耳**　内耳は**蝸牛**（cochlea）と呼ばれる螺旋状の管（蝸牛管）と三半規管で構成され，ヒトでは，それらが硬い側頭骨の内部に埋もれている。音響受容器となるのは蝸牛管であり，三半規管は平衡感覚に寄与する。蝸

† 肩付き番号は巻末の引用・参考文献の番号を示す。

牛管はその全長に渡り，ライスネル膜（音響的には透過）と**基底膜**（basilar membrane；基底板ともいう）によって3つの部分に仕切られている（**図3.4**）。前庭階と鼓室階とは，蝸牛の先端にある蝸牛孔と呼ばれる小さな穴で連絡している。ライスネル膜と基底膜の間の空間（中央階）は内リンパ液，その外側の空間（前庭階，鼓室階）は外リンパ液で満たされている。外リンパ液はNa^{+}イオンが豊富であるのに対して，中央階の内リンパ液はK^{+}イオンが豊富であり，前庭階・鼓室階よりも約+80 mV電位が高くなっている。このイオン環境は，中央階の壁面にある血管条と呼ばれる毛細血管群によって維持されている[2)]。

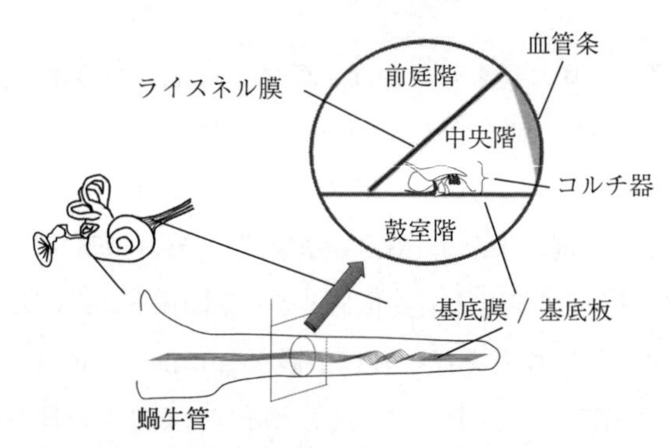

図3.4　蝸牛管とその断面の模式図。蝸牛管は螺旋状の構造をしているが，説明のために引き延ばした形で描いている。

基底膜上（中央階側）には，蝸牛管に沿って**コルチ器**（organ of Corti）が存在する（図3.4, **図3.5**）。コルチ器は，**内有毛細胞**（inner hair cell），**外有毛細胞**（outer hair cell）といった2種類の細胞をもつ（図3.5）。いずれの細胞にも不動毛と呼ばれる“毛”のような構造（実際には毛ではない）があり，それは細胞体から突き出て内リンパ液にさらされている。両細胞は，このように一見似たような構造をもっているが，その役割が異なる。内有毛細胞は，基底膜の振動を聴神経を経て中枢に伝達するのに対して，外有毛細胞は，主に基底膜振動に作用して，そのゲインを能動的に変化させる機能があると考えられている。

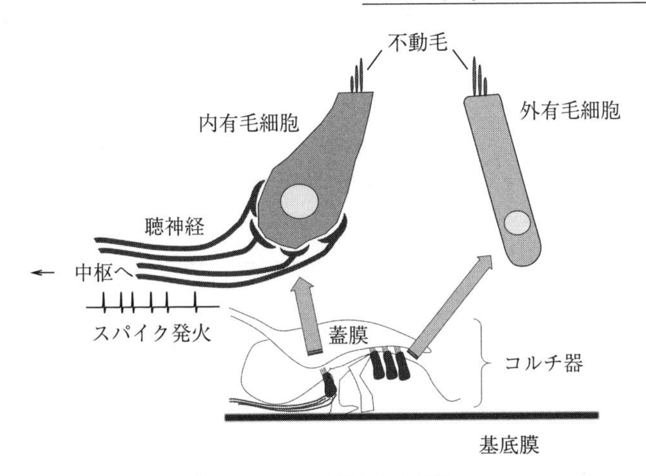

図 3.5 コルチ器と有毛細胞

3.2.2 基底膜の振動

外耳に到達した音波が中耳を経て蝸牛内のリンパ液に伝わると，それよって基底膜が振動する。その振動は基底膜の基部（蝸牛の入り口側）から先端部（蝸牛孔側）へ向かう進行波であるといわれている。基底膜は全長にわたって一様の性質をもっているわけではなく，根元のほうが狭く厚く先端へ行くほど広く薄い。これにより，根元から先端に向けて剛性が低くなる。このため，正弦波入力に対する進行波の振幅包絡のピークは，入力音の周波数に依存する。振幅包絡ピークよりも蝸牛先端側では，進行波の振幅は急速に減衰する。振幅包絡のピークは，高周波数では蝸牛基部近くに生じ，周波数が下がるに従って蝸牛先端部にシフトする（**図 3.6**）[3]。様々な哺乳類において，ピーク位置と周波数の対応関係が調べられてきた。その関数形状は種間である程度共通しており[4]，ヒトについて心理物理学的に導出された mel 尺度[5]や $\mathrm{ERB_N}$ 番号[6]とよく一致している（3.3.2 項も参照）。

入力音が複数の周波数成分を含んでいる場合には（成分間の周波数差が十分に大きいならば），高周波および低周波のそれぞれの成分に対応して，基部側および先端部側に複数のピークが生じる。このように，基底膜は入力音のスペクトル情報を，一定の精度で基底膜上の場所（位置）情報として表現すると考

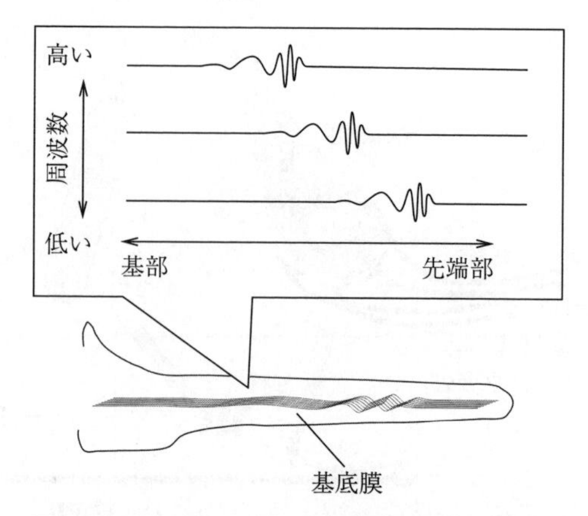

図 3.6　正弦波音に対する基底膜の振動。振動のピーク位置と音の周波数との関係を模式的に示している。

えてよい。

視点を変えて，基底膜上のある一点に着目してみよう。その点はある特定の周波数範囲に対して選択的に振動することになる。つまり，基底膜上の各点は，聴覚フィルタと呼ばれる帯域通過フィルタとして機能する。そして基底膜全体は，通過中心周波数が連続的に変化する帯域通過フィルタ群としてみることができる。このフィルタが鋭い（つまり通過帯域が狭い）ほど，周波数分解能は高く，基底膜に沿った振動分布は，刺激のスペクトルをより忠実に表現しているといえる。

基底膜上のある一点の周波数応答特性を示したのが**図 3.7** である[7]。正弦波音について，ある基準振幅を生じるために必要な最小音圧レベル（閾値音圧レベル）を，周波数の関数として表している。この関数は**チューニングカーブ**（tuning curve）と呼ばれ，通過帯域フィルタの特性の１つの表現である。チューニングカーブには，最適周波数（閾値音圧レベルが最も小さい周波数）付近の鋭い先端（tip）と，低周波数側に広がる裾野（tail）が見られる。実験動物の生理学的条件が劣化すると，先端部分の鋭いチューニングはしだいに失われ，動物が死亡すると，裾野部分に対応する広いチューニングのみ残ること

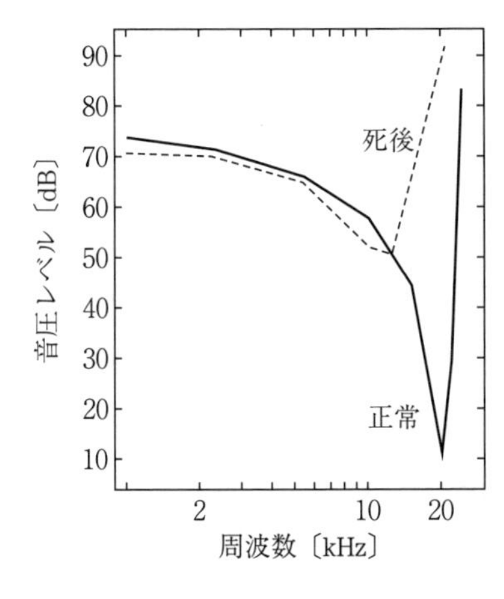

図3.7　基底膜上のある一点の振動のチューニングカーブ。基準振動速度を生じる刺激音の周波数と音圧レベルを結んだもの。生理学的に正常な蝸牛で測定された結果と，動物の死後に同一地点から得られた結果を表示している（文献7）のデータをもとに描画）。

が知られている[7]。基底膜振動の入出力関数（振動振幅対音圧レベル）は，先端部と裾野部の周波数で異なることが知られている。裾野部の周波数刺激については入出力関係が線形であるのに対し，先端部の周波数については，圧縮性の非線形入出力関係がある。チューニングカーブの形状と同様，この非線形性は動物の死後は失われる[7]。これらの事実は，基底膜の物性に基づく受動的で線形な機械的メカニズムに加えて，能動的で非線形な生理学的なメカニズムが存在することを意味する（3.2.5項を参照）。

3.2.3　有毛細胞～聴神経の信号伝達

基底膜上には，その全長に沿って内有毛細胞と外有毛細胞が並んでいる。内有毛細胞は蝸牛螺旋の内側に1列，外有毛細胞は外側に3～5列あり，ヒトにおいては内有毛細胞は約3 000個，外有毛細胞は約12 000個存在する[8]。

内有毛細胞は，それぞれの位置における基底膜の機械的振動を神経電気信号へと変換するトランスデューサの機能をもつ。細胞に付属する不動毛は，基底膜振動によって生じる内リンパ液の流れに伴なって変位する。前述のように，不動毛は内リンパ液にさらされている一方で，細胞の内部は負の電位（−45～−70 mV）をもっている[9]。不動毛がある方向に変位すると，その先端にあるイオンチャネルが開き，内リンパ液と細胞内の K^+ イオンの濃度差によって

K^+イオンが細胞内部に流入する。つまり電流が流入することになり，これに誘起されて内有毛細胞の脱分極（膜電位の正方向への変化）が生じる。基底膜が鼓室階方向へ変位した場合（正の音圧）に内有毛細胞は変位幅（音圧）に応じて脱分極し，逆方向の変位に対しては変位幅にかかわらずわずかな過分極が生じるのみである[10)]。つまり，膜電位の変化は，基底膜振動を半波整流したような形をもつ。また，電位変化は基底膜振動に追随する交流成分と波形を積分した直流成分が重畳された形を取る。低周波刺激に対しては交流成分が優勢であるのに対して高周波刺激では直流成分が優勢となる[9)]。

一個の内有毛細胞には複数の**聴神経**（auditory nerve）がシナプス結合している[11)]。内有毛細胞から放出された神経伝達物質はシナプス間隙を経て聴神経に到達すると，聴神経の内部電位が上昇する。聴神経の内部電位が閾値を越えると，その聴神経はスパイク発火し，中枢へと信号が伝達される。以上が，基底膜振動が神経信号へと変換・伝達される過程である。

3.2.4 聴神経

聴神経発火は確率過程であり，聴神経間である程度独立である。発火確率は，内有毛細胞の膜電位にある程度追従する。上行性聴神経はそれぞれ1つの内有毛細胞に接続し，それぞれの内有毛細胞の活動は基底膜上のある一点の振動を伝達する。基底膜上の一点は，帯域通過フィルタ（聴覚フィルタ）として機能することを思い出していただきたい。つまり，聴神経発火確率の時間変化は聴覚フィルタ通過後の刺激音波形をある程度表現していると考えてよい。基底膜振動について行われたように，聴神経発火についても，チューニングカーブ（正弦波音について，ある基準発火率となるために必要な最小音圧レベルを，周波数の関数として表示したもの）を描くことができる。基底膜振動のチューニングカーブと，聴神経のそれとは一般に似通っている[7)]。

聴神経発火確率による表現は，内有毛細胞の膜電位変化の特性を反映しているため，（聴覚フィルタ通過後の）刺激音をそのまま表現したものではなく，半波整流したものに近い（**図3.8**）。正弦波信号に対しては，信号の特定の位

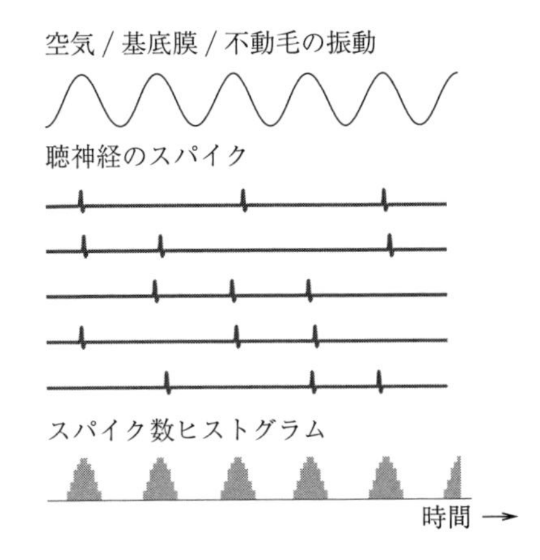

図 3.8　刺激波形（音波，基底膜振動，または不動毛変位）と聴神経のスパイク発火との関連。同一の内有毛細胞に接続した聴神経はそれぞれ独立に発火するが，その確率は，刺激波形を半波整流したものに近い。

相に対してのみ聴神経が発火するように見えることから，この現象は**位相固定**（phase locking）と呼ばれる。高周波刺激（＞1.5～4 kHz）に対しては，膜電位は刺激波形に追従しない（交流成分に対して直流成分が優位となる）ことから，位相固定は消失し，刺激の詳細な波形情報は失われる[12),13)]（ただし，時間包絡波形に対しては位相固定が保たれる）。

ところで，聴覚末梢について研究者の間でよく使われる用語に，**場所情報**，**時間情報**というものがある。これらはそれぞれ「どの聴神経（＝基底膜上の位置）が最も興奮しているか」と「どのような時間発火パターンか（＝聴覚フィルタ通過後の刺激波形）」を意味している。概念的に，基底膜に沿った（あるいは聴覚フィルタの中心周波数の関数として）聴神経の活動の分布を表示したものは興奮パターン（3.3.2 項参照）と呼ばれるが，これは場所情報に相当する。低周波領域では，場所情報と時間情報の両方によって刺激音の周波数が表示されるが，高周波領域では位相固定が消失するため，場所情報のみによる表示となる。

聴神経は，音入力がない状態であっても，自発的にランダムに発火する。聴神経は，この自発発火率によって大きく3つに分類され，それぞれはダイナミックレンジや反応閾値が異なることが知られている[14)]。ネコでは，大多数を自発発火頻度（spontaneous discharge rate; SR）の高い聴神経（high-SR; ＞18

スパイク/s）が占めるが，これらの神経は発火閾値音圧が低く（行動実験における検出閾値に近い），ダイナミックレンジが狭い（20 dB 以下）。つまり，音圧レベルの上昇により，すぐに発火率が飽和する。残りの聴神経は，中自発発火頻度（medium-SR; 0.5 ～ 18 スパイク/s），低自発発火頻度（low-SR; < 0.5 スパイク/s）の神経であり，それに応じてダイナミックレンジも広く，発火閾値音圧も高い傾向にある。聴覚系の広いダイナミックレンジは，異なるタイプの聴神経でカバーされていると考えることもできる（3.3.4 項参照）。

3.2.5　外有毛細胞の能動機構

外有毛細胞についても，内有毛細胞と同様なメカニズムによって膜電位が変化する。興味深いのは，細胞膜電位の変化に伴って細胞自体が伸び縮みすることである。膜電位の変動に対する外有毛細胞伸縮の追従性は驚くほど速く，100 kHz の変動に対しても十分に追随する[15)]。これには，Prestin と呼ばれるタンパク質が寄与している[16)]。

外有毛細胞の不動毛は，蓋膜と結合しているため，外有毛細胞の伸び縮みは機械的な力として基底膜振動に影響を与える。つまり基底膜振動と外有毛細胞活動はフィードバックループを形成している。前述した基底膜振動の非線形性は，このフィードバック機構に由来するものである。それには微弱な信号に対する基底膜のゲインを上昇させるとともに，基底膜での周波数選択性を先鋭化させる機能がある。感音性難聴者の多くには，聴力（最小可聴音圧レベル）の劣化に加えて，周波数分解能の低下が見られる。この背景には，外有毛細胞の機能損失があると考えられている。

自発的に，あるいは音刺激によって誘発される形で，音圧変化が外耳道内で記録される現象（**耳音響放射**；otoacoustic emission; OAE）には，外有毛細胞のこの非線形な能動機構の活動が何らかの形で関与している可能性がある[17),18)]。3.1.2 項で述べたように，非線形システムに周波数の異なる 2 つの正弦波信号を入力すると，原信号にはない成分（ひずみ成分）が出力信号に含まれる。このひずみ成分は耳音響放射にも観察され（ひずみ成分耳音響放射），内耳の正常・異常を診断する一つの指標となる。

外有毛細胞は，脳幹の上オリーブ複合体内側核付近に発端する遠心性（下行性）の神経の投射を受けている。つまり，中枢神経系の活動によって，外有毛細胞の伸縮が影響され，基底膜振動が制御される経路がある[19]。実環境におけるこの経路の役割については議論があるが，強大音被爆からの蝸牛の保護や，注意による入力刺激の変調に寄与するのではないかとも言われている。

3.2.6 聴覚中枢系

聴覚中枢系の主要な神経核と接続関係の概要を**図 3.9** に示す。その複雑な接続関係や解剖学用語に戸惑うものは多いが，聴覚系をシステムとしてとらえようとする初学者は，その複雑な関係性や用語を網羅的に理解する必要はない。本書では，聴覚中枢系における特徴的な構造と主要な神経核を簡単に解説するので，それを通して，まずは概要をイメージしていただきたい。この目的のた

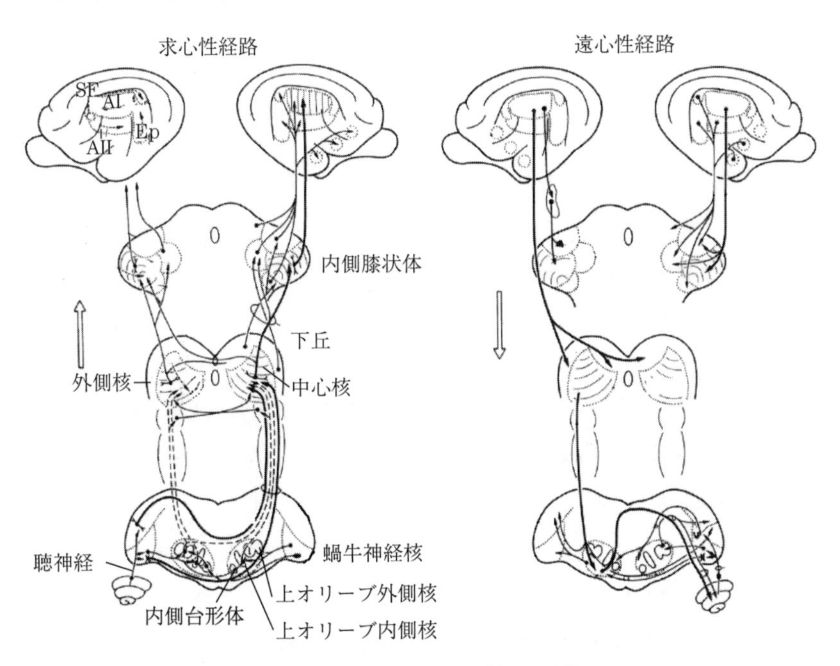

図 3.9　聴覚中枢経路（ネコの例）

め，本項中では主に総説的な文献を引用する。

〔1〕 **聴覚中枢の特徴**　聴神経によって伝達される聴覚末梢の出力信号は，脳幹（または中脳）を経て大脳皮質へと伝えられる。この過程には複数の神経核が存在し，様々なパターンの興奮性・抑制性の接続を介して，多段階かつ並行に処理が行われている。情報の流れは，末梢から中枢に向かう（**上行性**あるいは**求心性**）経路（afferent pathway）だけでない。中枢から末梢に向かう（**下行性**あるいは**遠心性**）経路（efferent pathway）も存在する。この下行経路の存在により，聴覚系全体がフィードバック回路を形成しているといえ，聴覚情報処理を複雑かつ興味深いものとしている。

各神経核・皮質領域や神経経路を特徴付けるキーワードの1つが**トノトピー**（**周波数局在**，tonotopy）構造（各細胞は刺激の周波数にある程度選択的に反応し，その最適周波数に従って規則的に配置される傾向）である。前述のように，基底膜は入力音の周波数に応じて振動のピーク位置が決まるが，トノトピー構造はその基底膜の特性を反映しているといえる。視覚中枢神経系において見られるレチノトピー（網膜上の位置に対応する表現）に相当するものである。

1つの神経核は機能・細胞構成的に複数のサブ構造・部位に分けられることが多い。その構造にはトノトピーをもつものともたないものが存在することがある。非トノトピー構造の細胞は，周波数選択性が低いほか，刺激の音響的特性によってその反応を予測しにくい傾向がある。概して，上行性経路に位置づけられる構造はトノトピーをもつ。概念的に，このような経路は「コア経路」と呼ばれる。一方，トノトピーをもたない構造は，下行性投射のほか，非・聴覚経路からの投射によって特徴付けられる傾向がある。この経路は分散経路（diffuse pathway），ベルト経路（belt pathway）と呼ばれる。

音響刺激は，ピッチ，強度，スペクトル形状，振幅変調，音源位置などで特徴付けられる。聴覚情報処理の初期過程には，それらの特徴を抽出するモジュールとしての神経細胞が関与していると仮定されている。実際，特定の時間・周波数特性をもつ刺激や，特定の音源位置からの刺激に選択的に反応する細胞の存在が知られている。

以上のような中枢系の特性は文献[20]にもよくまとめられている。

〔2〕 **主要神経核の概要**　上行経路を構成する主要な神経核について，その特徴をごく簡単に述べる。**蝸牛神経核**（cochlear nucleus，CN）は中枢の最初の中継核である[21]。CN 細胞には，巨大な神経終末によって聴神経とシナプス結合しているものがある。これは，刺激音の時間波形を忠実に（あるいは強調して）伝達し，上位構造においてマイクロ秒レベルの両耳間時間差情報を処理するのに役立つ。このほかにも，CN 細胞は様々な種類があり，時間—周波数応答パターンによって分類されている。そのそれぞれが刺激音のスペクトルや時間的な特徴を抽出する機能があると考えられるが，具体的な機能的意味は十分に明らかになっていない。

上オリーブ複合体（superior olivary complex，SOC）のサブ構造である**上オリーブ内側核**，**外側核**（medial/lateral superior olive，MSO/LSO）は，左右の CN から直接・間接的な神経投射を受け，両耳に到達する刺激音の時間差およびレベル差（ともに音源定位の手がかり）をそれぞれ処理する。MSO 細胞の反応は，**ジェフレスモデル**（Jeffress model）と呼ばれる機構で説明されることが多い[22]。ジェフレスモデルは，以下の 3 つの仮定から構成される（**図 3.10** 上）。（1）両耳から同時に到達するような入力に対して興奮するような同時検出ニューロンが存在する。（2）左右の耳から同時検出ニューロンへ経路は，ある種の遅延線と考えられ，興奮性入力の遅延時間の両耳間差（特徴遅延）によってそれぞれの同時検出ニューロンは特徴づけられる。遅延時間差は，同時検出ニューロンに投射する軸策の長さの違いによって決まる。耳に到達する信号の両耳間時間差（3.3.6 項参照）が特徴遅延によって補償されるような場合にのみ，この同時検出ニューロンは興奮することになる。（3）同時検出ニューロンは，特徴遅延に従って規則正しく配列している。つまり，両耳間時間差は，この配列上のどのニューロン群が最も活動しているかによって地図的に表現される。ジェフレスモデル的な神経回路は，実際にメンフクロウの層状核（nucleus laminaris; 哺乳類の MSO に対応）に存在することが明らかに

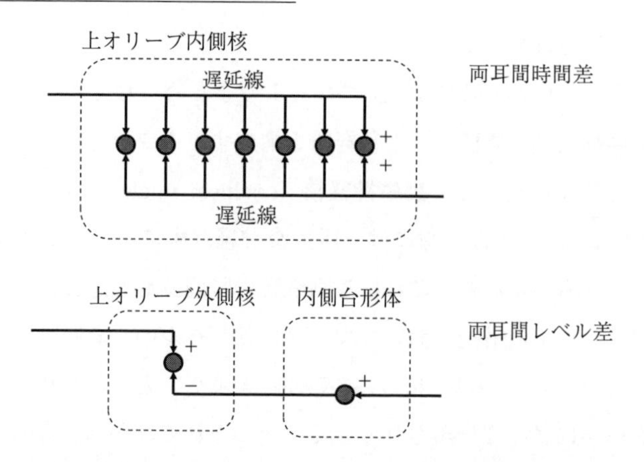

図 3.10　上オリーブ複合体における両耳間差処理機構の模式図。丸印は神経細胞，＋／−の符号はそれぞれ興奮性・抑制性の入力を示す。

なっている[23]。しかし，哺乳類の MSO におけるジェフレス的機構の存在証拠は限定的である。遅延線によらずに両耳間時間差に対する反応を説明するモデルも提案されている[24]。LSO 細胞は，一方の耳からは興奮性入力，他方から抑制性の入力を受けることで，両耳間レベル差に応じた反応を示す。つまり，興奮性入力に対応する耳に大きいレベルの入力がある場合（両耳間レベル差が大きい場合や単耳刺激呈示の場合）と比べて，両耳間レベル差が小さい場合には興奮性と抑制性の入力が拮抗することで，細胞の反応が小さくなる。なお，抑制性入力は内側台形体に由来するもので，ここで興奮性入力から抑制性入力への変換が行われると考えられる[24]。

下位の神経核からの求心性入力は，ほぼ必ず**下丘中心核**（central nucleus of inferior colliculus, ICc）に収束する。ICc では，最適周波数が等しい細胞がシート状に配列し，シートは最適周波数の順に分布している。シート上には様々な時間・周波数・レベル・両耳応答特性をもつ細胞が存在する。これは，周波数単位で各種情報が処理されていると解釈することもできる[25]。音源定位に関する情報が ICc から上位に伝達される経路としては，視床から皮質に至る主要な経路（後述）のほか，**下丘外側核**（external nucleus of the inferior colliculus）

を経て**上丘**（superior colliculus）へと投射される経路が有名である（図3.9では省略されている）[26]。下丘外側核の細胞は，空間選択性をもつほかに広い周波数受容野をもつ。つまり，ここで音源位置に関する情報が，周波数間で統合されると考えられる。上丘には，同じく様々な空間選択性をもつ細胞が存在するが，音源の位置が，それらの細胞の解剖学的位置として表現される。こういった表現は**空間マップ**と呼ばれる。上丘はマルチモーダルな神経核として知られ，聴覚空間マップは視覚空間マップと重なっている。上丘は視・聴覚的対象へと目や顔を向ける反射的な行動に関わっていると考えられている。

視床に位置する**内側膝状体**（medial geniculate body，MGB）は，求心性・遠心性接続によって大脳皮質聴覚野とフィードバックループを構成している。また，注意や覚醒状態などに関与する部位との密接な接続が知られている[27]。

大脳皮質の一次**聴覚野**（auditory cortex; auditory field）は，MGB腹側核から求心性の投射を受け，トノトピー構造をもつ。大脳皮質には一次聴覚野のほか，様々な聴覚関連領野がある[28]。それらは，トノトピー構造の有無や，MGB等から投射様式の観点からいくつかの領野に分類されるが，それぞれの機能的な役割分担は十分にわかっていない。

皮質細胞の反応は，刺激の履歴や聴取者の注意・学習の影響を受けやすい。聴覚関連部位に限らず，大脳皮質上では，基本的な細胞構造や，細胞の形状タイプといった点で領域間で大きな違いはない。皮質領域内・領域間の水平接続，視床・脳幹神経核との求心性・遠心性接続の特性が，その領野の機能を決定する主要因である。大脳皮質の機能を本質的に理解するためには，個別神経細胞の発火率だけでなく，単一または複数細胞の詳細な時間発火パターンや，同一領野内または異なる領野に属する神経間の発火同期パターンを注目すべきかもしれない。

3.3 聴覚の心理学

3.3.1 最小可聴値

最小可聴値（minimum audible threshold）とは，他に妨害音が存在しない場合に検出することのできる，音の最小音圧のことであり，**聴覚閾値**（いきち）（threshold of hearing），**絶対閾値**（absolute threshold），**検出閾値**（detection threshold）あるいは単に閾値ともいう（JIS 等では域値という表記が使われている）。生物学的な「ノイズ」（血流音等など耳内で生じる背景音，受容器細胞，神経細胞の自発活動，その他認知メカニズムの変動など）に対して，音の呈示によって生じる神経科学的なある種の興奮（または「信号」）が十分に大きいときに，音は検知されると考えられる。「ノイズ」「信号」の強度は確率的に変動する。このため，信号音の音圧レベルが一定であっても，一定の確率で音が聞こえる・聞こえないことがあることに留意してほしい。ある個人の最小可聴値は，この確率的特性を考慮し，一定の手続きで複数の試行のデータに基づいて決定される値である。

無響室のように自由音場とみなせる空間で，ある方向（典型的には正面方向）にある音源を用いて測定される最小可聴値を特に**最小可聴音場**（minimum audible field, MAF）と呼ぶ。実際の測定では，被験者の頭の中心位置に配置されたマイクロホンから測定される音圧レベルの値と定義されている（もちろんこの時点では，被験者は無響室外にいる）。正弦波刺激に関して，刺激音の周波数と絶対閾値との関係については古くから精密な実験が繰り返し行われてきている。絶対閾値は数百 Hz から十数 kHz の範囲で低く（つまり聴力が良い），それより周波数が低くなるか高くなると，急速に上昇することがわかる。3～4 kHz においては特に閾値が低いが，これは外耳道における共振のためである。

最小可聴値としては，自由音場で測定される MAF の他に，イヤホンを用いて，それで覆われた狭い空間内の均一な圧力場における音圧レベルを基準として定義される**最小可聴音圧**（minimum audible pressure, MAP）も用いられる。MAP の値は，臨床的な聴力検査の基準値として重要である。その音圧レベルは，小さなプローブマイクロホンを外耳道内に設置して測定することもあるが，規格化された方法として，人間の外耳の音響特性を模擬した**人工耳**（artificial ear）にマイクを取り付け，その測定値をもって代えることが多い。MAPの測定にあたっては，使用するヘッドホンの種類によって測定値やその再現性に差が見られるため，注意が必要である。

ある個人の最小可聴値を，平均的な若年健聴者の最小可聴値に対する相対値として表示したものが**聴覚閾値レベル**（hearing threshold level）である。ある特定の規格に基づいてオージオメータ等で測定した聴覚閾値レベルを**聴力レベル**（hearing level, HL）と呼び，難聴等の診断基準として用いることもある。また，刺激音のレベルを，聴取する個人の最小可聴値レベルに対する相対値として表したものを**感覚レベル**（sensation level, SL）と呼ぶ。

3.3.2 周波数分解能とマスキング

〔1〕 **聴覚フィルタとマスキング**　3.2.2項で述べたように，聴覚末梢の基底膜の各点は，ある特定の周波数付近に選択的に反応する帯域通過フィルタの機能をもつ。このため，基底膜は互いに重なり合う帯域通過フィルタ群に例えられる。この帯域通過フィルタは，**聴覚フィルタ**（auditory filter）と呼ばれる。このフィルタ群によって，聴覚末梢は周波数スペクトルを分析している。入力音の周波数スペクトルは，各フィルタの出力の分布として表現され，それが中枢の聴覚情報処理の基盤となる。聴覚フィルタの通過帯域幅が狭いほど，システムの周波数分解能（刺激音スペクトルを表現する精度）は高い。

フィルタ特性の心理物理学的推定には，主に，**マスキング**（masking）と呼ばれる現象を用いる。マスキングとは，ある音の聞き取りが，別の音の存在によって妨害を受ける現象で，特に，妨害音の存在により聞き取りたい音の検出閾値が上昇し，聞き取れなくなる現象を指す。聞き取りたい音のことは**信号音**（signal），**プローブ**（probe），**テスト音**（test tone），**マスキー**（maskee）などと呼ばれ，妨害音のことを**マスカー**（masker）と呼ぶ。また，マスキングにより検出閾値が上昇したとき，その上昇分を**マスキング量**（amount of masking; 単位は dB）と呼ぶ。

心理物理学では，マスカー存在下の信号音の検出閾値を説明するために，**パワースペクトルモデル**（power spectrum model）というモデルを仮定する。それぞれのフィルタを通過する信号音とマスカーのパワーについて信号対ノイズ（マスカー）比（SN 比）を考えてみよう。このモデルでは，いずれかのフィルタ出力における SN 比がある一定の基準値を超えたときに，信号が検出されると仮定している。末梢聴覚フィルタを線形なシステムと仮定すると，ある刺激音に対する聴覚フィルタからの出力パワーは，刺激音パワースペクトルを，周波数ごとのフィルタゲインによって重み付けして足し合わせたものに等しい。マスカーのパワースペクトルの変化と，それに伴う信号音検出閾値の変化とを比較することによって，聴覚フィルタの特性を推定することができる。

この原理に基づいた信頼性の高いフィルタ推定法が，**ノッチ雑音法**（notched-noise method）である[29)]。**図 3.11**（a）に示したような帯域遮断雑音（ノッチ雑音）をマスカーとし，その遮断周波数の中間（ノッチ中心周波数；f_c）と一致する周波数をもつ純音を信号音とした場合を考えてみよう。近似的に，聴覚フィルタの形状は中心周波数について（線形周波数軸上で）対称

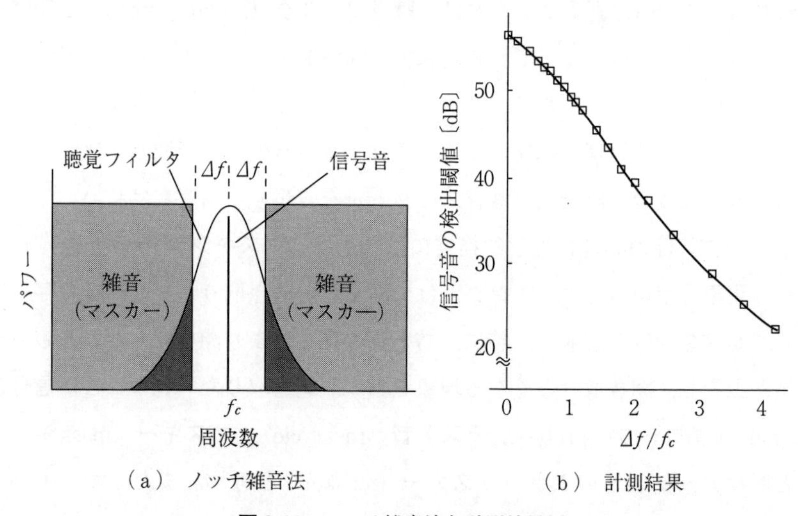

（a） ノッチ雑音法　　（b） 計測結果

図 3.11　ノッチ雑音法と計測結果例

とし，フィルタの最大ゲインは聴覚フィルタ間で同一と仮定する。この場合，一般に，出力のSN比が最大になるのは，信号音周波数（＝ノッチ中心周波数）と一致する中心周波数をもつ聴覚フィルタである。このフィルタの出力におけるSN比が，信号音の検出を決定する。つまり，フィルタを通過するマスカーのパワー（図中の濃い灰色部分の面積）に，ある定数を乗じたものが信号検出閾値と考えられる。図（b）には，心理物理学的マスキング実験において，ノッチ雑音の（通過帯域内の）スペクトルレベルを一定に保ったままノッチの幅（Δf）を変化させたときの信号音検出閾値をプロットしたものを示す[29]。この関数は，フィルタのゲイン対周波数関数（の片側半分）の積分値を，始点周波数の関数として表現したものに他ならない。つまり，フィルタのゲイン関数は，この閾値関数を微分することで得られる。ノッチ中心周波数（＝信号音周波数）ごとに，このマスキング実験を行うことにより，様々な中心周波数をもつ聴覚フィルタの形状を推定できる。

説明の都合上，この例では単純化した仮定に基づいてフィルタを推定しているが，より精密な心理物理学的測定とモデル化により，非線形な入出力関係，非対称な形状，入力レベルに依存するチューニングといった，聴覚末梢に見られるようなフィルタ特性も推定できるようになっている。また，聴神経のインパルス応答から導出されたガンマトーン（gammatone）関数や，それを発展させたガンマチャープ（gammachirp）によって，フィルタの時間応答も含めたモデル化もされている[30]。

〔2〕 **聴覚フィルタの特性**　聴覚フィルタのチューニングの鋭さを示すフィルタの通過帯域幅は，**等価矩形帯域幅**（equivalent rectangular bandwidth, **ERB**）で表現される。ERBとは，聴覚フィルタの最大ゲイン（＝中心周波数におけるゲイン）と等しい高さをもち，かつゲイン関数の面積に等しい矩形状のフィルタの帯域幅である。ERBは，中心周波数の関数として単調に増加する。グラズバーグとムーア[6]は，正常な聴力をもつ人間については，$\mathrm{ERB_N}$〔Hz〕と中心周波数F〔Hz〕は

$$\mathrm{ERB_N} = 24.7\left(\frac{4.37}{1\,000}F + 1\right) \tag{3.1}$$

という関係式で表されることを示した。これによると，1 kHz 付近では ERB はフィルタ中心周波数の約 13 %となり，1/6 オクターブ（約 12 %）に近い。なお，$\mathrm{ERB_N}$ の添字の N は，健聴者の平均的な特性から得られた標準的な値であることを明示するために付けられている。ERB の値には，ある程度の個人差があり，個人ごとに実験的に推定することができる。

ERB と中心周波数の関係式から，周波数に関する心理学的尺度を構成できる。以下のように定義される **$\mathbf{ERB_N}$ 番号**（$\mathrm{ERB_N}$-number）は，音の周波数を $\mathrm{ERB_N}$ を単位として尺度化したものである[6]。

$$\mathrm{ERB_N\text{-}number} = 21.4\log_{10}\left(\frac{4.37F}{1\,000} + 1\right) \tag{3.2}$$

これは，式 (3.1) の $\mathrm{ERB_N}$ の逆数を周波数で積分したものとして計算される。ここで $\mathrm{ERB_N}$ 番号とは，周波数 0 から F の間にある $\mathrm{ERB_N}$ 数である。この式によると，例えば同じ 100 Hz の違いであっても，100 ～ 200 Hz と 1 000 ～ 1 100 Hz とでは，心理学的距離は 100 ～ 200 Hz 間のほうが大きいことがわかる。後述のように，$\mathrm{ERB_N}$ 番号は，基底膜上での周波数表現と密接に関係すると考えられている。

〔3〕 聴覚フィルタの考え方の歴史　ここで聴覚フィルタの考え方や推定法についての歴史的な経緯を振り返ってみよう。マスキング現象と聴覚系の周波数選択性との関連は古くから論じられている。現在の現在の聴覚フィルタの考え方の基礎を作ったのは，フレッチャーである[31]。フレッチャーは帯域通過雑音をマスカーとし，その中心周波数と一致する正弦波刺激を信号音としてマスキング実験を行った。マスカーは，スペクトルレベルを一定に保ったままで帯域のみを広げていった。そのため，マスカー帯域の増加に従ってマスカーの全パワーが増大することになる。信号音検出閾値は，マスカー帯域がある値に達するまでは単調に上昇したが，一定値を超えるとそれ以上はほとんど増加が見られなかった。フレッチャーはこの結果を説明するために，一定の帯域のみ

を通過させる帯域通過フィルタが聴覚末梢系にあると仮定し，マスカーのパワーのうち，このフィルタの通過帯域内のパワーのみが信号音のマスキングに寄与するとした。この帯域通過フィルタは，**臨界帯域**（critical band）と呼ばれ，現在の聴覚フィルタに相当する。フレッチャーはさらに，臨界帯域フィルタ群からの出力の基底膜上での強度分布を auditory pattern として，聴覚系における情報表現の基礎として提案した[31]。この考えは，後述の興奮パターンの考えとつながる。

臨界帯域の概念は後にツヴィッカーのグループによって発展された[32]。各中心周波数における臨界帯域幅を求め，マスキングに限らない様々な聴覚現象を説明したのもツヴィッカーらである。この臨界帯域幅のデータに基づいて，**Bark 尺度**（Bark scale）と呼ばれる心理学的周波数尺度も提案されている。これは $\mathrm{ERB_N}$ 番号に相当する。ツヴィッカーの整備した体系では，聴覚フィルタの特性が大幅に単純化されている（フィルタ形状を矩形で模擬，入力レベル依存した帯域幅変化を考慮しない，など）ほか，臨界帯域幅の推定値（特に低周波数領域）の精度に一部疑問もある。このため，現代では，ツヴィッカーらによる臨界帯域幅のデータや Bark 尺度が聴覚心理学研究で用いられることはなくなってきている。しかし，Bark 尺度を基準としてツヴィッカーらが提案した音のラウドネス（大きさ）の推定モデル（3.3.3 項）は，国際規格として採用されて広く普及している。このため，ラウドネスに関する工学的研究では，（ERB に基づく規格も存在するが）$\mathrm{ERB_N}$ 番号の代わりに Bark 尺度が用いられることがいまだに多い。

なお，音声情報処理の分野でよく用いられる **mel 尺度**（mel scale; 単位 mel）は，純音刺激に対する高さ（ピッチ）と周波数をマグニチュード推定法によって対応付けたもので，スティーブンスら[33]によって提案された尺度である。mel 尺度では 1 000 Hz の純音のピッチを，任意に 1 000 mel として基準ピッチ値に定め，その 2 倍の高さに聞こえる音のピッチを 2 000 mel，半分の高さに聞こえる音については 500 mel というように，ピッチを数値化した。一般に，mel 値は周波数とは一致しない（つまり 2 000 Hz ⇔ 2 000 mel ではない)。音楽で用いられるオクターブ尺度では，ピッチは周波数の対数（底が2）として表現されるが，mel 尺度はこれとも一致しない。一方，ERB_N 番号とは独立の経緯で定められたにもかかわらず，mel 尺度は ERB_N 番号の式 (3.2) と同じ形状をもっている。さらに，この式の形式は，基底膜上の振幅ピーク位置と刺激周波数との関係式（Greenwood 関数）[4]と同じ構造をもつ（3.2.2 項参照）。これは，mel 尺度あるいは ERB_N 番号が，基底膜上の周波数表現を反映することを示している。この点で，音声情報処理分野で周波数を mel 尺度に変換するのは妥当性がある。

〔4〕 **スペクトルの末梢表現：興奮パターン**　刺激音のパワースペクトルは，生理学的には基底膜振動のピーク分布パターンや，聴神経発火強度の特徴周波数軸上での分布パターンとして聴覚末梢系で表現される（3.2.2 項参照）。これら生理学的スペクトル表現に対応するものとして，聴覚フィルタの出力をフィルタ中心周波数の関数として表現したものを心理物理学的興奮パターンまたは，単に**興奮パターン**（excitation pattern；励起パターンと訳される場合もある）として定義し[34),35)]，刺激スペクトルの聴覚末梢表現と考える。言い換えると，脳（中枢神経系）は，刺激のパワースペクトルを興奮パターンとして「見て」いるといえる。なお，心理物理学的興奮パターンは，具体的な聴神経の興奮ではなく，聴覚フィルタの出力強度を知覚上の効果という観点で総合的に表す概念である。

興奮パターンは，生理学的には振動振幅または神経興奮の基底膜上の場所的分布パターンに対応することから，興奮パターンから得られる情報を「場所情報」と呼ぶことがある。これに対して，聴覚フィルタ出力の時間波形によってもたらされる情報は「時間情報」と呼ばれる。時間波形は生理学的には神経発火の位相固定によって表現され，心理物理学的には，例えばガンマトーンフィルタを刺激波形に適用することによって計算される。一例として，100 Hz の周波数で繰り返されるパルス列のパワースペクトル（**図 3.12**（a））と，対応する興奮パターン（図（b））を示す。このパルス列は基本周波数が 100 Hz の倍音構造をもつ（3.3.5 項参照)。興奮パターンを見ると，第1から第4・5倍

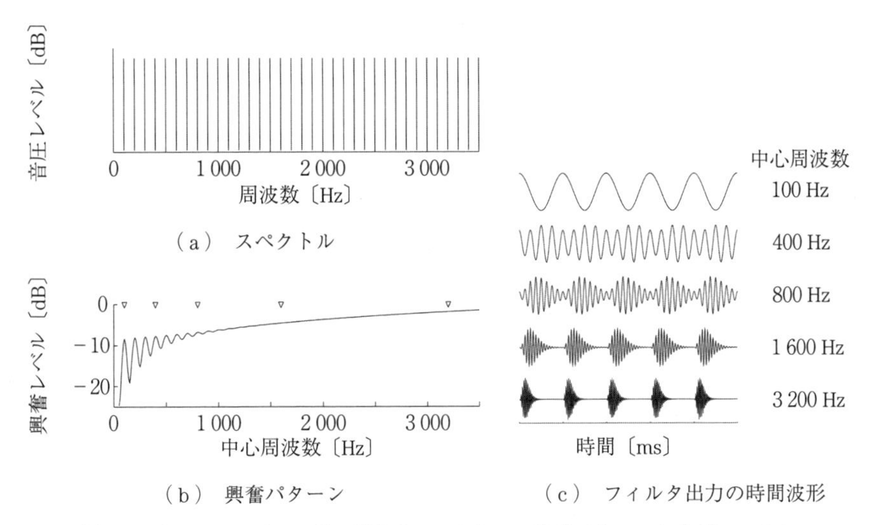

図 3.12 100 Hz のパルス列に対するスペクトル，興奮パターンおよびフィルタ出力の時間波形。（b）の▽は，（c）のフィルタ中心周波数を示す。

音までは各周波数成分が比較的よく分離されて表現されているが，それ以上の倍音になるとしだいに分解されなくなる。高周波数領域の成分が分解されないのは，聴覚フィルタの帯域幅は中心周波数が高くなるほど広くなるため，複数の周波数成分が1つのフィルタ帯域内に含まれてしまうためである。

3.3.3 ラウドネス

音の大きさ（**ラウドネス**；loudness）は，音の知覚的な大きさを表す感覚量（または主観量）である。ラウドネスは，一般に物理量である「音の強度」とともに増加するが，この他に音の時間構造，周波数スペクトル構成にも依存する。ラウドネスに限ったことではないが，感覚量と物理量の区別は重要である。ラウドネスは感覚量であり，物理的に直接測定することはできない。騒音評価等の分野では，ラウドネスのほかにもノイジネスやアノイアンスといった音の属性を扱うこともある。ノイジネスは，音質的な要因，時間変動要因も統合し，（よい推定法はまだ確立されていないものの）物理量で決まる騒音としてのうるささの程度を示す。アノイアンスは，聴取者の情動といった要素も含んだ，騒音に対する総合的な心理的な不快感であり，音刺激，音環境，聴取者ごとに定義される。これらに対して音響学におけるラウドネスは，対象となる音が騒音か否か，不快か否かによらず，物理的特性によって規定される音量感である。ただし，聴覚系の生理学的な特性に応じた個人差が生じることはある。

ラウドネスを定量的に取り扱うために，2通りの手法がある。1つは，測定対象となる音（対象音）と等しい大きさに聞こえる基準音の物理的レベル（ラウドネスレベル）として間接的に表現する方法である。もう1つは，感覚量としてのラウドネスに比例する値を直接的に表現する方法である。

〔1〕 **ラウドネスレベル**　ある対象音の**ラウドネスレベル**（loudness level）とは，その音と同じ大きさに聞こえると判断される1 000 Hzの純音の音圧レベルで，単位はphon（フォン）である（かつて騒音レベルの単位として使用されていた「ホン」とは似て非なるものである）。対象音のラウドネスが，x〔dB〕の1 000 Hzの純音と同じである場合，そのラウドネスレベルはx〔phon〕であると定義される。様々な周波数の純音に対し，同じラウドネスレベルとなる音圧を結んで得られる曲線を**等ラウドネスレベル曲線**（equal-loudness level contour, ELC）という（等ラウドネス曲線とも呼ばれる）。等ラウドネスレベル曲線の測定は古くから何度も繰り返され[36),37)]，近年でも精密化が行われた。国際規格ISO 226：2003にも採用されている鈴木と竹島による等ラウドネスレベル曲線を**図3.13**に示す[38)]。図中では，最小可聴値（MAF；破線）もあわせて，各周波数の検査音が10～100 phonのラウドネスレベルとなるときの曲線が示されている。

図からわかるように，概して，低い周波数領域では，中域（特に最も感度がよいといわれる1～5 kHz付近）に比べて相対的にかなり高い音圧レベルを呈示しないと同じ大きさに感じない。例えば，100 Hzの純音で，40 phonのラウドネスを得るためには，約65 dBの音圧レベルが必要である。ただし，ラウドネスレベルが高くなるにつれて，周波数間の違いは小さくなる。等ラウドネスレベル曲線は，比較的低いラウドネスレベルにおいては絶対閾値（MAF）と同様な形状を示すが，ラウドネスレベルが上昇するにつれて，平坦になってく

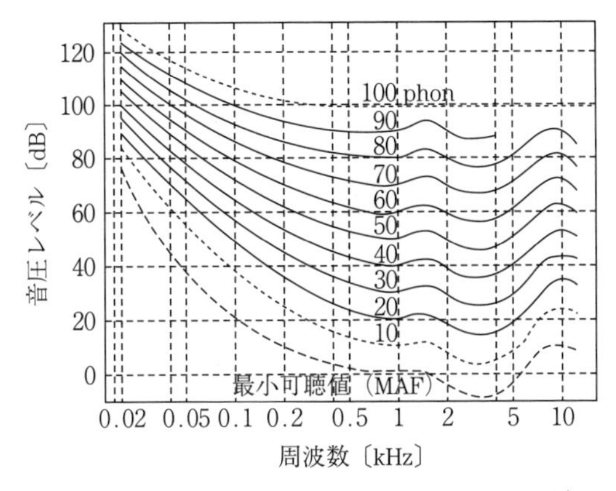

図 3.13　最小可聴値と等ラウドネスレベル曲線[38)]

る。これは，ラウドネスレベルの上昇率は周波数間で一様ではないことを意味する。

なお，騒音計の示す値のうち特に **A 特性騒音レベル**（A-weighted sound pressure level）は，フレッチャーとマンソン[36)]による 40 phon の等ラウドネス曲線を近似する関数（A 特性周波数重み付け関数）の逆特性で周波数ごとにパワーを重み付けしたうえで加算し，それを dB 表示したものである。A 特性騒音レベルは**騒音レベル**（noise level）とも呼ばれる。後述のように，周波数間のラウドネスの加算は，パワーの加算のような形で行われておらず，一般的には，A 特性騒音レベルは知覚的ラウドネスを推定するものではない。しかし，環境騒音など自然な音については，周波数スペクトルの変化に伴うラウドネスの違いにある程度相関することが多いことも事実である。計測・算出も簡単であることから騒音評価といった場面ではよく用いられている。

〔2〕 **ラウドネス尺度**　　ラウドネスの尺度構成を直接得る実験では，**マグニチュード推定法**（magnitude estimation）と**マグニチュード産出法**（magnitude production；マグニチュード表出法ともいう）がよく用いられる。マグニチュード推定法は，様々なレベルの音を聴取者に呈示し，聴取者はその音の大きさに比例すると思われる数値を当てはめていく方法である。マグニチュード産出法は，標準刺激を聴取者に呈示し，対象音がその音に対して特定の大きさ

（例えば2倍，4倍，あるいは1/2倍）になるように，聴取者にレベルを調整させる方法である。いずれの方法も，感覚量の数値について，聴取者に絶対あるいは相対判断をさせる方法であるため，判断バイアスを受けやすい。

感覚モダリティ一般において，物理的強度に対応する感覚量を表す尺度の概念とその推定法はスティーブンスによって整備・発展された[39]。聴覚の感覚量であるラウドネスもその枠組みに含まれ，感覚量と比例する数値（比率尺度）[40]で表現される。ラウドネスの単位はsone（ソーン）である。音圧レベル40 dB，周波数1 000 Hz純音のラウドネスを1 soneとし，ある音がそのx倍の大きさに聞こえるとき，その音のラウドネスはx〔sone〕であるとされる。

スティーブンスは，様々な感覚的主観量が物理刺激の強度とべき関数で結ばれること（**スティーブンスのべき乗則**；Stevens' power law）を示した[39),41),42]。ラウドネスにおいてもそれは成立し，音圧レベルが最小可聴値よりも十分高い場合には，その音のラウドネスNは，音の強度Iあるいは音圧Pの2乗のべき関数として，次の式で近似される（**図3.14**（a））。

$$N=kI^{\alpha}=k'P^{2\alpha} \tag{3.3}$$

ここで，kおよびk'は音圧レベル40 dBの1 000 Hz純音のラウドネスを1 soneとするための比例定数であり，αはべき乗数である。1 000 Hzの純音におけるべき指数は，おおむね0.25～0.33の範囲にあり，その平均値は0.3とされている[38]。これは，強度が10倍になる（音圧レベルが10 dB上昇）するごとに，ラウドネスレベルが2倍になることを意味している。

ラウドネスを刺激強度（音圧レベルとして表されることが多い）の関数として表示したものは，**ラウドネスの成長関数**（loudness growth function）とも呼ばれる。最小可聴値付近のラウドネスの成長関数は，スティーブンスのべき乗則から予想されるものよりも小さい値をとり，傾きが急になる（図（b））。スティーブンスのべき乗則では，信号が存在しない状態（$I=0$）にラウドネスが零になる。しかし，信号音により発生する興奮のほかに，静寂時にも生じている生体内部の雑音によって生じる聴覚系の興奮があると考えることができる。その興奮そのものは聞こえないが，マスキング効果などの形でラウドネスに寄

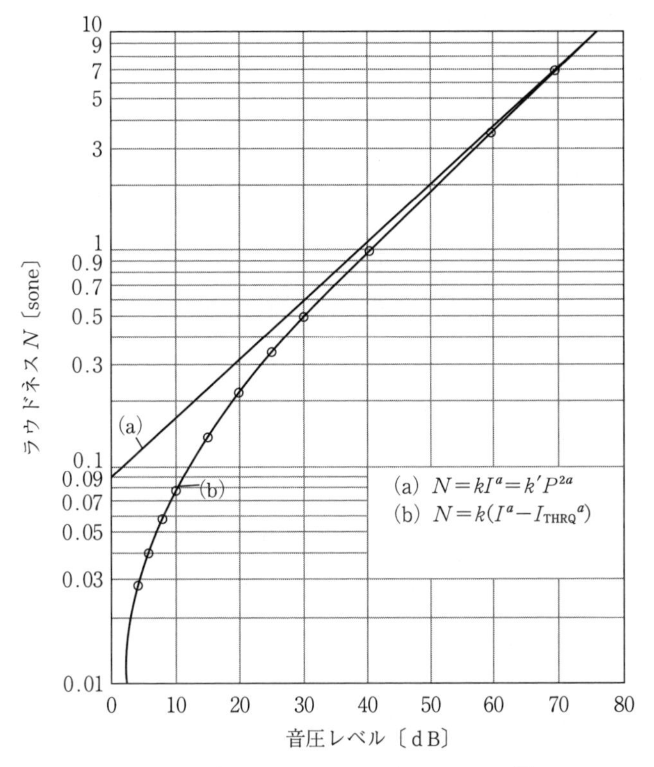

図 3.14　音圧レベルとラウドネスの関係性[43)]

与すると考えることで，上記の逸脱を説明できる。この考え方に基づき，例えば次の式が提案された[43)]。

$$N=k(I^{\alpha}-I_{\mathrm{THRQ}}{}^{\alpha}) \tag{3.4}$$

ここで，I_{THRQ} は最小可聴値での音の強さである。ラウドネス領域の引き算を表現するこの式で求められるラウドネス（N）は，計測値によくフィットする。また，刺激音の音圧レベルが高くなるに従って，スティーブンスのオリジナルのべき乗則の式 (3.3) に漸近する。ラウドネスの成長関数を表す式は，その後，何種類か提案されているが，式 (3.4) のように，ラウドネスの成長関数を 2 つのべき乗項の差によって表現する形式は，後述するラウドネスモデルにも引き継がれている。

なお，難聴者には，刺激レベルの上昇に伴って，あたかも難聴耳の聴力低下分を補うかのようにラウドネスが異常に急上昇する現象がしばしば見られる。これは，難聴者にとって小さな音は聞こえないが，大きな音は正常者と同じようにうるさく聞こえるということ意味する。この現象を**ラウドネス補充現象**（loudness recruitment）と呼ぶ。リクルートメント現象や，単に補充現象と呼ばれることもある。基底膜には，比較的弱い音を増幅する能動メカニズムがあるが，そのメカニズムの損傷・消失が補充現象を説明する有力な説の1つである（3.2.5項参照）。

〔3〕 **スペクトルとラウドネス**　　帯域通過雑音について，その強度を一定に保ったまま帯域幅を変化させた場合，その帯域幅がある一定の値以下の場合は，ラウドネスレベルはほぼ一定である。しかし，帯域幅がこの範囲を超えると，帯域幅とともにラウドネスが増大する[44]。この境界となる帯域幅は，ツヴィッカーらが推定した臨界帯域幅とある程度一致する[32]。これは複合音のラウドネス知覚と聴覚系の周波数分析機構の関係性を示唆するものである。

広帯域音が聴覚系における周波数分析機構の結果として狭帯域音（聴覚フィルタまたは臨界帯域によって分解された成分）の集まりで構成されたものとして知覚されているとすると，広帯域音のラウドネスは狭帯域音のラウドネスの総和で求まると考えることができる。この基本概念は，フレッチャーとマンソン[36]によって導入され，現在のラウドネスの知覚モデルの核になっている。聴覚フィルタの帯域幅当りのラウドネスを**スペシフィックラウドネス**（specific loudness）という。**ラウドネス密度**（loudness density）とも呼ばれる。聴覚フィルタ内の各成分に対する神経活動のある種の興奮が生じ，物理的な強度が感覚量の元となる値へと変換された結果がこのスペシフィックラウドネスに対応すると考えるとわかりやすいだろう。ある広帯域音のラウドネスは，全帯域にわたってスペシフィックラウドネスの総和積分（**ラウドネス積分**；loudness integration）によって求められる。

〔4〕 **ラウドネスのモデル**　　これまで見てきたラウドネスの特性を踏まえた，ラウドネス推定値を計算するモデルについて説明する。ラウドネスを推定

するモデルには，すでに規格として採用されているものもあるが，その出力をラウドネスの真値であるかのように扱うのは不適切である。モデルが適用できる刺激条件には限界があるだけでなく，そもそもラウドネスが感覚量である以上，真のラウドネスは刺激ごと（場合によっては個人ごと）に心理物理学的によって求められるべきである。ここでは，対象音を定常広帯域音に限定する。複合音のラウドネスは，周波数成分ごとのスペシフィックラウドネスを，何らかの荷重加算することによって決まると考えられる。周波数間のマスキングがこの荷重に反映される。これまで提案されてきた主要な計算モデルは，いずれもべき乗則と周波数間の加算特性を反映しようとしている。

スティーブンスによる初期のラウドネスモデル[41]は，刺激スペクトルをオクターブ分析した結果から各帯域のラウドネスレベルを算出し，それをラウドネスに換算したうえで，マスキングを考慮した加重加算を周波数間で行うことで総ラウドネスを求める。ここで用いられる荷重係数は経験的に定められたものである。後述のツヴィッカーやムーア-グラズバーグモデルとの主要な違いは，(帯域分析を経たうえで）対象音の強さから直接ラウドネスの推定値を求める点である。

ツヴィッカーは，ラウドネスが音の強さによって直接決まるのではなく，音の強さとスペクトルを反映する聴覚系内の**興奮パターン**（3.3.2項参照）によって決まると考えた。そして，この考えに基づき，聴覚の一般的特性と整合する体系化されたモデルを提案した[45]。ムーアとグラズバーグは，このツヴィッカーのモデルを改良し，心理実験データだけでなく，生理学メカニズムとも整合性の高いモデルを提案している[46),47]。**図3.15**はムーア-グラズバーグモデルの構成を示すブロック図である。ツヴィッカーモデル，およびムーア-

図3.15　ムーア-グラズバーグモデルのブロック図[46]

グラズバーグモデルは，共通して，下記に示すような4つのステージで構成される。

第1ステージでは，音場（自由音場か拡散音場）の特性を加味した外耳の伝達特性（外界から鼓膜面までの伝達特性）と中耳の伝達特性を考慮して，入力信号のスペクトルを補正する。

第2ステージにおいて，この補正された信号スペクトルから興奮パターンを導出する。ツヴィッカーモデルでは，興奮パターンの基礎となる聴覚フィルタとして，矩形の臨界帯域フィルタを用いている。これに対しムーア-グラズバーグモデルで用いられている聴覚フィルタは，生理学的なフィルタを模擬するようにその形状が精密に定められているほか，入力音圧レベルに応じた形状・ゲインの変化といった，基底膜の非線形な特性をも反映している。

第3ステージでは，各聴覚フィルタ（臨界帯域）における興奮レベルをスペシフィックラウドネスに変換する。基本的には，スティーブンスのべき乗則を興奮レベルに適用してこの変換を行っている。ただし，検出閾値付近のラウドネスがべき乗則から逸脱する（〔2〕参照）のと同様に，興奮レベルが低い場合には，スペシフィックラウドネスもべき乗側から逸脱すると考えられる。この効果が第3ステージでの変換に反映されている。

最後の第4ステージにおいては，興奮されている聴覚フィルタ間でスペシフィックラウドネスを加算することによって，対象音のラウドネスが決定される。

ツヴィッカーのモデルでは，対象音の1/3オクターブ分析結果から，計算チャートまたは表に基づいてラウドネスが算出される。十分な性能を備えた汎用計算機が利用できなかった開発当時でも，手計算でラウドネスを算出できるような工夫がなされていた。ツヴィッカーのモデルは広く普及し，現在でも実務現場で使われることが多い。しかし，矩形の聴覚フィルタを用いた方法では，刺激パラメータの連続的な変化に対して，モデル出力が不連続に変化することがある。計算機が普及した現在では，解析的に表現され，連続的な出力を扱えるムーア-グラズバーグモデルを用いるのは難しくない。「平均的な」聴覚特性を持たない個人（例えば難聴者）の知覚を説明・模擬することも可能である点でも，ムーア-グラズバーグモデルは有利である。聴覚フィルタ形状や非線形なレベル変換などの特性に，生理学的知見がパラメータとして表現されていることから，特定の生理学機構の障害（外有毛細胞機能の損傷による周波数分解能の劣化や非線形増幅特性の変化など）が，ラウドネス知覚に与える影響を予測することが可能である[48]。

3.3.4 音の強さの弁別，ダイナミックレンジ

〔1〕 **ウェーバー則**　ある刺激の強度を変化させる場合において，その変化を知覚的に検出できる最小の強度差を，強度の**丁度可知差異**（just noticeable difference, **JND**）という。知覚モダリティによらず，強度のJND（ΔI）が，基準となる刺激強度（I）に比例するというのが，ウェーバー則である。つまり，ΔIとIの比（$\Delta I/I$; **ウェーバー比**）は一定である。広帯域音については，このウェーバー則はほぼ成り立つ。音の強さのJNDを調べた強度弁別実験の結果の例を**図3.16**に示す。この図では，JNDをウェーバー比（デシベル値；$10\log_{10}\{\Delta I/I\}$）で表示している。JNDの値が広い音圧レベル（30

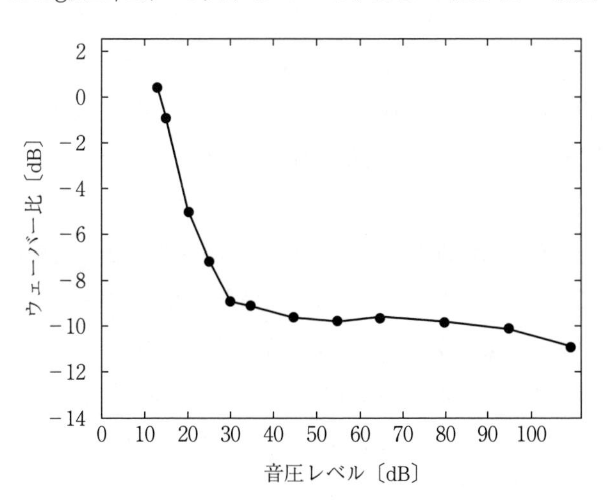

図3.16　基準音圧レベルの関数としてのJND
（ウェーバー比のデシベル値として表示）[49]

～110 dB）にわたって，ほぼ一定（およそ −10 dB）であることがわかる。この −10 dB のウェーバー比は，強さにして 10 %，音圧レベルにして約 0.4 dB（$10\log_{10}\{(I+\Delta I)/I\}$）の変化に対応する。ただし，JND の値は，採用する実験条件に応じて異なる。

強度の変化によって引き起こされる感覚量の変化 ΔS は，ウェーバー比に比例し（つまり，$\Delta S=K\Delta I/I$; K は比例定数），感覚量 S は ΔS の積分値で表されると仮定する（フェヒナーの仮定）と

$$\int dS=\int K\frac{1}{I}dI$$

より，S と I の間には

$$S=K\log I+C$$

という関係が導かれる（C は積分定数）。感覚量と強度を対数則で結びつけるこの関係式（ウェーバー則）は，聴覚分野において音の強度をデシベル尺度で表示する根拠の 1 つといえる。

上記の感覚量 S をラウドネスと考え，フェヒナー則に基づいて JND からラウドネスを説明しようとする試みは一見合理的である。しかし，すでに述べたように，実際のラウドネスの成長関数は，概して対数則ではなく，べき乗則に従うことが知られている。対数則が当てはまらないのは，フェヒナーの法則が前提とする仮定のいくつかが成り立たないからであろう。JND に相当する強度変化が常に一定のラウドネス変化と対応するわけではなく，ラウドネスが大きいほどあるラウドネス変化の検知に必要な最小強度変化が大きくなると仮定することで，べき乗側が得られるという示唆もある[50)]。また，神経発火の確率過程を介して，JND とラウドネスの対応関係を説明する試みもある[51)]。

〔**2**〕 **広いダイナミックレンジを支えるメカニズム**　　図 3.16 にも見られるように，聴覚系は広範囲（>100 dB）の音圧レベルに対して，一定以上の強度弁別能を維持している。聴覚系のこの広いダイナミックレンジは，どのようなメカニズムによるのだろうか？

3.2.3 項で述べたように，基底膜振動は圧縮性の非線形な入出力特性をもつ。

外有毛細胞の能動機構の機能低下などにより，この圧縮特性が失われると，基底膜振動のダイナミックレンジは狭くなる。感音性難聴者に見られるリクルートメント現象は，その一例といえる。また，聴神経には，反応閾値やダイナミックレンジの点で複数のタイプがあり，それらが総体としてある程度広い強度範囲をカバーしている（3.2.4 項参照）。しかし，聴神経の特徴周波数に近い成分の音圧レベルが 60 dB 以上となると，どの聴神経であってもその発火率は飽和し，音圧レベル変化に対する発火率の変化はごくわずかである。この 60 dB 以上の音圧レベルにおける強度弁別能を説明するためには，他のメカニズムを考える必要がある。

純音刺激については，刺激音の成分より離れた周波数に同調した聴神経も，興奮パターンの広がりにより，強度の符号化に寄与している可能性がある。また，聴神経発火の時間パターンがもつ情報も，強度弁別に使われているかもしれない。背景雑音の存在や，神経の自発発火により，刺激音に対する聴神経発火の時間パターンはある程度ランダムに変動する。トーンあるいは周期複合音刺激の場合，レベルの増加に伴って，刺激波形に対する位相同期により，発火の規則性は増加するであろう。この規則性の変化は，発火率が飽和するような高い音圧レベルであっても十分に生じ，強度弁別にある程度寄与する可能性がある[52]。しかし，位相同期が生じないような高い周波数をもつ純音刺激を対象音として用い，背景雑音（対象音周波数より離れた成分をマスクする帯域阻止雑音）を加えた条件であっても，JND は広い強度範囲である程度一定であることが知られている[53]。また，広帯域音雑音を対象音として用いた場合には，上記の手がかりは有効ではない。興奮パターンの広がりや位相同期は，聴覚系の広いダイナミックレンジを説明するための必須要因とはいえない。

単一または複数の聴神経によって符号化される情報量を評価することによって，JND を説明しようとする試みもある。単一聴神経が伝達する情報量は，平均発火率だけでなく，発火のランダムな変動（神経的な「ノイズ」）によって規定される。信号検出理論[54]など使うと，平均発火率とノイズから，聴神経ごとにその神経による伝達情報量を評価することができる[55]。さらに，一定の仮定（各聴神経の反応は統計的に独立である，中枢による情報統合は最適に行われる，など）をおくことにより，複数の聴神経による JND も推定することができる[56)]。このような検討の結果，たかだか 100 個程度の神経活動によって知覚的な JND を説明できることがわかっている。さらに，約 3 万個あるすべての聴神経による情報量を統合すると，広いレベル範囲にわたって，知覚的に計測された値を下回る JND が得られるという。聴神経はむしろ十分以上の情報量を伝達しているにもかかわらず，より中枢の機能の特性によって，知覚的な JND が制約を受けていると考えることもできる。

3.3.5 音の高さ（ピッチ）

音の高さ（**ピッチ**；pitch）とは，『音響用語辞典』で「高低の印象を与える音の属性」と定義される主観量である。例えば，「甲高い声」といったように，「明るさ」「鋭さ」に類似する音色の表現として「高さ」が用いられることがある。しかし，聴覚研究では，ピッチとしての「高さ」を，純音刺激の周波数に対応付けられる属性，あるいは，音楽における音階を構成できるような属性に限定することが多い。本書でもこれに従う。

西洋音楽においては，1 オクターブ離れた音どうしは，音楽のスケール（音階）上では，同等に扱われ，メロディを構成するうえで同様な機能をもつとされる。音楽におけるピッチのもつこの特性は，螺旋状に変化するスケールで表現されることがある（**図 3.17**）[57)]。この螺旋の高さ方向（y 軸方向）が心理物理学的な高さ（**トーンハイト**；tone height）に対応する。音楽の機能的な高さ（**トーンクロマ**；tone chroma）は円環状の軸上に表現される。オクターブをまたがって円環上の同じ位置にある音どうしは，音楽的機能としては等価で，同じ「ピッチクラス」に属する。以降で扱う「高さ」や「ピッチ」は，ここでいうトーンハイトに相当する 1 次元の尺度に限定し，循環的な特性は扱わない。

ある音のピッチは，これに対応するピッチをもつ純音刺激の周波数として表現される。日常生活でわれわれが遭遇する音には，楽器音，音声，モータ音などのように明確なピッチをもつものだけでなく，雑音などのように，ピッチ感

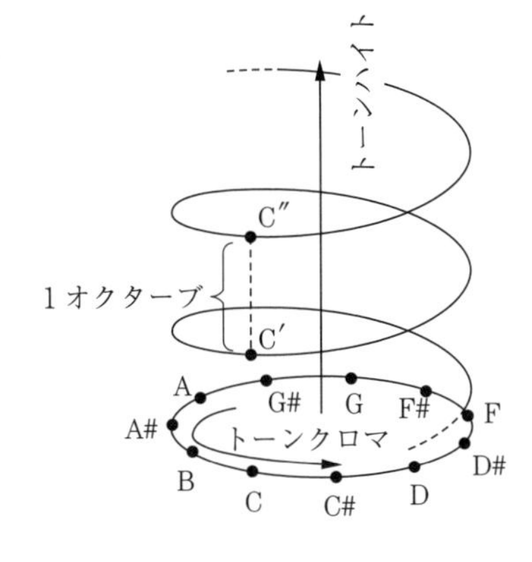

図 3.17　音楽的ピッチのスケールを表現する螺旋（文献 57）の概念を模式化したもの）

が弱い（ピッチを定義できない）ものも含まれる。ピッチの知覚は周期性をもつ刺激音に対して生じる。ピッチの高低は刺激音の周期（基本周波数）とよく対応する。つまり，ピッチの知覚とは，周期的信号から基本周波数を抽出するプロセスと考えることができる。ただし，厳密な周期性をもたない音であってもピッチを生じる場合もある。

ピッチは音楽のメロディの知覚に限らず，言語の韻律的な情報や，話者の性別など情報を与える意味で，聴覚の中で最も重要な属性の1つである。また，実環境のように複数の音源が混在する状況下では，ピッチ知覚に関わるプロセスが，特定の音源の情報のみを知覚的に分離・抽出するのに寄与すると考えられている（3.3.7 項）。

純音刺激については，周波数の情報（つまりピッチの情報）は聴覚末梢系において2通りの形で表現されうる。1つは基底膜振動の興奮パターンのピークの位置（場所情報）である。周波数が上昇するに従って，基底膜興奮パターンのピーク位置は先端部から基部方向へと移動する。もう1つの情報表現形態は，聴覚フィルタ出力に位相固定した聴神経発火の時間間隔（時間情報）である。周波数が高くなるにつれて，信号周期が短くなるため，神経発火の時間間隔も短くなる。位相固定の消失する高周波数帯域（>4 kHz）においてはピッチ感覚が著しく失われることが知られている。

より一般的な周期音（つまり純音刺激以外）のスペクトルは，基本周波数の整数倍に成分（倍音成分）をもつ。このようなスペクトル構造をもつ音を調波複合音と呼ぶ。一例として，100 Hz の周期（パルス間隔 10 ms）をもつパルス列を考えてみよう。そのスペクトルは，100 Hz の整数倍（100, 200, 300, …, Hz）にエネルギーのある倍音構造（調波構造）をもつ。その興奮パターンは図 3.12（a）のとおりである。このような音を聞くと，それぞれの周波数成分に対応するピッチが聞こえる場合もあるが，全体としては基本周波数の 100 Hz に対応するピッチ感覚が優勢である。

この音に対して，高域通過フィルタをかけると，100 Hz の周波数成分を除去し，これに対応する興奮パターンのピークを除くことができる。このように，基本周波数に成分をもたない調波複合音を基本周波数欠落音，あるいは**ミッシングファンダメンタル音**（sound with missing fundamental）と呼ぶ。ミッシングファンダメンタル音に対しても，基本周波数に対応するピッチ（上記の例では 100 Hz）の知覚が明確に生じる。ミッシングファンダメンタル音に対する基底膜の振動パターンを考えると，ある種の非線形ひずみによって，基本周波数成分に対応する部位に振動が生じることがある。つまり，除去された基本周波数成分が基底膜上で復元するように見える。しかし，このようなひずみ成分をマスクするように雑音を加えても，ピッチ知覚に影響がないことから，この成分がミッシングファンダメンタル音のピッチを決定する要因とは言えない。

それでは，聴覚系はどのような情報に基づいてピッチを導出しているのだろうか？　純音刺激と同様に，複合音についても，聴覚末梢系の情報表現は場所情報（興奮パターンのピーク分布）と時間情報（フィルタ出力に対する発火同期パターン）に分類して考えることができる。興奮パターン（図 3.12（b））を観察するとわかるように，比較低いフィルタ中心周波数領域においては，音の各周波数成分が分解され，それぞれに対応したピークが存在する。これが場所情報である。ただし，10 次以上の高次の倍音成分については，末梢の周波数分解能の制約（各成分間の差より聴覚フィルタの通過帯域幅が広い）により，各成分は興奮パターン上では分解されないため，場所情報はピッチの手がかりとはならない。一方，時間情報に相当する各フィルタからの出力波形を見てみよう。低次の倍音に対応するフィルタ出力は（例えば図3.12（c）の中心周波数100および400 Hz），その周波数成分を強く反映しているのみで，基本周波数に関する「情報量」は比較的少ない。しかし，複数の成分が分解されずに相互作用するような中心周波数が高いフィルタについては，その出力波形は基本周波数と同じ周期で繰り返す。聴神経の発火もこの周期に同期したものとなるであろう。このように，場所情報と時間情報は，それぞれ低次および高次の倍音成分において優位である。

リッツマ[58]は，特定の倍音成分のみをシフトし，複合音全体のピッチへの影響を調べた。その結果，基本周波数が100～400 Hzの範囲の音（通常の音声の基本周波数はこの範囲に含まれる）については，ピッチ知覚への寄与は概して3～5次の倍音成分が優位であることを示している。これは，ピッチ知覚における場所情報の優位性を示す1つの証拠といえる。しかし，時間情報がピッチ知覚にまったく寄与しないとは言えない。例えば，基本周波数が非常に低い（例えば50 Hz）場合には3～5次倍音は末梢では分解されない（場所情報が使えない）が，ピッチ知覚は生じる[59]。また，白色雑音を正弦波で振幅変調した音については，長期スペクトルは平坦であるにも関わらず，変調周波数に対応する弱いピッチが知覚されることもある[60]。

実は，上記のような「場所」対「時間」の対立はいまや古典的な議論となりつつある。現代では，複数の聴覚フィルタにおける聴神経発火と，その情報をフィルタ間で統合する中枢メカニズムを総合的にモデル化することを通して，ピッチ知覚のメカニズムを理解するアプローチが主流である[61]。しかし，末梢の情報表現を「場所」と「時間」の側面に整理する考え方は，聴覚研究においていまだに重要な素養である。

3.3.6　空間知覚・両耳聴

音源の位置を判断する（**音源定位**；sound-source localization あるいは単に sound localization）能力は，人間や多くの動物種にとって共通して重要な能力である。知覚として生じる音像（sound image）は，方向感，距離感，広がり感などをもっている。この音像の方向と距離を知覚することを特に**音像定位**（sound-image localization）という。音像の方向や空間分布は，必ずしも音源の物理的なそれとは一致しない。ヘッドホン呈示によって仮想的な音像は，わかりやすい例である。

音源定位の手がかりについて，水平方向と垂直・前後方向の定位に分けて見てみよう。水平方向の定位には，両耳情報が主な手がかりであると考えられている。両耳情報は，**両耳間時間差**（interaural time difference, **ITD**; **図 3.18**（a））と**両耳間レベル差**（interaural level difference, **ILD**; 図（b））に分類される。音源から発せられた音は，音源に近いほうの耳により早く到達する。この両耳間の到達時間差が ITD である。ITD は，音源が真正面（0°）にある場合には 0 であり，真横（90°）にある場合に最大値（頭の大きさや刺激音の周波数にもよるが約 650 μs[62]）をとる。ITD は頭部を単純に球面と置き換えたモデルである程度説明できる。

刺激音が定常的な純音（正弦波）である場合，刺激波形の ITD は，**両耳間**

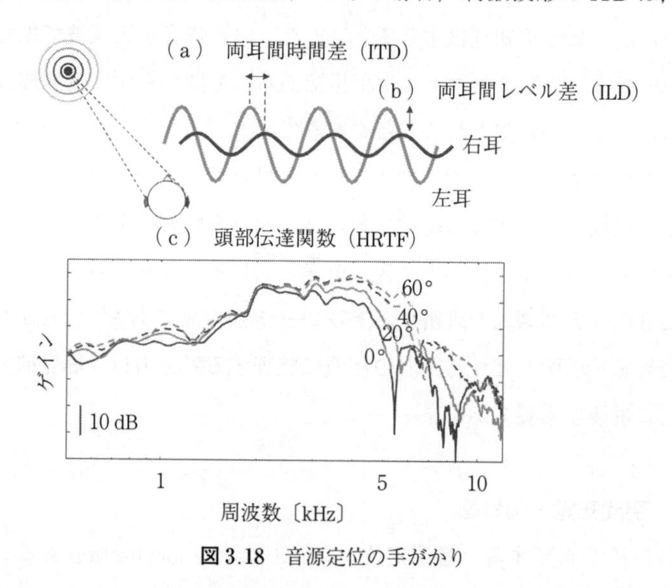

図 3.18　音源定位の手がかり

位相差（interaural phase difference, **IPD**）として表すこともできる。IPDは純音周波数が低い場合は効果的な音源定位手がかりである。しかし，純音の周波数が高くなり周期が短くなると，ある1つのIPDが複数の音源方位に対応することがある。例えば周波数が1 539 Hzの純音では，周期650 μsで同じ波形が繰返されるため，音源方向が左90°，真正面，右90°のどの条件においても，両耳の波形は同一となり，つまりIPDが0となる。このように，純音周波数が高くなるほど，IPDに基づく手がかりはあいまいとなる。このあいまいさは，複合音の場合は周波数成分間でのIPDの比較によって解消可能であり，非定常音の場合では振幅包絡のITD情報によって解消できる。なお，両耳入力信号の波形そのもののITDが左右方向の知覚の手がかりとなるのはおよそ1 600 Hz以下の成分に限られる。聴神経発火が位相固定する周波数には上限があり（3.2.4項参照），これを超える周波数については，刺激音の時間微細構造が聴神経発火の時間情報に反映されないためである。ただし，1 600 Hz以上の周波数帯域であっても，両耳入力信号の包絡線に対応した時間差は定位の手がかりとなりうる。

両耳情報のうちのILDは頭による音響的な“影”の影響で生じる。頭の大きさに対して波長が長い音は，回折によりこの“影”の効果は生じない。このため，音源定位情報としては，ある程度以上の周波数（>約1 000 Hz）においてのみ，ILDは有効である。比較的高周波数（>約5 000 Hz）の音についてILDの取りうる最大値は約20 dBである。

以上に述べたように，ITD（特にIPD）とILDはそれぞれ低周波数および高周波数において特に有効な音源定位手がかりとなるが，これに対応して，知覚的判断においても周波数ごとに手がかりを使い分けているようである[63]。この考え方を音源定位における**二重理論**（duplex theory）という。前述のように，振幅包絡のITD情報は，全周波数で有効なはずであるが，高周波数領域のITD情報は，知覚判断への寄与は比較的小さいようである[63]。

頭部を単純に球面と考えた場合，垂直方向（あるいは前後方向）で対称な方向にある音源はすべて同一のITD，ILDを生じる。このため，両耳情報のみが有効な条件下では，前後・上下方向の違いを区別することはできない。しかし，音波が鼓膜に届く直前に頭や耳介，あるいは胴体の影響を受けることによって，入力音のスペクトルが変調される（図（c））。このような，頭部等の影響よる入射音波の物理特性の変化を周波数領域で表現したものを**頭部伝達関数**（head-related transfer function, **HRTF**）という[64]。頭部伝達関数は，受聴者と音源との相対的な位置に依存する。垂直方向の音源定位には，頭部伝達関数の形状に見られるスペクトル情報が主な手がかりである。一般に，高周波数（＞5 kHz）範囲に見られるスペクトルのピークと谷（ノッチ）が，定位に寄与すると考えられている。このピークとノッチは，耳介の構造によって決まる。このため，例えば耳介のひだを粘土で変形すると，上下・前後方向の音源定位が不可能になる[65]。また，耳介の形状や大きさには個人ごとに異なるため，頭部伝達関数にも個人差がある。このため，特定の個人の頭部伝達関数を利用して合成した仮想音源刺激は，受聴者ごとに異なる音像を生じる。

音源位置を示す3つ目の次元である距離の判断精度は，音源方向の判断に比べて劣っている。また，概して音源距離が過小評価される傾向がある。それは，音源距離判断に用いられる手がかりが環境や音源の性質に大きく依存するため，信頼できる絶対的な情報とはならないからであろう。本書では，距離判断に用いられると考えられている4種類の手がかりを挙げておく[66]。

1） 音の強度：一般に，音源のパワーが一定であるならば，距離が近くなるにつれて聴取点における強度は大きくなる。聴取点における音の強度は，音源のパワーにも当然影響されるため，強度に基づいて絶対的な距離を行うためには，音源パワーに関する情報をもっている必要がある。

2） 反射音の割合：音を反射する物体（床・壁など）が存在する環境においては，音源からの直接音と，反射音とのエネルギーの割合が音源距離に依存する。

3） スペクトル：空気は，音のエネルギーをある程度吸収する。この吸収量は高周波数について比較的大きいため，長距離になるに従って，低周波数成分のバランスが相対的に大きくなる。

4）両耳間差：ある一定の距離（約1m）より近距離の音源については，（側方の音源に対しては）距離が近づくにつれてILDが増大する。また，低周波音でも大きなILDが得られる[67]。近距離の音源に対して，距離判断の精度が高いのはこの手がかりの貢献が大きい。

両耳聴（両耳の情報を比較・統合し，活用するメカニズム）が有用なのは，音像定位のためだけではない。空間上に信号音（聞き取りたい音）と妨害音が存在する場合，両者の空間的位置が離れているほど，信号音が聞き取りやすくなる傾向がある[68),69]。この現象を**空間的マスキング解除**（spatial unmasking）という。この現象は，2種類の効果の作用によるものだと考えられる。1つは頭による陰の効果（head-shadowing effect）である。頭の右側に信号音がある場合を考えてみよう。妨害音がやはり右側にある場合は，右耳におけるSN比は低い。しかし，妨害音が左側に移ると，右側は妨害音にとって頭の“陰”となるため，右耳における妨害音のエネルギーが低下してSN比が上昇することになり，その結果信号音が聞き取りやすくなると考えられる。もう1つは，両耳間の位相差に基づくマスキング解除効果である。例として，正弦波音を信号音，帯域雑音をマスカーとして両耳に呈示するマスキング実験を考えてみよう。信号音とマスカーをともにdioticに呈示した（同一の音が左右耳に呈示される）条件，および信号音のみdiotic呈示し，マスカーを両耳間で逆位相となるように呈示する条件を考えてみる。両条件ともに，信号対ノイズ比は左右間で等しいにも関わらず，後者の条件では，前者よりも検出閾値が大幅に低い（10dBを超えることもある）[70]。このように，信号音やマスカーの両耳間位相関係によって生じるマスキング量の差を，**両耳マスキングレベル差**（binaural masking level difference, **BMLD**）という。顕著なBMLDが生じるのは，信号音周波数が比較的低い（約1500Hz以下）ときのみである。これは，BMLDのメカニズムが，位相固定された聴神経発火のパターンを左右で比較することで成立しているためであると考えられる。3.2.4項で述べたように，位相固定は1500～4000Hzを上限として失われる。

3.3.7 聴覚情景分析

現実の環境でわれわれが出会う音は，その周波数成分が広い帯域に分布し，しかもそれが時々刻々と変化する。さらに，様々な音源から様々なタイミングで音が発せられ，それらが混合してわれわれの耳に届く。その複雑な混合音は，まず聴覚末梢系における聴覚フィルタ群によって周波数成分へと分解される。時間・周波数軸上に分散している成分を適切に結び付けて初めて，意味のある**聴覚的オブジェクト**（auditory object）を形成することができる。この一連のプロセスは**聴覚情景分析**（auditory scene analysis）とも呼ばれる[71]。いったん混合された音から元の音を回復するのは，一般的には解決不可能な不良設定問題である。しかし，自然な音源や環境がもつ特性を利用して，聴覚系はこの問題を解決している。

同時に呈示された複数の周波数成分を結び付けることを**同時グルーピング**（simultaneous grouping）と呼ぶ。聴覚系は，同時グルーピングのために，自然な音がもつ次のような傾向を手がかりとして利用しているようである。

1） 人や動物の音声，楽音，モータ等の機械音など，環境中に存在する意味のある音には周期性をもつものが少なくない。そのスペクトルは，基本周波数の整数倍の周波数に成分（倍音）をもつような調波構造をしている（3.3.5 項参照）。

2） 同一の音源に由来する成分は同期して立ち上がる傾向がある。

3） 人の声や楽器の音などには，その振幅や周波数に自然な揺らぎがある。その時間的パターンは周波数成分間で共通していることが多い。

4） 同一の音源から発せられた音の周波数成分は，当然，共通の方向から耳に届く。

時間的に離れて呈示される周波数成分あるいは音響的要素の対応付けに関しても，分離やグルーピングの処理が行われる。他の音の存在によって時間的に分断された音声などを，われわれが一連の「流れ」として聞くことができるのは，このためである。**音脈分凝**（stream segregation）と呼ばれる現象は，時間的な分離・グルーピングの一例である。音脈分凝に関する典型的な実験を紹介しよう[72]。刺激音は，周波数の低い短音（A）と高い短音（B），および同じ長さの無音区間（－）が，ABA － ABA － ABA －…といった時系列で交替しながら繰り返すものである（**図3.19**）。たとえ物理的に同じ構造をもった系列であっても，A音とB音の音響的な特性や，その時々の聴取者内部の要因によって，AとBの知覚的な結び付け方が変わり，聴覚的には様々な音の構造が体験される。典型的には次の2種類の聞こえ方があるとされる。（とはいうものの，この2種類に限らず，両者の中間的な状態を含む様々な聞こえ方が可能である。この音列の構成は，実験参加者が知覚されるテンポに基づいて知覚を2種類に分類して報告しやすいため，音脈分凝の実験で多く用いられている。）AとBの周波数差が小さい場合や，時間周期が長い場合には，連続的にピッチが上下するABA－を一単位と音列が繰り返すように聞こえることが多い（**融合**；fusion, 図（a））。周波数差がある程度大きくなる，あるいは，時間周期が短くなると，B音に対応するピッチで繰り返す系列（－B－－－B－－－B－－…）と，2倍のテンポでA音が繰り返す系列（A－A－A－A－A－が分離して聞こえることが多い（**分裂**；fission, 図（b））。融合が起きている場合は，時間的に近接した音どうしが知覚的に結び付けられている一方，分裂が起きている場合は，互いに異なる成分（AにとってはB）が間に挿入されているにも関わらず，A音どうし（またはB音どうし）がグルーピングされる状態といえよう。

この例のようにA音とB音の周波数が異なる場合だけでなく，基本周波数,

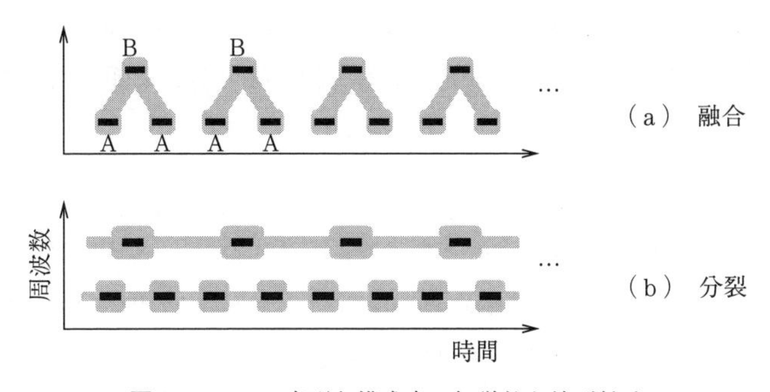

図3.19　ABA音列と構成音の知覚的な結び付け

振幅包絡，音源位置，強度などの差によっても融合・分離の知覚は生じる[35)]。一般に，成分どうしの音響的な差（例えば周波数差や時間間隔）が小さいほど知覚的に結び付けられやすい。ただし，融合と分離は確率的な事象である。音響的な条件が一定であっても，刺激呈示時間とともに分離して聞こえる確率が増加する[72)]。また，2つの状態（あるいは中間的な知覚を含む複数の状態）がランダムに入れ替わって聞こえることもある[73),74)]。この現象は，音響情報があいまいな状況で，聴覚系が何らかの知覚的な解釈を探索・形成するプロセスを反映するものと考えられる。

なお，一般に，異なるオブジェクトに属する成分間の関係性を比較することは知覚上困難であるといわれている。今回の例にもその傾向は当てはまる。例えば，A音とB音の時間間隔を一時的に変動させた場合，融合が起きている条件では，リズムの変化としてその変動を比較的容易に気づくことできるが，分裂が生じている条件では，変動の検出が困難である。

以上のように，混合音の中から音源または聴覚的対象を分離する仕組みが聴覚系には備わっている。しかし，われわれは分離された対象をすべて同列に知覚しているわけではない。にぎやかなパーティ会場で多くの会話が同時進行している中で，われわれは特定の人との話を続けることができる一方で，他の人達が隣で話している内容を意識しない，記憶していないということが多い。このように，同時に聞こえる複数の音声の中で1つだけに注意を向けることでその内容が認識できる一方で，他の音声が認識できなくなる[75)]。これを**カクテルパーティ効果**（cocktail party effect）と呼ぶ。このような**選択的注意**は，複雑な音響環境の中で，限られた認知資源を効率的に振り分ける重要な機能である。

3.3.8 音　　色

「大きさ（ラウドネス）」「高さ（ピッチ）」「音色」は，いわゆる音の3要素と呼ばれることがある。この考え方にならうように，**音色**（timbre）は，「聴覚に関する音の属性の1つで，物理的に異なる2つの音が，たとえ同じ音の大きさ及び高さであっても異なった感じに聞こえるとき，その相違に対応する属性」と日本工業規格で定義されている。しかし，この定義によると，明確な高さ（ピッチ）を持たない音どうしの比較には適用することができない。また，他の音との比較を行わない場面では，音色を定義できないことになる。

一般的な意味での音色（tone color）の定義としては，「その音から受ける主観的な印象の諸側面」（印象的側面）あるいは「音源あるいは音響的事象が何であるかを認識するための手がかりとなる音響特性」（識別的側面）と考えるのが適切であろう。この場合，音色という属性はラウドネスやピッチと独立ではない。また，ラウドネス（大きい—小さいの軸で表現）やピッチ（高い—低いの軸で表現）と異なり，音色の知覚は多次元である。なお，**音質**（tone quality, perceived sound quality）をこの音色と同じ意味で使う場合もあるが，音質を良い—悪い（または高い—低い）といった1次元の軸で表される属性に限定して用いられる場合もある。

音色の印象的側面を評価するため，音色を表現する様々な形容詞の背後にある少数の基本的性質（共通因子）を抽出し，その因子によって多次元の空間（音色空間）を構成する研究が古くから行われている[76),77)]。様々な音色は，その空間上の位置として表現され，これにより，音色間の関係性もある程度定量的に評価することができるようになる。代表的な研究結果が示すところでは，音色空間を構成する主要な因子数は3ないし4であるとされる。例えば曽根らの研究では，「Ⅰ：美的・叙情的，Ⅱ：量的・空間的，Ⅲ：明るさ，Ⅳ：柔らかさ」といった軸を抽出している[77)]。なお，このような音色空間を音色の識別的側面に当てはめることは，おそらく適切ではない。音源の同定や音声の識別は，ある種の音色に基づいて行われると考えてよいが，この場合，「こちらのほうが明るい」といった印象的な側面が意識されるわけではない。

音色を決定する物理的要因としては，音の周波数構成（スペクトル）およびその時間的変化のパターン（周期性，立ち上がり速度，減衰時間など）がある。

3.3.9 音声の知覚

〔1〕 **音声の生成**　音声は，肺，気管，喉頭，口腔，鼻腔などの発声器官

を経て空気の振動として生成される（**図 3.20**（a））。肺から押し出された空気が，喉頭にある声帯を振動させると，ブザー音のようなパルス列状の信号が発生する。この信号は，周期性をもつ調波複合音とみなすことができる（3.3.5 項参照；図（b）下）。この基本周波数が，母音における声の高さを決定する。その信号は，咽頭腔，口腔，鼻腔（合わせて声道と呼ばれる）における共鳴（図（b）中）によって，そのスペクトル包絡が変調されたうえで口から発せられる（図（b）上）。この過程は，声帯からの「音源」が声道による「フィルタリング」されるシステムとして近似できる（**音源–フィルタモデル**；source-filter model）。音源となるのは，声帯振動を元とするもののほか，「ささやき声」の場合のように，喉から口の中を空気が流れるときに出る雑音も相当する。舌，顎，唇，口蓋など（調音器官）を動かすことにより，声道の共鳴特性が変化し，これがフィルタの特性を与える。

母音（vowel）は，この音源信号を持続的に発生させ，声道を閉鎖したり狭めたりしないで発音されるものである。母音の生成時に，フィルタリングを経た音のスペクトル包絡には，共鳴周波数を反映する特徴的なピーク（**フォルマ**

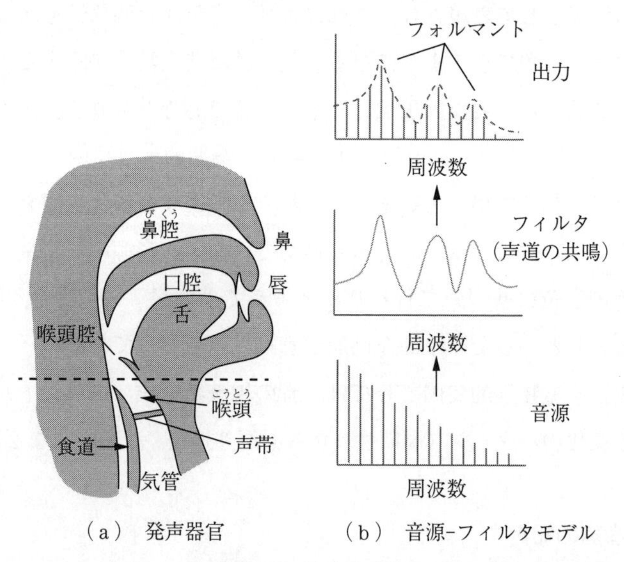

（a）　発声器官　　（b）　音源–フィルタモデル

図 3.20　音声の生成

ント；formant）が見られる。このピークの周波数をフォルマント周波数と呼び，低いほうから第1フォルマント周波数，第2フォルマント周波数，…と名付けられる。フォルマント周波数は，母音を特徴付ける重要なパラメータである。特に，第1～第3フォルマントが母音知覚の重要な手がかりと考えられている。

子音（consonant）は，唇，歯，舌などを瞬間的に閉鎖したり狭めたりして発音するものである。子音は，声帯振動の有無（有声，無声），調音位置（声道のどこが閉鎖または狭められて呼気を妨げるか），調音方法（破裂，摩擦，など）によって分類できる。子音として生成される音には，声道の一部の急激な閉鎖・解放による過渡音や，声道が狭められた部分を呼気が通過することによって生じる雑音のほか，有声音の場合には，声帯振動に由来する調波複合音などがある。これらの音の複雑な時間・スペクトルの変化のパターンが個々の子音を特徴づける手がかりとなる。

〔2〕 **音声信号の冗長性・頑健性**　音声信号は冗長である。そして，人間の音声知覚メカニズムはその冗長性を活用し，音声の特定の音響特徴が著しく欠落した条件であっても，残存した情報に基づいて音声を安定して認識できるようである。それを示す現象の例を挙げてみよう。音声信号中のある音素に対応する一区間が，背景音等（扉がバタンと閉まる音など）によってマスクされた場合，あるいは，人工的に雑音等で置き換えた場合であっても，聞こえないはずの音素が，音として明瞭に知覚されることがある。これは，欠落区間の前後の信号に含まれる情報に基づいて，脳内で補完が行われたものと考えることができる（**音素修復**[78]；phonenic restoration）。音声信号（文章）をいくつかの帯域に分割し，各帯域の振幅包絡（時間変調）情報のみを保持した帯域雑音で置き換えたものを**雑音駆動音声**（noise-vocoded speech）と呼ぶ。分割帯域数が4つ程度の場合，スペクトル情報は大幅に失われ，振幅包絡情報のみが有効であるが，その場合でも高い精度でわれわれはその音声を理解することができる[79]。では振幅包絡情報が音声認識のために必須かというと，必ずしもそうではない。音声波形を大幅にクリッピングすると，音声のゼロ交差のみの情報

を保持した矩形波状の信号を作ることができる。この信号は，振幅包絡情報が欠落しているにもかかわらず，われわれはその内容をある程度の精度で認識することができる[80)]。

〔3〕 **知覚メカニズムの議論**　1つの言語において音声を分析・記述するための基本単位に**音素**（phoneme）があり，/a/のように//で挟んで表される。音声を音素に分解して分析するということは，音声が離散的な記号の系列を表現していることを暗に仮定している。自然な発話の中では，複数の音素が連続して発生され，同一の音素であっても，前後の音素環境によって，音響的特徴が大幅に変化する。隣接する音素の調音が影響し合う（**調音結合**；co-articulation）ことにより，音素と音響的な特徴は，必ずしも一貫した形で対応しない（**不変的特徴量の欠如**；lack of invariance）。これを実験的に示す例として，英語における/di/と/du/の音響分析結果が知られている[81)]。/d/を含む音節の模式的なスペクトログラムを**図3.21**に示す。

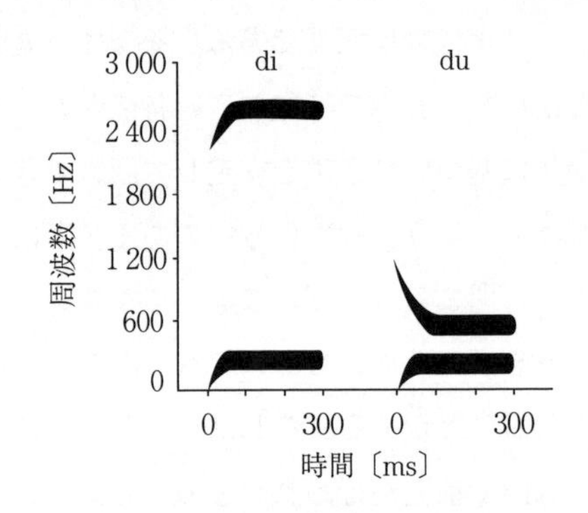

図3.21　/d/を含む音節の模式的なスペクトログラム[81)]

これらの音には，同じ/d/が含まれると知覚される。しかし，音響的な分析を行うと，/di/においては，開始部分の第2フォルマントの高周波数側への上昇（フォルマント遷移）が，/d/に対応する主要な特徴である一方で，/du/の場合には，逆に下降するフォルマント遷移が/d/の特徴となることがわかる。音響的特徴の変動は，調音結合だけでなく，話速，話者，感情などの要因によっても生じる。「聴覚系は，一般の音の処理と同様な分析的な特徴抽出メカニズムによって音声信号を分析する」と仮定するならば，音声のこの

「不変的特徴の欠如」は，われわれの安定した音声知覚を説明するうえで説明が困難な問題である。

音声知覚の運動理論（motor theory of speech perception）は，この問題を説明しようとする1つの理論である[82),83)]。音声の生成プロセスを考えてみると，生成プランの段階では離散的な音素系列として表現されたものが，調音器官へ運動指令として送信され，その調音器官の複雑な協調動作によって，連続的な音に変換される。音響的な不変的特徴の欠如は，調音器官の動きの制約や変動に由来する。運動理論では，一般的な聴覚知覚メカニズムとは別に，脳内には音声知覚に特殊化したメカニズムが存在し，そのメカニズムは，その音素を生成するための運動指令や調音器官の運動（ジェスチャ）を参照している，と考える。前述の/d/の例を考えると，/di/あるいは/du/の発声では，後続母音の違いにより舌の形状は異なるものの，舌先で閉鎖を生じさせる点において，両者の/d/は共通している。つまり，調音運動には不変な特徴が存在することが多い。

運動理論は直接的には実証されておらず，批判的な論争にさらされているものの，音声知覚の研究分野で長く影響力のある理論であり続けている。これまでにも，運動理論を支持する傍証として，音声処理に特殊化されたメカニズムの存在や知覚と調音との強い関連性を示唆する様々な事実が知覚心理実験によって示されていた。近年ではさらに，認知神経科学的な知見も急速に蓄積されてきている[84)]。

引用・参考文献

1）P. W. Carmel and A. Starr：Acoustic and nonacoustic factors modifying middle-ear muscle activity in waking cats, J. Neurophysiol, **26**, pp. 598-616（1963）

2）P. Wangemann：Supporting sensory transduction：cochlear fluid homeostasis and the endocochlear potential, J. Physiol., **576**, pp. 11-21（2006）

3）G. von Békésy：On the resonance curve and the decay period at various points on the cochlear partition, J. Acoust. Soc. Am., **21**, pp. 245-254（1949）

4）D. D. Greenwood：A cochlear frequency-position function for several species--29 years later, J. Acoust. Soc. Am., **87**, pp. 2592-2605（1990）

5）S. S. Stevens and J. Volkmann：The relation of pitch to frequency：a revised scale, Am. J. Psychol., **53**, pp. 329-353（1940）

6）B. R. Glasberg and B. C. J. Moore：Derivation of auditory filter shapes from notched-noise data, Hear. Res., **47**, pp. 103-138（1990）

7）P. M. Sellick, R. Patuzzi, and B. M. Johnstone：Measurement of basilar membrane motion in the guinea pig using the Mossbauer technique, J. Acoust. Soc. Am., **72**, pp. 131-141（1982）

8）L. Ulehlova, L. Voldrich, and R. Janisch：Correlative study of sensory cell density and cochlear length in humans, Hear. Res., **28**, pp. 149-151（1987）

9）I. J. Russell and P. M. Sellick：Intracellular studies of hair cells in the mammalian cochlea, J. Physiol., **284**, pp. 261-290（1978）

10）A. J. Hudspeth and D. P. Corey：Sensitivity, polarity, and conductance change in the response of vertebrate hair cells to controlled mechanical stimuli, Proc. Natl. Acad. Sci. U. S. A. **74**, pp. 2407-2411（1977）

11）H. Spoendlin：Anatomy of cochlear innervation, Am. J. Otolaryngol., **6**, pp. 453-467（1985）

12）D. H. Johnson：The relationship between spike rate and synchrony in responses of auditory-nerve fibers to single tones, J. Acoust. Soc. Am., **68**, pp. 1115-1122（1980）

13）A. R. Palmer and I. J. Russell：Phase-locking in the cochlear nerve of the guinea-pig and its relation to the receptor potential of inner hair-cells, Hear. Res., **24**, pp. 1-15（1986）

14）M. C. Liberman：Auditory-nerve response from cats raised in a low-noise chamber, J. Acoust. Soc. Am., **63**, pp. 442-55（1978）

15）K. Grosh, J. Zheng, Y. Zou, E. de Boer, and A. L. Nuttall：High-frequency electromotile responses in the cochlea, J. Acoust. Soc. Am., **115**, pp. 2178-2184（2004）

16）J. Zheng, W. Shen, D. Z. He, K. B. Long, L. D. Madison, and P. Dallos：Prestin is the motor protein of cochlear outer hair cells, Nature, **405**, pp. 149-155（2000）

17）C. A. Shera：Mammalian spontaneous otoacoustic emissions are amplitude-stabilized cochlear standing waves, J. Acoust. Soc. Am., **114**, pp. 244-262（2003）

18）C. A. Shera and J. J. Guinan, Jr.：Evoked otoacoustic emissions arise by two fundamentally different mechanisms：a taxonomy for mammalian OAEs, J.

Acoust. Soc. Am., **105**, pp. 782-798（1999）
19）J. J. Guinan, Jr.：Cochlear efferent innervation and function, Curr. Opin. Otolaryngol. Head Neck Surg. **18**, pp. 447-453（2010）
20）J. F. Brugge："An overview of central auditory processing" in The mammalian auditory pathway：Neurophysiology, A. N. Popper and R. R. Fay, Eds., ed, pp. 1-33, Springer-Verlag（1992）
21）W. S. Rhode and S. Greenberg："Physiology of the cochlear nuclei" in The mammalian auditory pathway：Neurophysiology, **2**, A. N. Popper and R. R. Fay, Eds., ed, pp. 94-152, Springer-Verlag（1992）
22）L. A. Jeffress：A place theory of sound localization, J. Comp. Psychol., **41**, pp. 35-39（1948）
23）C. E. Carr and M. Konishi：A Circuit for detection of interaural time differences in the brain stem of the barn owl, J. Neurosci., **10**, pp. 3227-3246（1990）
24）B. Grothe, M. Pecka, and D. McAlpine：Mechanisms of sound localization in mammals, Physiol. Rev., **90**, pp. 983-1012（2010）
25）J. H. Cassedy, T. Fremouw, and E. Covey："The inferior colliculus：A hub for the central auditory system" in Integrative Functions in the mamalian auditory system, D. Oertel, R. R. Fay, and A. N. Popper, Eds., pp. 238-318, Springer-Verlag（2002）
26）Y. E. Cohen and E. I. Knudsen：Maps versus clusters：different representations of auditory space in the midbrain and forebrain, Trends Neurosci., **22**, pp. 128-135（1999）
27）J. A. Winer, L. M. Miller, C. C. Lee, and C. E. Schreiner：Auditory thalamocortical transformation：structure and function, Trends Neurosci., **28**, pp. 255-263（2005）
28）J. H. Kaas and T. A. Hackett：Subdivisions of auditory cortex and processing streams in primates, Proc. Natl. Acad. Sci. U. S. A, **97**, pp. 11793-11799（2000）
29）R. D. Patterson：Auditory filter shapes derived with noise stimuli, J. Acoust. Soc. Am., **59**, pp. 640-654（1976）
30）T. Irino and R. D. Patterson：A time-domain, level-dependent auditory filter：The gammachirp, J. Acoust. Soc. Am., **101**, pp. 412-419（1997）
31）H. Fletcher：Auditory patterns, Rev. Mod. Phys., **12**, pp. 47-65（1940）
32）E. Zwicker and H. Fastl：Psychoacoustics-Facts and Models, Springer-Verlag（1990）
33）S. S. Stevens, J. Volkmann, and E. B. Newman：A scale for the measurement of the

psychological magnitude pitch, J. Acoust. Soc. Am., **8**, pp. 185-190 (1937)

34) E. Zwicker："Masking and psychological excitation as consequences of the ear's frequency analysis," in Frequency Analysis and Periodicity Detection in Hearing, R. Plomp and G. F. Smoorenburg, Eds., ed, pp. 376-394, Sijthoff (1970)

35) B. C. J. Moore：An Introduction to the Psychology of Hearing, 6th ed., Emerald (2012)

36) H. Fletcher and W. A. Munson：Loudness, its definition, measurement and calculation, J. Acoust. Soc. Am., **5**, pp. 82-108 (1933)

37) D. W. Robinson and R. S. Dadson：A redetermination of the equal-loudness relations for pure tones, Br. J. Appl. Phys., **91**, pp. 363-375 (1956)

38) Y. Suzuki and H. Takeshima：Equal-loudness-level contours for pure tones, J. Acoust. Soc. Am., **116**, pp. 918-933 (2004)

39) S. S. Stevens：On the psychophysical law, Psychol. Rev., **64**, pp. 153-181 (1957)

40) S. S. Stevens：On the theory of scales of measurement, Science, **103**, pp. 677-680 (1946)

41) S. S. Stevens：Calculation of the loudness of complex noise, J. Acoust. Soc. Am., **28**, pp. 807-832 (1956)

42) S. S. Stevens：Procedure for calculating loudness：Mark VI, J. Acoust. Soc. Am., **33**, pp. 1577-1585 (1961)

43) J. P. A. Lochner and J. F. Burger：Form of the loudness function in the presence of masking noise, J. Acoust. Soc. Am., **33**, pp. 1705-1707 (1961)

44) E. Zwicker, G. Flottorp, and S. S. Stevens：Critical bandwidth in loudness summation, J. Acoust. Soc. Am., **29**, pp. 548-557 (1957)

45) E. Zwicker and B. Scharf：A model of loudness summation, Psychol. Rev., **72**, pp. 3-26 (1965)

46) B. C. J. Moore and B. R. Glasberg：A revision of Zwicker's loudness model, Acta Acust. united Ac., **82**, pp. 335-345 (1996)

47) B. C. J. Moore, B. R. Glasberg, and T. Baer：A model for the prediction of thresholds, loudness, and partial loudness, J. Audio Eng. Soc., **45** (1997)

48) B. C. J. Moore and B. R. Glasberg：A revised model of loudness perception applied to cochlear hearing loss, Hear. Res., **188**, pp. 70-88 (2004)

49) G. A. Miller：Sensitivity to changes in the intensity of white noise and its relation to masking and loudness, J. Acoust. Soc. Am., **19**, pp. 609-619 (1947)

50) V. A. Billock and B. H. Tsou：To honor Fechner and obey Stevens：relationships

between psychophysical and neural nonlinearities, Psych. Bull., **137**, pp. 1–18 (2011)

51) W. S. Hellman and R. P. Hellman：Intensity discrimination as the driving force for loudness：Application to pure tones in quiet, J. Acoust. Soc. Am., **87**, pp. 1255–1265 (1990)

52) E. D. Young：Neural representation of spectral and temporal information in speech, Phil. Trans. R. Soc. B, **363**, pp. 923–945 (2008)

53) N. F. Viemeister：Auditory intensity discrimination at high frequencies in the presence of noise, Science, **221**, pp. 1206–1208 (1983)

54) D. M. Green and J. A. Swets：Signal Detection Theory and Psychophysics, Krieger (1974)

55) M. C. Teich and S. M. Khanna：Pulse–number distribution for the neural spike train in the cat's auditory nerve, J. Acoust. Soc. Am., **77**, pp. 1110–1128 (1985)

56) N. F. Viemeister：Intensity coding and the dynamic range problem, Hear. Res., **34**, pp. 267–274 (1988)

57) R. N. Shepard：Geometrical approximations to the structure of musical pitch, Psychol. Rev., **89**, pp. 305–333 (1982)

58) R. J. Ritsma：Frequencies dominant in the perception of the pitch of complex sounds, J. Acoust. Soc. Am., **42**, pp. 191–198 (1967)

59) H. Miyazono, B. R. Glasberg, and B. C. J. Moore：Dominant region for pitch at low fundamental frequencies (F0)：The effect of fundamental frequency, phase and temporal structure, Acoust. Sci. Tech., **30**, pp. 161–169 (2009)

60) E. M. Burns and N. F. Viemeister：Nonspectral pitch, J. Acoust. Soc. Am., **60**, pp. 863–869 (1976)

61) C. J. Plack and A. J. Oxenham："The psychophysics of pitch," in Pitch：Neural coding and perception, C. J. Plack, A. J. Oxenham, R. R. Fay, and A. N. Popper, Eds., ed, pp. 7–55, Springer (2005)

62) W. E. Fedderse, T. T. Sandel, D. C. Teas, and L. A. Jeffress：Localization of high–frequency tones, J. Acoust. Soc. Am., **29**, pp. 988–991 (1957)

63) E. A. Macpherson and J. C. Middlebrooks：Listener weighting of cues for lateral angle：the duplex theory of sound localization revisited, J. Acoust. Soc. Am., **111**, pp. 2219–2236 (2002)

64) 飯田一博，頭部伝達関数の基礎と３次元音響システムへの応用，コロナ社 (2017)

65）S. R. Oldfield and S. P. Parker：Acuity of sound localisation：a topography of auditory space. II. Pinna cues absent, Perception, **13**, pp. 601-617（1984）

66）A. J. Kolarik, B. C. J. Moore, P. Zahorik, S. Cirstea, and S. Pardhan：Auditory distance perception in humans：a review of cues, development, neuronal bases, and effects of sensory loss, Atten. Percept. Psychophys., **78**, pp. 373-395（2016）

67）D. S. Brungart and W. M. Rabinowitz：Auditory localization of nearby sources. Head-related transfer functions, J. Acoust. Soc. Am., **106**, pp. 1465-1479（1999）

68）M. D. Good and R. H. Gilkey：Sound localization in noise：the effect of signal-to-noise ratio, J. Acoust. Soc. Am., **99**, pp. 1108-1117（1996）

69）K. Saberi, L. Dostal, T. Sadralodabai, V. Bull, and D. R. Perrott, Free-field release from masking, J. Acoust. Soc. Am., **90**, pp. 1355-1370（1991）

70）L. A. Jeffress, H. C. Blodgett, and B. H. Deatherage：The masking of tones by white noise as a function of the interaural phases of both components. I. 500 cycles, J. Acoust. Soc. Am., **24**, pp. 523-527（1952）

71）A. S. Bregman：Auditory Scene Analysis：The Perceptual Organization of Sound, MIT Press（1990）

72）L. P. A. S. van Noorden：Temporal coherence in the perception of tone sequences, Ph. D. Thesis, Eindhoven University of Technology（1975）

73）D. Pressnitzer and J.-M. Hupé：Temporal dynamics of auditory and visual bistability reveal common principles of perceptual organization, Curr. Biol, **16**, pp. 1351-1357（2006）

74）H. M. Kondo and M. Kashino：Involvement of the thalamocortical loop in the spontaneous switching of percepts in auditory streaming, J. Neurosci., **29**, pp. 12695-12701,（2009）.

75）E. C. Cherry：Some experiments on the recognition of speech, with one and with two Ears, J. Acoust. Soc. Am., **25**, pp. 975-979（1953）

76）L. N. Solomon：Semantic approach to the perception of complex sounds, J. Acoust. Soc. Am., **30**, pp. 421-425（1958）

77）曽根敏夫，城戸健一，二村忠元：音の評価に使われることばの分析，日本音響学会誌, **18**, pp. 320-326（1962）

78）M. Kashino：Phonemic restoration：The brain creates missing speech sounds, Acoust. Sci. and Tech., **27**, pp. 318-321（2006）

79）R. V. Shannon, F. -G. Zeng, V. Kamath, J. Wygonski, and M. Ekelid：Speech recognition with primarily temporal cues, Science, **270**, pp. 303-304（1995）

80）J. C. R. Licklider and I. Pollack：Effects of differentiation, integration, and infinite peak clipping upon the intelligibility of speech, J. Acoust. Soc. Am., **20**, pp. 42–51（1948）

81）A. M. Liberman, F. S. Cooper, D. P. Shankweiler, and M. Studdert–Kennedy：Perception of the speech code, Psychol. Rev., **74**, pp. 431–461（1967）

82）A. M. Liberman：Some results of research on speech perception, J. Acoust. Soc. Am., **29**, pp. 117–123（1957）

83）A. M. Liberman and I. G. Mattingly：The motor theory of speech perception revised, Cognition, **21**, pp. 1–36（1985）

84）柏野牧夫：音声知覚の運動理論をめぐって，日本音響学会誌，**62**, pp. 391–396（2006）

4章 音の信号処理

◆本章のテーマ

現在の音響学では，計算機の利用は不可欠であり，計算機を用いた信号処理技術が，その発展を支えているといっても過言ではない。本章では，音響学で用いられるディジタル信号処理技術を概観し，簡潔な記述を試みる。

まず，音をディジタル化する方法について述べた後，離散時間システムの概念を導入し，音響信号を計算機処理する際に必要となる窓関数と重畳加算法について解説する。また，音声の分析に用いられる線形予測を概説し，あわせて偏相関係数を導入する。最後に，楽音の分析に用いられている修正離散コサイン変換に基づく完全再構成分析合成系について述べる。

◆本章の構成（キーワード）

4.1　音のディジタル化

　標本化，量子化，フーリエ変換

4.2　離散時間システムと z 変換

　線型シフト不変システム，伝達関数，窓関数，重畳加算法

4.3　音声の分析法

　全極モデル，線形予測，Levinson-Durbin アルゴリズム

4.4　楽音の分析法

　直交ミラーフィルタ，修正離散コサイン変換，完全再構成分析合成

4.1 音のディジタル化

ディジタル信号処理の基本である，音響信号をディジタル化する方法について述べる。

4.1.1 標本化と量子化

音響信号は，時間軸の離散化と振幅の離散化を経て，ディジタル信号となる。前者を**標本化**（sampling），後者を**量子化**（quantization）と呼ぶ。

〔1〕 **標　本　化**　　連続変数 t の関数 $x_a(t)$ から

$$x(n)=x_a(nT) \tag{4.1}$$

によって数列 $x(n)$ を得る操作を標本化という。本章では，n で離散時間を表す。式 (4.1) において T を**標本化周期**（sampling period），$1/T$ を**標本化周波数**（sampling frequency）と呼ぶ。標本化の様子を**図 4.1** に示す。標本化の結果，信号は数列とみなすことができる。

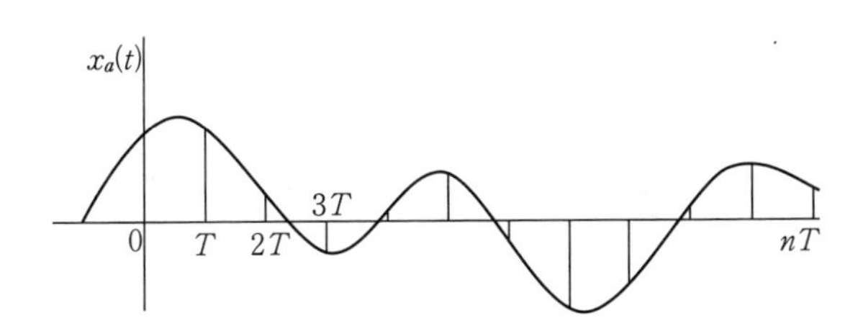

（a） 連続時間信号

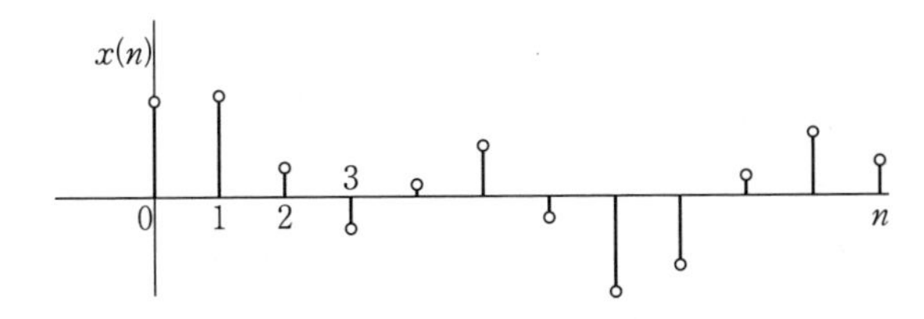

（b） 標本化された信号

図 4.1　連続時間信号の標本化

〔2〕 **量　子　化**　　量子化とは，標本化された数列の振幅を，離散的な数値で表現することを指す。この様子を**図 4.2** に示す。元の振幅と量子化された振幅の差を量子化誤差と呼ぶ。

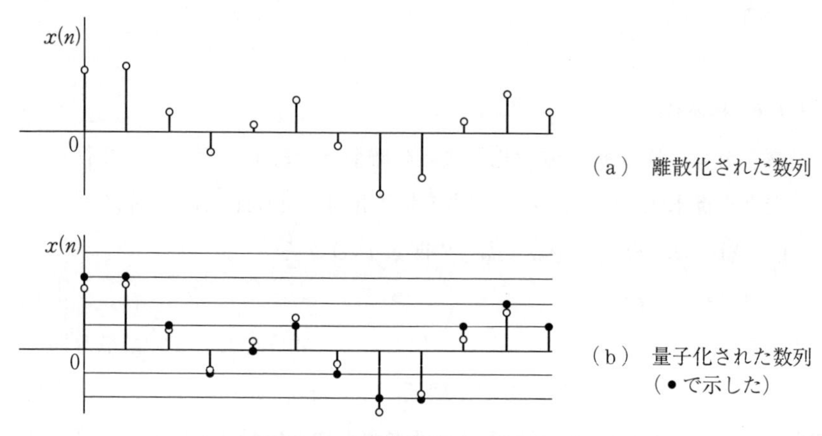

図 4.2　連続振幅数列の量子化

4.1.2 離散時間信号のフーリエ変換

2.5.1 項で，連続時間信号に対するフーリエ変換（2.125）を定義した。ここでは，離散時間信号（数列）$x(n)$ に対して，フーリエ変換を

$$X(e^{i\omega})=\sum_{n=-\infty}^{\infty}x(n)e^{-i\omega n} \tag{4.2}$$

で定義する。式 (4.2) の $X(e^{i\omega})$ を**離散スペクトル**と呼ぶ。一方，式 (4.2) に対する逆変換は

$$x(n)=\frac{1}{2\pi}\int_{-\pi}^{\pi}X(e^{i\omega})e^{i\omega n}d\omega \tag{4.3}$$

で与えられる。なお，式 (4.2)，(4.3) での ω は角周波数〔rad/s〕ではなく，角度〔rad〕であることに注意されたい。

4.1.3 標本化の数理

2.5.1 項で定義した連続関数 $x_a(t)$ のフーリエ変換対を，再掲する。

$$X_a(\Omega)=\int_{-\infty}^{\infty} x_a(t)e^{-i\Omega t}dt, \tag{4.4}$$

$$x_a(t)=\frac{1}{2\pi}\int_{-\infty}^{\infty} X_a(\Omega)e^{i\Omega t}d\Omega. \tag{4.5}$$

ここに，離散時間信号のフーリエ変換（4.3）における角度と，連続時間信号のフーリエ変換（4.5）における角周波数を区別するため，式 (4.5) の角周波数を Ω で表した。式 (4.4) の $X_a(\Omega)$ を，**連続スペクトル**と呼ぶ。

式 (4.1) と式 (4.5) より

$$x(n)=x_a(nT)=\frac{1}{2\pi}\int_{-\infty}^{\infty} X_a(\Omega)e^{i\Omega nT}d\Omega=\frac{1}{2\pi}\sum_{m=-\infty}^{\infty}\int_{(2m-1)\pi/T}^{(2m+1)\pi/T} X_a(\Omega)e^{i\Omega nT}d\Omega$$

$$=\frac{1}{2\pi}\sum_{m=-\infty}^{\infty}\int_{-\pi/T}^{\pi/T} X_a\left(\lambda+\frac{2\pi m}{T}\right)e^{i\left(\lambda+\frac{2\pi m}{T}\right)nT}d\lambda$$

$$=\frac{1}{2\pi}\int_{-\pi/T}^{\pi/T}\sum_{m=-\infty}^{\infty} X_a\left(\lambda+\frac{2\pi m}{T}\right)e^{i\lambda nT}e^{i2\pi mn}d\lambda$$

$$=\frac{1}{2\pi}\int_{-\pi/T}^{\pi/T}\left[\sum_{m=-\infty}^{\infty} X_a\left(\lambda+\frac{2\pi m}{T}\right)\right]e^{i\lambda nT}d\lambda$$

$$=\frac{1}{2\pi}\int_{-\pi}^{\pi}\left[\frac{1}{T}\sum_{m=-\infty}^{\infty} X_a\left(\frac{\omega}{T}+\frac{2\pi m}{T}\right)\right]e^{i\omega n}d\omega$$

が成り立つ。ここに，上式の2行目では λ を $\Omega-2\pi m/T$ とおき，最後の行では λT を ω とおいた。また，4行目では $e^{i2\pi mn}=1$ を用いた。結局，上式より

$$x(n)=\frac{1}{2\pi}\int_{-\pi}^{\pi}\left[\frac{1}{T}\sum_{m=-\infty}^{\infty} X_a\left(\frac{\omega}{T}+\frac{2\pi m}{T}\right)\right]e^{i\omega n}d\omega \tag{4.6}$$

が成り立つ。得られた式 (4.6) を式 (4.3) と比較すれば，連続スペクトルと離散スペクトルの関係式

$$X(e^{i\omega})=\frac{1}{T}\sum_{m=-\infty}^{\infty} X_a\left(\frac{\omega}{T}+\frac{2\pi m}{T}\right)$$

$$=\frac{1}{T}\left\{\cdots+X_a\left(\frac{\omega}{T}-\frac{2\pi}{T}\right)+X_a\left(\frac{\omega}{T}\right)+X_a\left(\frac{\omega}{T}+\frac{2\pi}{T}\right)+\cdots\right\} \tag{4.7}$$

を得る。

いま，連続スペクトルの帯域が $\pm\Omega_0/2$ であるとする。このとき**図 4.3** に示すように，$\Omega_0T/2<\pi$ であれば，$-\pi\leqq\omega\leqq\pi$ の区間で $X(e^{i\omega})$ は $X_a(\omega/T)$ と等しくなる†。そこで，$\Omega_0T/2<\pi$ の場合について，連続関数 $x_a(t)$ と数列 $x(n)$ の関係を調べる。図 4.3 の（a）と（b）を比較すればわかるとおり

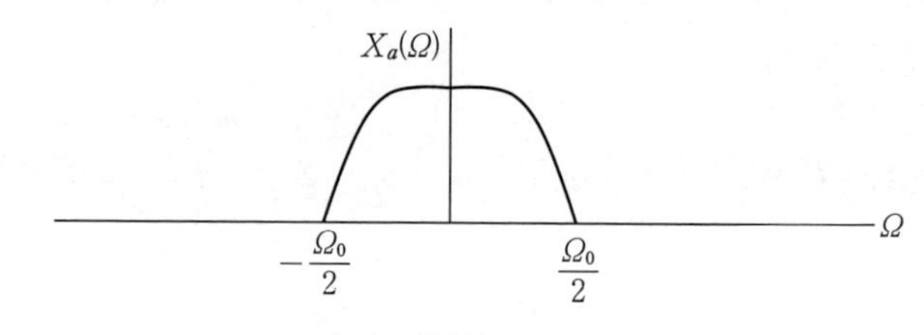

（a） 連続スペクトル

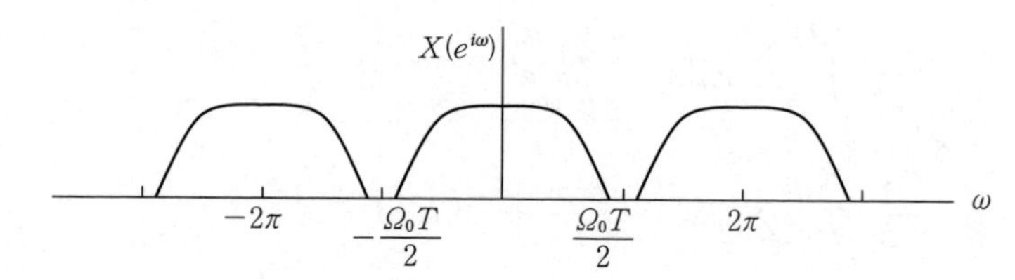

（b） $\frac{\Omega_0T}{2}<\pi$ の場合の離散スペクトル

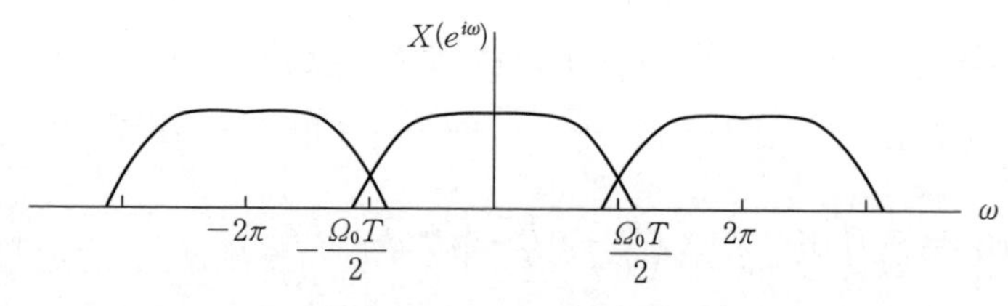

（c） $\frac{\Omega_0T}{2}>\pi$ の場合の離散スペクトル

図 4.3　連続スペクトルと離散スペクトルの関係

---

† 前述のように ω は角度であるため、角周波数は ω/T で表される。

$$X(e^{i\omega}) = \frac{1}{T} X_a\left(\frac{\omega}{T}\right), \qquad -\pi \leqq \omega \leqq \pi \tag{4.8}$$

が成り立つ。したがって，式 (4.5) と式 (4.8) より

$$x_a(t) = \frac{1}{2\pi} \int_{-\frac{\pi}{T}}^{\frac{\pi}{T}} X_a\left(\frac{\omega}{T}\right) e^{i\frac{\omega}{T}t} d\left(\frac{\omega}{T}\right) = \frac{1}{2\pi} \int_{-\pi}^{\pi} X(e^{i\omega}) e^{i\frac{\omega}{T}t} d\omega \tag{4.9}$$

を得る。一方，式 (4.2) と式 (4.1) より

$$X(e^{i\omega}) = \sum_{n=-\infty}^{\infty} x(n) e^{-i\omega n} = \sum_{n=-\infty}^{\infty} x_a(nT) e^{-i\omega n} \tag{4.10}$$

である。そこで，式 (4.10) を式 (4.9) に代入すれば

$$\begin{aligned}
x_a(t) &= \frac{1}{2\pi} \int_{-\pi}^{\pi} \left\{ \sum_{n=-\infty}^{\infty} x_a(nT) e^{-i\omega n} \right\} e^{i\frac{\omega}{T}t} d\omega \\
&= \sum_{n=-\infty}^{\infty} x_a(nT) \left\{ \frac{1}{2\pi} \int_{-\pi}^{\pi} e^{i\omega\left(\frac{t}{T}-n\right)} d\omega \right\} \\
&= \sum_{n=-\infty}^{\infty} x_a(nT) \frac{1}{2\pi} \left[\frac{1}{i\left(\frac{t}{T}-n\right)} e^{i\omega\left(\frac{t}{T}-n\right)} \right]_{-\pi}^{\pi} \\
&= \sum_{n=-\infty}^{\infty} x_a(nT) \frac{T}{\pi(t-nT)} \frac{1}{2i} \left\{ e^{i\pi\left(\frac{t}{T}-n\right)} - e^{-i\pi\left(\frac{t}{T}-n\right)} \right\} \\
&= \sum_{n=-\infty}^{\infty} x_a(nT) \frac{T}{\pi(t-nT)} \sin\left(\frac{\pi}{T}(t-nT)\right).
\end{aligned}$$

上式と式 (4.1) より，標本化された数列から連続変数 t の関数を得る補間公式は

$$x_a(t) = \sum_{n=-\infty}^{\infty} x(n) \frac{\sin\left(\frac{\pi}{T}(t-nT)\right)}{\frac{\pi}{T}(t-nT)} \tag{4.11}$$

で与えられる。ただし，この補間が可能なのは，条件 $\Omega_0 T/2 < \pi$ を満たす場合に限る。

最後に，時間軸を離散化すれば周波数スペクトルは周期的となり，周波数軸を離散化すれば時間波形は周期的になることを示そう。標本化周波数 $1/T$ を

f_s で表し，m 番目のサンプルに対応する時刻 t_m を

$$t_m = mT = \frac{m}{f_s} \tag{4.12}$$

とする。このとき，周波数 f の複素正弦信号の m 番目のサンプル値は $e^{i2\pi f t_m}$ で表され，周波数 $f+nf_s$ の複素正弦信号の m 番目のサンプル値は $e^{i2\pi(f+nf_s)t_m}$ で表される。ここに，n は整数を表す。ところが

$$e^{i2\pi(f+nf_s)\,t_m} = e^{i2\pi f\frac{m}{f_s}+i2\pi nf_s\frac{m}{f_s}} = e^{i2\pi f\frac{m}{f_s}+i2\pi nm} = e^{i2\pi f\frac{m}{f_s}} \cdot e^{i2\pi nm} = e^{i2\pi f t_m}$$

により，これらのサンプル値は等しい。すなわち，標本化周波数 f_s で標本化すれば，周波数 f のスペクトルと周波数 $f+nf_s$ のスペクトルが等しくなる。これは，周波数スペクトルが周期 f_s の周期関数であることを意味する。一方，周波数軸を f_0 間隔で離散化すれば，すべての周波数は f_0 の整数倍で表される。このことは，時間波形が周期 $1/f_0$ の周期関数になっていることを意味する。

4.2　離散時間システムと z 変換

本節では，離散時間信号を扱うシステムについて述べる。ここで述べる離散時間信号とは，時間的には離散化されているが，振幅は連続な信号を指す。すなわち，標本化はされたが，量子化されていない信号である。

4.2.1　離散時間信号と線形シフト不変システム

前節と同様，本節でも，離散時間信号を数列として扱う。**図 4.4** に離散時間信号の例を示す。

以下，2つの特徴的な信号，すなわち**単位サンプル数列**（unit sample sequence）と**単位ステップ数列**（unit step sequence）を導入する。単位サンプル数列は

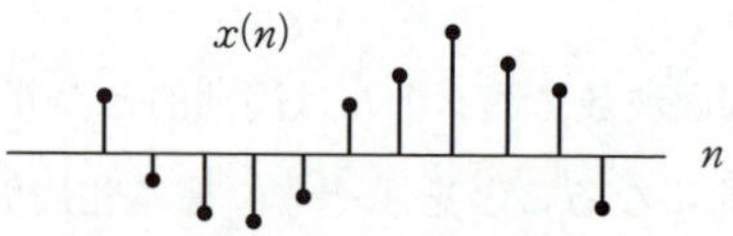

図 4.4　離散時間信号

$$\delta(n)=\begin{cases}1, & n=0,\\ 0, & n\neq 0\end{cases} \tag{4.13}$$

で，単位ステップ数列は

$$u(n)=\begin{cases}1, & n\geqq 0,\\ 0, & n<0\end{cases} \tag{4.14}$$

で定義される。**図 4.5** と**図 4.6** に，それぞれ，単位サンプル数列と単位ステップ数列を示す。

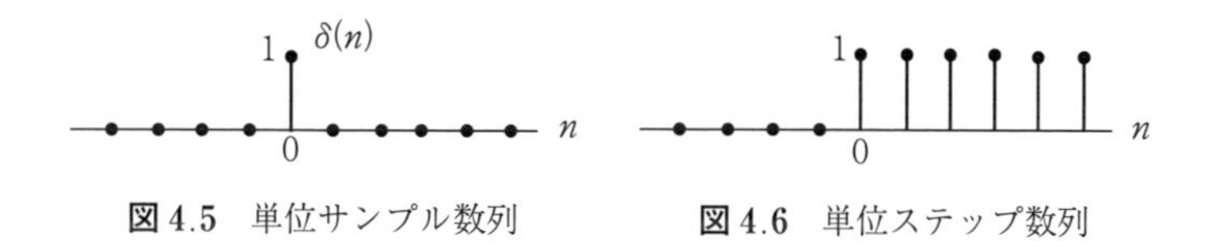

図 4.5　単位サンプル数列　　**図 4.6**　単位ステップ数列

離散時間システム（以下単にシステムと記す）は，**図 4.7** に示すように，入力数列 $x(n)$ を出力数列 $y(n)$ に写す写像と考えられる。すなわち

$$y(n)=F[x(n)]. \tag{4.15}$$

システムのうち，**線形システム**（linear system）とは，入力 $x_1(n)$ に対する出力が $y_1(n)$，入力 $x_2(n)$ に対する出力が $y_2(n)$ のとき

$$F[ax_1(n)+bx_2(n)]=aF[x_1(n)]+bF[x_2(n)]=ay_1(n)+by_2(n) \tag{4.16}$$

を満たすシステムのことである。一方，**シフト不変システム**（shift-invariant system）とは

$$y(n)=F[x(n)] \quad \Rightarrow \quad \forall\tau\in N, \quad y(n+\tau)=F[x(n+\tau)]$$

を満たすシステムを指す。シフト不変システムは，連続時間における時不変システムに対応する。本章では，これらの２つの性質を併せ持つシステム，すなわち**線形シフト不変システム**を扱う。

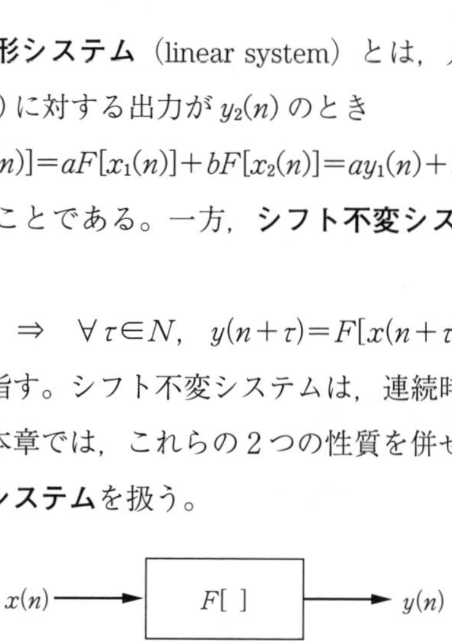

$x(n)$ → $F[\ ]$ → $y(n)$

図 4.7　離散時間システム

4.2.2 システム応答

任意の数列 $x(n)$ は，単位サンプル数列を用いて，次式で表すことができる。

$$x(n)=\sum_{k=-\infty}^{\infty} x(k)\delta(n-k). \tag{4.17}$$

式 (4.17) で表された数列 $x(n)$ を，線形シフト不変システムに入力した場合の出力 $y(n)$ を調べてみよう。式 (4.15) に式 (4.17) を代入し，式 (4.16) に示した線形性を考慮すれば

$$y(n)=F[x(n)]=F\left[\sum_{k=-\infty}^{\infty} x(k)\delta(n-k)\right]=\sum_{k=-\infty}^{\infty} x(k)F[\delta(n-k)] \tag{4.18}$$

を得る。いま，システムに単位サンプル数列 $\delta(n)$ を入力したときの出力を $h(n)$ で表し，**インパルス応答**（impulse response）と呼ぶ。すなわち

$$h(n)=F[\delta(n)].$$

シフト不変性を考慮して，式 (4.18) にこの記法を導入すれば

$$y(n)=\sum_{k=-\infty}^{\infty} x(k)h(n-k) \tag{4.19}$$

を得る。すなわち，システムの出力は，入力とインパルス応答がわかれば計算できる。なお，式 (4.19) は**たたみ込み和**（convolution sum）と呼ばれる。

4.2.3 z 変 換

離散フーリエ変換の変換対は，式 (4.2)，(4.3) より

$$X(e^{i\omega})=\sum_{n=-\infty}^{\infty} x(n)e^{-i\omega n},$$

$$x(n)=\frac{1}{2\pi}\int_{-\pi}^{\pi} X(e^{i\omega})e^{i\omega n}d\omega$$

で表された。これに対して，**z 変換**（z-transform）を

$$X(z)=\sum_{n=-\infty}^{\infty} x(n)z^{-n} \tag{4.20}$$

で定義する。このとき，逆 z 変換は，複素解析におけるコーシーの積分定理により

$$x(n)=\oint_C X(z)z^{n-1}dz \tag{4.21}$$

で与えられる。ここに，C は原点を反時計方向に回る閉積分路である。式 (4.20) と式 (4.21) を z 変換の変換対と呼ぶ。

複素数 z の実数部を横軸に取り，z の虚数部を縦軸に取ったグラフを z 平面と呼ぶ。複素数 z を極座標形式 $z=re^{i\omega}$ で表せば，$r=1$ のとき（$|z|=1$ のとき）z 変換は離散的フーリエ変換に一致する。したがって，**図 4.8** に示すように，z 平面の単位円は周波数軸を表す。ここで，4.1.3 項の議論を思い出してほしい。図 4.8 において，ある角度 $\omega(0\leqq\omega\leqq 2\pi)$ を考えると，$\omega+2n\pi, n=0, \pm1, \pm2, \cdots$ は同じ点を指す。したがって，これらの点では $X(e^{i\omega})$ の値は一致する。この状況は，図 4.3（b）に示したとおりである。補間公式 (4.11) で補間可能なのは，条件 $\Omega_0 T/2<\pi$ を満たす場合に限られた。この上限周波数を

$$f_{\max}=\frac{1}{2\pi}\frac{\Omega_0}{2}=\frac{\Omega_0}{4\pi}$$

で表し，標本化周波数を $f_s=1/T$ とすれば

$$\frac{\Omega_0 T}{2}=\frac{4\pi f_{\max} T}{2}<\pi$$

より

$$f_{\max}<\frac{1}{2T}=\frac{f_s}{2}$$

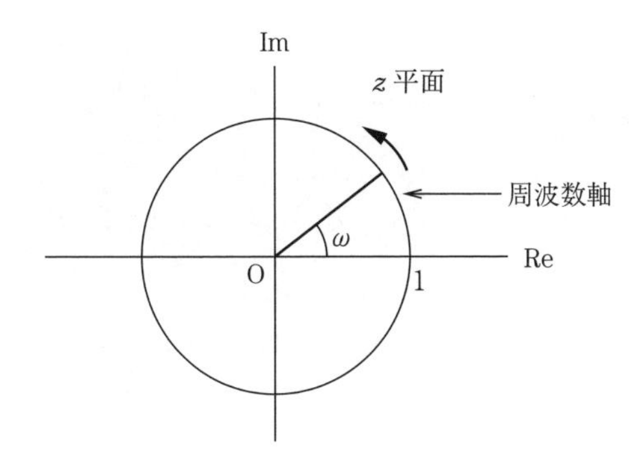

図 4.8 z 平 面

を得る。これは，標本化定理に他ならない。また，角周波数πが，標本化定理を満たす上限の角周波数を与えることより，$\omega=2\pi$がサンプリング周波数に対応することもわかる。

以下，数列

$$x(n)=a^n u(n)$$

のz変換を求めてみよう。このような数列は，指数数列と呼ばれ，**図 4.9** に示すように，$a<1$ のとき $n\to\infty$ で収束し，$a\geqq 1$ のときに発散する。この数列のz変換は

$$X(z)=\sum_{n=-\infty}^{\infty}a^n u(n)z^{-n}=\sum_{n=0}^{\infty}a^n z^{-n}=\sum_{n=0}^{\infty}(az^{-1})^n$$

より，等比数列となる。この等比数列が収束するのは，$|z|>|a|$ の場合であり

$$X(z)=\frac{1}{1-az^{-1}}=\frac{z}{z-a}$$

で与えられる。この場合，$|z|>|a|$ を満たす領域を収束領域と呼ぶ。また，$z=a$ の点で $X(z)$ は無限大となる。点 $z=a$ を $X(z)$ の**極**（pole）と呼ぶ。一方 $z=0$ のとき $X(z)=0$ となるため，原点を $X(z)$ の**零点**（zero）と呼ぶ。極は共振点に対応し，零点は反共振点に対応する。指数数列のz変換における収束領域を，**図 4.10** に示す。

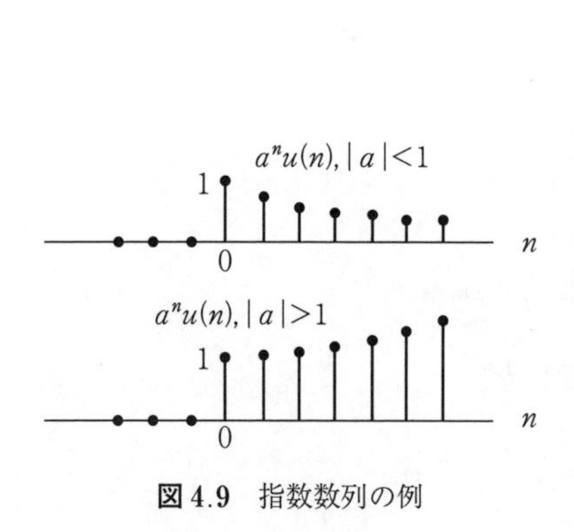

図 4.9　指数数列の例

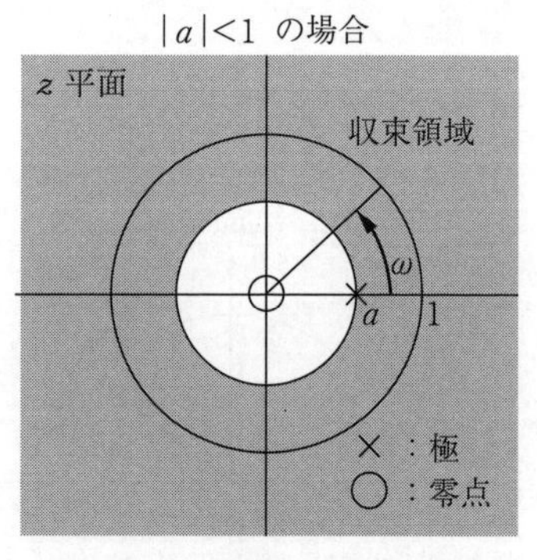

図 4.10　指数数列のz変換における収束領域

いま，a を実数とする。z 平面の単位円は周波数軸を表すことから，$X(z)$ の単位円上の値は，その周波数応答を表す。この場合について，周波数応答の絶対値 $|X(e^{i\omega})|$，すなわち，振幅周波数特性を調べてみよう。$|X(e^{i\omega})|$ を計算すれば

$$|X(e^{i\omega})| = \frac{|e^{i\omega}|}{|e^{i\omega}-a|} = \frac{1}{|\cos\omega - a + i\sin\omega|} = \frac{1}{\sqrt{(\cos\omega-a)^2+\sin^2\omega}}$$

$$= \frac{1}{\sqrt{1+a^2-2a\cos\omega}}$$

を得る。得られた振幅周波数特性の $\omega=0, \pi/2, \pi$ に対する値を，$a=1, 1/2, 1/4$ の場合について，**表 4.1** に示した。$a=1$ の場合は，極が単位円上にあるので，$\omega=0$ の場合に，振幅周波数特性は∞となる。a が小さくなると，極は実軸上を原点に向かって移動し，極と単位円との距離が広がるため，振幅周波数特性のピークは抑制されていく。$a=1/2$ の場合の振幅周波数特性を**図 4.11** に示す。図 4.11 よりわかるとおり，極に近い $\omega=0$ の点で振幅周波数特性の値は最大値を取り，ω が増加するに従ってその値は減少する。

表 4.1　数列 $x(n)=a^n u(n)$ の周波数特性

ω	f	$\|X(e^{i\omega})\|$	$a=1$	$a=\frac{1}{2}$	$a=\frac{1}{4}$
0	0	$\frac{1}{1-a}$	∞	2	$\frac{4}{3}$
$\frac{\pi}{2}$	$\frac{f_s}{4}$	$\frac{1}{\sqrt{1+a^2}}$	$\frac{1}{\sqrt{2}}$	$\frac{2}{\sqrt{5}}$	$\frac{4}{\sqrt{17}}$
π	$\frac{f_s}{2}$	$\frac{1}{1+a}$	$\frac{1}{2}$	$\frac{2}{3}$	$\frac{4}{5}$

f_s：サンプリング周波数

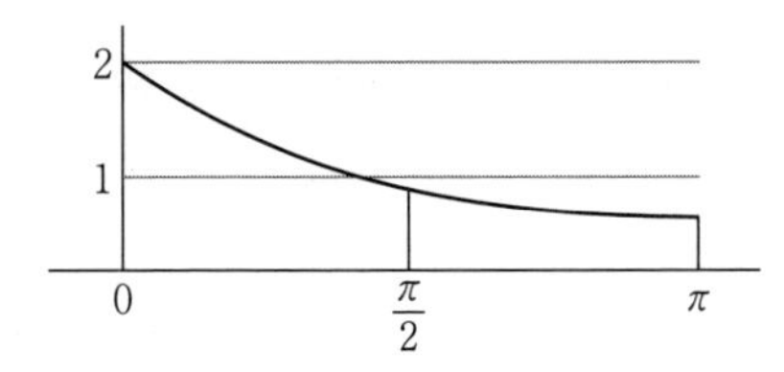

図 4.11　$x(n)=\left(\frac{1}{2}\right)^n u(n)$ の振幅周波数特性

4.2.4 伝達関数

システム応答の式 (4.19)，すなわち

$$y(n)=\sum_{k=-\infty}^{\infty}x(k)h(n-k)$$

を z 変換する。z 変換の定義より

$$\begin{aligned}Y(z)&=\sum_{n=-\infty}^{\infty}y(n)z^{-n}=\sum_{n=-\infty}^{\infty}\left[\sum_{k=-\infty}^{\infty}x(k)h(n-k)\right]z^{-n}\\&=\sum_{k=-\infty}^{\infty}x(k)\sum_{n=-\infty}^{\infty}h(n-k)z^{-n}\\&=\sum_{k=-\infty}^{\infty}x(k)\sum_{m=-\infty}^{\infty}h(m)z^{-(m+k)}=\sum_{k=-\infty}^{\infty}x(k)z^{-k}\sum_{m=-\infty}^{\infty}h(m)z^{-m}\\&=H(z)X(z)\end{aligned}$$

を得る。なお，式の途中で $m=n-k$ とおいた。これより，システムの入出力関係を記述する式

$$Y(z)=H(z)X(z) \tag{4.22}$$

を得る。上式において，インパルス応答 $h(n)$ の z 変換 $H(z)$ をシステムの**伝達関数**（transfer function）と呼ぶ。遅延素子 $y(n)=x(n-1)$ の伝達関数を求めてみよう。

$$Y(z)=\sum_{n=-\infty}^{\infty}x(n-1)z^{-n}=\sum_{m=-\infty}^{\infty}x(m)z^{-(m+1)}=z^{-1}X(z)$$

より，遅延素子の伝達関数は，z^{-1} で表される。

一般に，伝達関数は z の有理関数で表される。すなわち

$$H(z)=\frac{K\sum_{k=0}^{q}b_kz^{-k}}{1+\sum_{k=1}^{p}a_kz^{-k}}. \tag{4.23}$$

式 (4.23) において，分子を定数 K のみで近似したモデルを**全極モデル**（all pole model）と呼ぶ。すなわち，全極モデルの伝達関数は

$$H(z)=\frac{K}{1+\sum_{k=1}^{p}a_kz^{-k}} \tag{4.24}$$

で表される。式 (4.24) よりわかるとおり，全極モデルは，零点がないモデルである。これに対して，零点があり極のないモデルを全零点モデルと呼ぶ。

さて，全極モデル

$$H(z)=\frac{1}{1+az^{-1}}$$

を考える。この式の右辺は

$$\frac{1}{1+az^{-1}}=1-az^{-1}+a^2z^{-2}-a^3z^{-3}+\cdots$$

と無限級数で展開できる。つまり，全極モデルは，無限個の零点を持つ全零点モデルによっても表現できる。同様に，全零点モデルは，無限個の極を持つ全極モデルで表現できる。

4.2.5 アップサンプリングとダウンサンプリング

伝達関数の例として，アップサンプリングとダウンサンプリングを求める。このため，まずは，補題を証明する。

【補題 4.1】 m，n が整数のとき

$$\frac{1}{K}\sum_{r=0}^{K-1}e^{\frac{i2\pi rm}{K}}=\delta_{m,nK}=\begin{cases}1, & m=nK,\\ 0, & m\neq nK\end{cases} \tag{4.25}$$

が成り立つ。

証明 $m=nK$ の場合，上式の左辺を計算すれば

$$\frac{1}{K}\sum_{r=0}^{K-1}e^{\frac{i2\pi rm}{K}}=\frac{1}{K}\sum_{r=0}^{K-1}e^{i2\pi rn}=\frac{1}{K}\sum_{r=0}^{K-1}1=1$$

を得る。一方，$m\neq nK$ の場合

$$\frac{1}{K}\sum_{r=0}^{K-1}e^{\frac{i2\pi rm}{K}}=\frac{1}{K}\left\{1+e^{\frac{i2\pi m}{K}}+\left(e^{\frac{i2\pi m}{K}}\right)^2+\cdots+\left(e^{\frac{i2\pi m}{K}}\right)^{K-1}\right\}$$

$$=\frac{1}{K}\cdot\frac{1-\left(e^{\frac{i2\pi m}{K}}\right)^K}{1-e^{\frac{i2\pi m}{K}}}=\frac{1}{K}\cdot\frac{1-e^{i2\pi m}}{1-e^{\frac{i2\pi m}{K}}}=0$$

が成り立つ。以上により，補題が証明された。◇

さて，入力数列から K 個おきにデータを取り出して出力することを，$1/K$ ダウンサンプリングと呼ぼう。この操作を，数式で表現すれば

$$y(n)=x(nK)$$

となる。この式を z 変換すれば

$$\begin{aligned}Y(z)&=\sum_{n=-\infty}^{\infty}y(n)z^{-n}=\sum_{n=-\infty}^{\infty}x(nK)z^{-n}=\sum_{m=-\infty}^{\infty}x(m)z^{-\frac{m}{K}}\delta_{m,nK}\\&=\sum_{m=-\infty}^{\infty}x(m)\left(z^{\frac{1}{K}}\right)^{-m}\left(\frac{1}{K}\sum_{r=0}^{K-1}e^{\frac{i2\pi rm}{K}}\right)=\frac{1}{K}\sum_{r=0}^{K-1}\sum_{m=-\infty}^{\infty}x(m)\left(z^{\frac{1}{K}}e^{-\frac{i2\pi r}{K}}\right)^{-m}\\&=\frac{1}{K}\sum_{r=0}^{K-1}X\left(z^{\frac{1}{K}}e^{-\frac{i2\pi r}{K}}\right)\end{aligned}$$

より

$$Y(z)=\frac{1}{K}\sum_{r=0}^{K-1}X\left(z^{\frac{1}{K}}e^{-\frac{i2\pi r}{K}}\right) \tag{4.26}$$

を得る。特に，$K=2$ のとき

$$Y(z)=\frac{1}{2}\left\{X\left(z^{\frac{1}{2}}\right)+X\left(-z^{\frac{1}{2}}\right)\right\} \tag{4.27}$$

を得る。

一方，入力数列の各サンプルの間に $K-1$ 個ずつの 0 データを挿入することを，K 倍アップサンプリングと呼ぶ。K 倍アップサンプリングは

$$y(n)=x(m)\delta_{n,mK}$$

で表される。z 変換の計算

$$Y(z)=\sum_{n=-\infty}^{\infty}y(n)z^{-n}=\sum_{m=-\infty}^{\infty}x(m)z^{-mK}=\sum_{m=-\infty}^{\infty}x(m)(z^{K})^{-m}=X(z^{K})$$

より，K 倍アップサンプリングの伝達関数は

$$Y(z)=X(z^{K}) \tag{4.28}$$

で表される。

4.2.6 離散フーリエ変換と離散コサイン変換

式 (4.2) で示した離散時間信号のフーリエ変換では，離散スペクトル $X(e^{i\omega})$ は連続関数であった。一方，計算機で処理する場合には，周波数スペクトルも離散関数である必要がある。時間軸，周波数軸も離散的な場合のフーリエ変換を，**離散フーリエ変換**（discrete Fourier transform, DFT）と呼ぶ。離散フーリエ変換の変換対は

$$X(k)=\begin{cases}\sum_{n=0}^{N-1}x(n)e^{-i\frac{2\pi}{N}kn}, & 0\leqq k\leqq N-1,\\ 0, & \text{その他の}k,\end{cases}$$

$$x(n)=\begin{cases}\frac{1}{N}\sum_{k=0}^{N-1}X(k)e^{i\frac{2\pi}{N}kn}, & 0\leqq n\leqq N-1,\\ 0, & \text{その他の}n\end{cases} \tag{4.29}$$

で表される。この場合には，時間軸，周波数軸とも離散化されているため，時間関数，周波数スペクトルともに周期信号になっている。そこで，離散的フーリエ変換では，区間 $[0, N-1]$ の値のみを考える。

式 (4.29) の複素正弦関数の代わりに，余弦関数を用いたものを**離散コサイン変換**（discrete cosine transform, DCT）と呼ぶ。離散コサイン変換に関していくつかの変換公式が提案されているが，よく利用されているのは

$$X(k)=C(k)\sum_{n=0}^{N-1}x(n)\cos\frac{(2n+1)k\pi}{2N},$$

$$x(n)=\frac{2}{N}\sum_{k=0}^{N-1}C(k)X(k)\cos\frac{(2n+1)k\pi}{2N} \tag{4.30}$$

で表される変換式である。ここに，係数 $C(k)$ は

$$C(k)=\begin{cases}\frac{1}{\sqrt{2}}, & k=0,\\ 1, & k=1, 2, \cdots, N-1\end{cases}$$

で与えられる。離散コサイン変換においても区間 $[0, N-1]$ の値のみを考えるが，式 (4.29) のような区間外の表記を用いないのが一般的である。

4.2.7 窓関数

ディジタル信号処理では，演算量などの制約から一度に処理する信号の長さを短くするため，処理すべき信号を一定長に分割する。また，短い時間区間に分割して周波数分析を行えば，周波数スペクトルの時間的な変化を観察することができる。観測信号から短時間波形を切り取るための関数を**窓関数**（window function）と呼ぶ。以下で，窓関数をいくつか紹介する。

〔1〕 **方 形 窓**　次式で定義される窓関数を，**方形窓**（rectangular window）と呼ぶ。

$$w(n)=\begin{cases}1, & n\in[0, N-1],\\ 0, & n\notin[0, N-1].\end{cases} \tag{4.31}$$

方形窓を，**図 4.12** に示す。また，方形窓を用いて波形を切り出す様子を**図 4.13** に示す。図 4.13 からわかるように，方形窓を用いると，切り出した波形は元の形を保存しているが，その両端で不連続が生じるため，元の信号には含まれていない高周波成分が発生する。

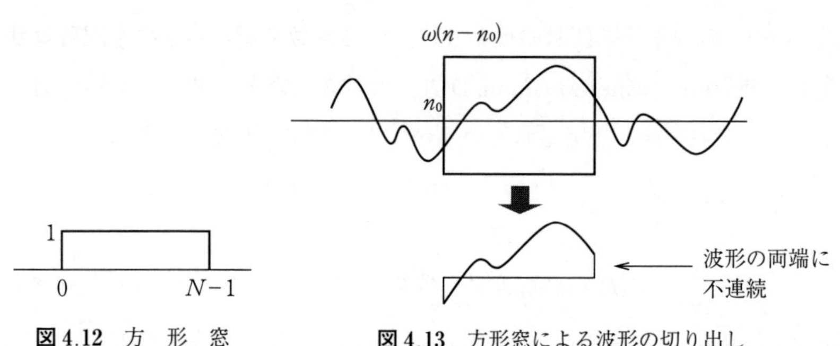

図 4.12　方 形 窓

図 4.13　方形窓による波形の切り出し

〔2〕 **バーレット窓**　式 (4.32) で与えられる窓関数を，**バートレット窓**（Bartlett window）と呼ぶ。

$$w(n)=\begin{cases}\dfrac{2n}{N-1}, & 0\leqq n\leqq \dfrac{N-1}{2},\\ 2-\dfrac{2n}{N-1}, & \dfrac{N-1}{2}\leqq n\leqq N-1,\\ 0, & n\notin[0, N-1].\end{cases} \tag{4.32}$$

バートレット窓を**図 4.14** に示す。また，図 4.13 の波形を方形窓で切り出した場合とバートレット窓で切り出した場合の比較を，**図 4.15** に示す。バートレット窓の利用により，切り出し区間の両端における不連続は解消されたが，その一方で，切り出し区間内の波形は，本来の形から変化する。また，窓関数の一次微分は，中央および両端で不連続となる。

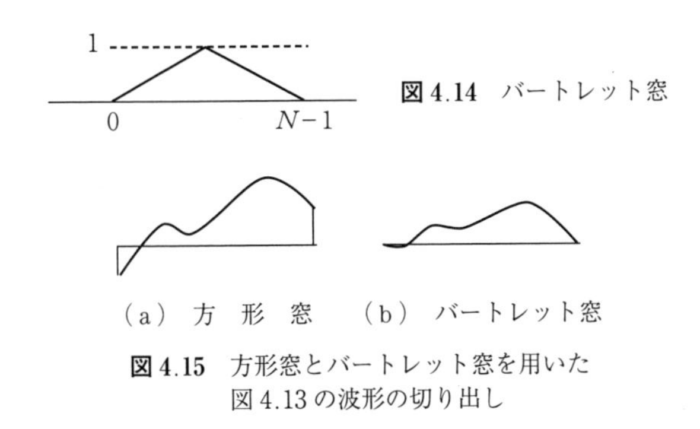

図 4.14　バートレット窓

（a）方　形　窓　　（b）バートレット窓

図 4.15　方形窓とバートレット窓を用いた図 4.13 の波形の切り出し

〔3〕 **ハニング窓**　　**ハニング窓**（Hanning window）の窓関数を式 (4.33) で示す。この窓は，余弦関数によって定義されており，十分に滑らかな形状をもつ窓である。ハニング窓を**図 4.16** に示す。

$$w(n)=\begin{cases}\dfrac{1}{2}\left\{1-\cos\left(\dfrac{2n\pi}{N-1}\right)\right\}, & n\in[0,\ N-1],\\ 0, & n\notin[0,\ N-1].\end{cases} \tag{4.33}$$

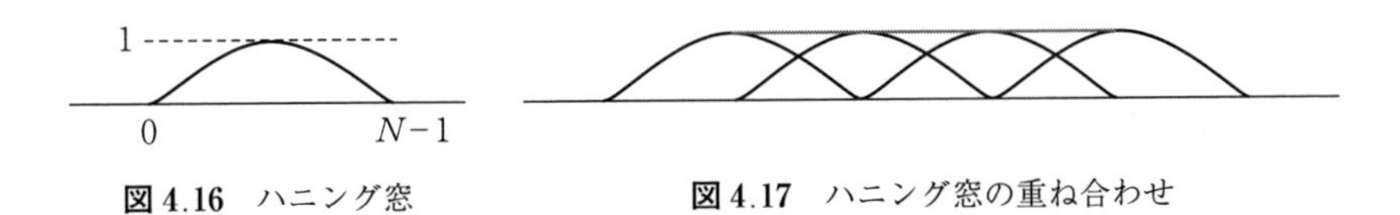

図 4.16　ハニング窓　　**図 4.17**　ハニング窓の重ね合わせ

ハニング窓は，切り出し区間内では波形を変形させてしまうが，**図 4.17** に示すように，切り出した波形を，窓の長さの 1/2 だけシフトさせて接続すると，元の波形が復元されるという特徴を持つ。

〔4〕 **ハミング窓**　　**ハミング窓**（Hamming window）の窓関数を式 (4.34) に示す。

$$w(n)=\begin{cases}0.54-0.46\cos\left(\dfrac{2n\pi}{N-1}\right), & n\in[0, N-1],\\ 0, & n\notin[0, N-1].\end{cases} \tag{4.34}$$

ハニング窓の窓関数（4.33）と比べると，ハニング窓では，定数成分と余弦関数成分は 0.5 ずつの係数を掛けて加算されているが，ハミング窓は，定数成分は 0.54，余弦関数成分は 0.46 となっており，定数成分の比率が増加している。この結果，ハニング窓をやや持ち上げた形になっており，窓の両端で不連続が生じる。一方で，定数成分を増やした分，ハニング窓に比べ，切り出された波形の形状を保存するという特徴を持つ。ハミング窓は，音声の分析などでよく用いられる窓である。

〔5〕 **カイザー–ベッセル窓**　方形窓は，窓の両端で不連続が生じるため不要な周波数成分が生じるが，波形は保存するため，波形に含まれている周波数成分を分析する能力は高い。一方，その他の窓は，窓の両端での不連続性が改善されるため不要な周波数成分は抑圧されるが，波形を変形することにより周波数分析能力を劣化させている。窓関数においては，一般に，周波数分析能力と不要な周波数成分の抑圧は，トレードオフの関係にある。このトレードオフ関係を，パラメータで調整可能な窓として，**カイザー–ベッセル窓**（Kaiser-Bessel window）がある。カイザー–ベッセル窓の窓関数は

$$w(n)=\begin{cases}\dfrac{J_0\left(\pi\alpha\sqrt{1-\left(\dfrac{n-N/2}{N/2}\right)^2}\right)}{J_0(\pi\alpha)}, & n\in[0, N-1],\\ 0, & n\notin[0, N-1]\end{cases} \tag{4.35}$$

で与えられる。ここに，J_0 は 0 次ベッセル関数

$$J_0(x)=\sum_{m=0}^{\infty}\frac{(-1)^m}{(m!)^2}\left(\frac{x}{2}\right)^{2m}$$

であり，α は前述したトレードオフを調整するパラメータである。カイザー–ベッセル窓は，$\alpha=0$ とすれば方形窓となり，$\alpha=2$ とすればハニング窓となる。

4.2.8 重畳加算法

音の信号を分析するだけでなく，何らかの処理を加えて合成する場合には，時間分割した信号をつなぎ合わせる手段が必要である。以下，短時間波形を切り出す操作を「分析」と呼び，処理された短時間波形をつなぎ合わせる操作を「合成」と呼ぶ。さて，処理した信号をそのまま合成すると，そのつなぎ目で不連続が生じる可能性があり，雑音が生じる原因となる。そこで，分析時のみならず，合成時にも窓関数を用いる。分析時に用いる窓を分析窓，合成時に用いる窓を合成窓と呼ぶ。ここでは，分析窓を用いて時間分割して信号処理を行い，その結果を，合成窓を用いてつなぎ合わせる方法の1つとして，**重畳加算法**（overlap-and-add method）を紹介する。

分析窓，合成窓の長さを N サンプルとする。分析時には，分析窓を M サンプル（$N/2 \leqq M < N$）ずつシフトして短時間波形を切り出す。切り出された短時間波形は，信号処理を施された後，合成窓を掛けて加算される。このような分析合成系の例を，**図4.18** に示す。いま，窓関数で切り出された単位をブロックと呼ぶと，**図4.19** に示すように，重畳加算法を用いれば，i 番目のブロックの信号は，その前半部分は $i-1$ 番目のブロックと重畳され，後半部分は $i+1$ 番目のブロックと重畳される。

さて，図4.18において信号処理を行わない場合には，元の波形が完全に再構成されることが望ましい。以下，そのための窓関数の条件を求めよう。いま，i 番目のブロックの分析窓を w_a^i，合成窓を w_s^i とする。このとき，図のブロック i の（1）では

$$w_a^i(n)w_s^i(n)+w_a^{i-1}(M+n)w_s^{i-1}(M+n)=1, \qquad 0 \leqq n \leqq N-M-1 \tag{4.36}$$

が成り立ち，図中（2）では

$$w_a^i(n)w_s^i(n)=1, \qquad N-M \leqq n \leqq M-1 \tag{4.37}$$

が成り立つことが，波形を完全再構成するための窓関数の条件となる。もし，分析窓，合成窓として同一の窓関数を利用する場合，式(4.36)，(4.37)は

$$\begin{aligned} &(w^i(n))^2+(w^{i-1}(M+n))^2=1, && 0 \leqq n \leqq N-M-1, \\ &(w^i(n))^2=1, && N-M \leqq n \leqq M-1 \end{aligned} \tag{4.38}$$

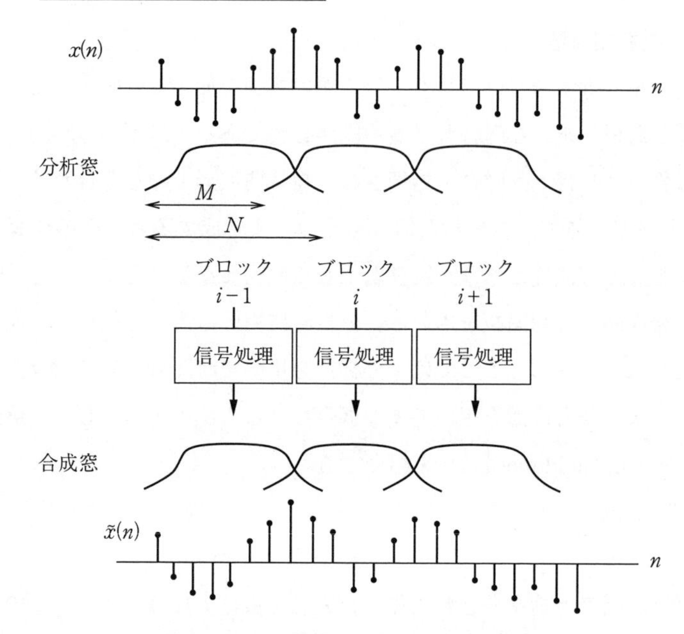

図 4.18　重畳加算法を用いた分析合成系

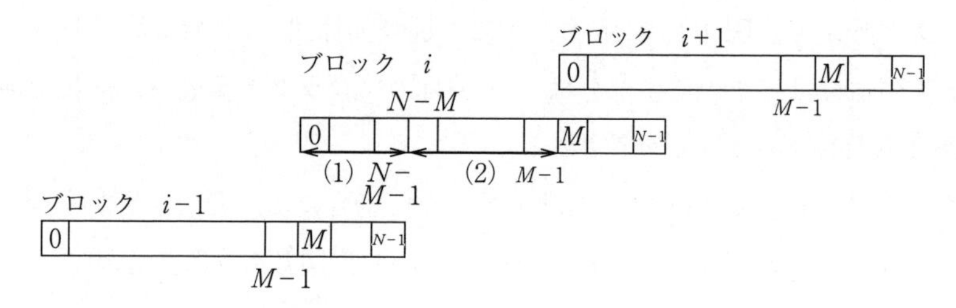

図 4.19　重畳加算法の合成時におけるブロック信号の重ね合わせ

で与えられる。

以上の議論により，同じ窓を用いて分析，合成を行う際の窓関数の設計法が明らかになった。すなわち任意の窓関数 $\tilde{w}(m)$ によって，分析合成用窓 $w(n)$ を

$$w(n)=\begin{cases}\sqrt{\dfrac{\sum_{m=0}^{n}\tilde{w}(m)}{\sum_{m=0}^{N-M}\tilde{w}(m)}}, & 0\leqq n\leqq N-M-1,\\ 1, & N-M\leqq n\leqq M-1,\\ \sqrt{\dfrac{\sum_{m=n-M+1}^{N-M}\tilde{w}(m)}{\sum_{m=0}^{N-M}\tilde{w}(m)}}, & M\leqq n\leqq N-1\end{cases} \tag{4.39}$$

で構成すれば，式 (4.38) を満たす窓関数が得られ，信号処理を行わない場合には元の波形が完全に再構成される。式 (4.39) において，窓関数 $\tilde{w}(m)$ としてカイザー-ベッセル窓を利用した場合の窓関数 $w(n)$ を，**カイザー-ベッセル派生窓**（Kaiser-Bessel derived window）と呼ぶ。

4.3 音声の分析法

4.3.1 全極モデルと自己回帰過程

線形システムにおいて，入力の z 変換 $X(z)$ と出力の z 変換 $Y(z)$ がわかっている場合には，入出力関係

$$Y(z)=H(z)X(z)$$

より，システムの伝達関数を求めることができる。ここでは，システムが全極モデルで記述できる場合について考察する。全極モデルの式 (4.24) において，簡単化のため定数 $K=1$ とすれば，その伝達関数は

$$H(z)=\frac{1}{1+\sum_{k=1}^{p}a_k z^{-k}} \tag{4.40}$$

で表される。式 (4.40) を用いて，入出力関係の式を変形すれば

$$\left(1+\sum_{k=1}^{p}a_k z^{-k}\right)Y(z)=X(z)$$

が得られる。これは，**自己回帰過程**（autoregressive process）

$$y(n)+a_1y(n-1)+\cdots+a_py(n-p)=x(n) \tag{4.41}$$

の z 変換である。

自己回帰過程の式（4.41）は

$$y(n)=-\sum_{k=1}^{p}a_k y(n-k)+x(n)$$

と変形できる。すなわち，現在の出力 $y(n)$ は，現在の入力 $x(n)$ と，過去の出力 $y(n-k)$, $k=1, \cdots, p$ の線形和で記述できる。システム入力が未知の場合には，$x(n)=0$ という近似を用いて，伝達関数の係数 a_k, $k=1, \cdots, p$ を求めるのが一般的である。

4.3.2 線形予測分析

線形予測分析は，システム入力が未知の場合に，観測されたシステム出力信号から，その伝達関数を推定する方法である。ここに，**線形予測**（linear prediction）とは，現在の出力を，過去の出力の線形和

$$y(n)=-\sum_{k=1}^{p}a_k y(n-k)$$

で予測する方法である。上式で伝達関数係数 a_k, $k=1, \cdots, p$ を求める問題は，**図 4.20** に示す未知システムのパラメータ推定問題に相当する。

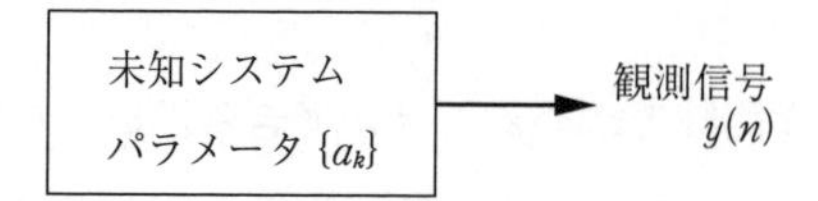

図 4.20　観測信号に基づくシステム内部パラメータの推定

さて，過去の観測信号から現在の信号を式

$$\hat{y}(n)=-\sum_{k=1}^{p}a_k y(n-k) \tag{4.42}$$

で予測する問題を考えてみよう。このときの**予測誤差**（prediction error）は

$$e(n)=y(n)-\hat{y}(n)=y(n)+\sum_{k=1}^{p}a_k y(n-k) \tag{4.43}$$

で表される。このようなシステム推定問題は，最小二乗法で解くことができる。すなわち，二乗誤差和

$$J=\sum_n e^2(n)=\sum_n\left(y(n)+\sum_{k=1}^{p}a_k y(n-k)\right)^2$$

を最小化する係数 a_k, $k=1,\cdots,p$ を求める。二乗誤差和 J の式を展開すれば

$$J=\sum_n y^2(n)+2\sum_{k=1}^{p}a_k\left\{\sum_n y(n)y(n-k)\right\}+\sum_{k=1}^{p}a_k\left\{\sum_{r=1}^{p}a_r\left(\sum_n y(n-k)y(n-r)\right)\right\}$$

を得る。そこで

$$\frac{\partial J}{\partial a_j}=0, \qquad j=1,\cdots,p$$

を満たす係数 a_j, $j=1,\cdots,p$ を求める。すなわち

$$\frac{\partial J}{\partial a_j}=2\sum_n y(n)y(n-i)+2\sum_{k=1}^{p}a_k\left(\sum_n y(n-k)y(n-i)\right)=0$$

より，**正規方程式**（normal equation）と呼ばれる式

$$\sum_{k=1}^{p}\left(\sum_n y(n-k)y(n-i)\right)a_k=-\sum_n y(n)y(n-i) \tag{4.44}$$

を得る。この式は，未知数の個数と式の数が p 個の連立方程式であるから，基本的には解くことができる。このとき，二乗誤差の最小値は，式 (4.44) の解 $\{a_k\}$ により

$$\min J=\sum_n y^2(n)+\sum_{k=1}^{p}a_k\left\{\sum_n y(n)y(n-k)\right\} \tag{4.45}$$

で与えられる。

正規方程式の解法は，式 (4.44) における $\sum_n y(n-k)y(n-i)$，$\sum_n y(n)y(n-i)$ の計算を，どのような時間区間で行うかによって異なる。以下，無限区間で解く自己相関法と，有限区間で解く共分散法を紹介する。

〔1〕 **自己相関法**　**自己相関法**（autocorrelation method）は，定常信号を扱う場合の方法であり，J を無限区間 $(-\infty,\infty)$ で最小化する。自己相関関数を

$$r(l)=\sum_{n=-\infty}^{\infty}y(n)y(n+l)=\sum_{n=-\infty}^{\infty}y(n-l)y(n)=r(-l)$$

で定義する。この自己相関関数を用いれば，正規方程式は

$$\sum_{k=1}^{p} r(k-l)a_k = -r(l), \quad 1 \leqq l \leqq p$$

で表される。このときの最小誤差は

$$\min J = r(0) + \sum_{k=1}^{p} a_k r(k)$$

で与えられる。

〔2〕 **共 分 散 法**　　**共分散法**（covariance method）は非定常信号を扱う場合の方法であり，J を信号が定常と見なせる有限区間 $[0, N-1]$ で最小化する。共分散関数を

$$\tilde{r}(k,l) = \sum_{n=0}^{N-1} y(n-k)y(n-l)$$

で定義する。この共分散関数を用いることにより，正規方程式は

$$\sum_{k=1}^{p} \tilde{r}(k,l)a_k = -\tilde{r}(0,l), \quad 1 \leqq l \leqq p$$

で表され，最小誤差は

$$\min J = \tilde{r}(0,0) + \sum_{k=1}^{p} a_k \tilde{r}(0,k)$$

で与えられる。

4.3.3 Levinson-Durbin アルゴリズム

自己相関法の正規方程式を効率良く解くアルゴリズムとして，Levinson-Durbin アルゴリズムが知られている。予測次数 p の場合，正規方程式は

$$T\boldsymbol{a} = \boldsymbol{c}$$

で表現できる。ここに

$$\boldsymbol{a} = \begin{bmatrix} a_1 \\ a_2 \\ \vdots \\ a_p \end{bmatrix}, \quad \boldsymbol{c} = \begin{bmatrix} -r(1) \\ -r(2) \\ \vdots \\ -r(p) \end{bmatrix}, \quad T = \begin{bmatrix} r(0) & r(1) & \cdots & r(p-1) \\ r(1) & r(0) & \cdots & r(p-2) \\ \vdots & \vdots & \ddots & \vdots \\ r(p-1) & r(p-2) & \cdots & r(0) \end{bmatrix}$$

であり，行列 T は Toepliz 行列となっている。さて，$l<p$ を満たす l に対して，$e_l(n)$ を，過去 l 個のデータ $y(n-j)$, $j=1, \cdots, l$ で $y(n)$ を予測したときの誤

差

$$e_l(n)=y(n)-\tilde{y}^{(l)}(n)=y(n)+\sum_{k=1}^{l}a_k^{(l)}y(n-k)$$

とする。このとき，予測次数 l の部分正規方程式は

$$\begin{bmatrix} r(0) & r(1) & \cdots & r(l-1) \\ r(1) & r(0) & \cdots & r(l-2) \\ \vdots & \vdots & \ddots & \vdots \\ r(l-1) & r(l-2) & \cdots & r(0) \end{bmatrix}\begin{bmatrix} a_1^{(l)} \\ a_2^{(l)} \\ \vdots \\ a_l^{(l)} \end{bmatrix}=-\begin{bmatrix} r(1) \\ r(2) \\ \vdots \\ r(l) \end{bmatrix} \tag{4.46}$$

で表される。上式の行列は，次の行列 T の部分行列である。

$$T=\begin{bmatrix} r(0) & r(1) & \cdots & r(l-1) & \cdots & r(p-1) \\ r(1) & r(0) & \cdots & r(l-2) & \cdots & r(p-2) \\ \vdots & \vdots & \ddots & \vdots & & \vdots \\ r(l-1) & r(l-2) & \cdots & r(0) & & r(p-l-2) \\ \vdots & \vdots & & & \ddots & \vdots \\ r(p-1) & r(p-2) & \cdots & r(p-l-2) & \cdots & r(0) \end{bmatrix}$$

このとき，l 次までの部分最小誤差は

$$E_l=r(0)+\sum_{k=1}^{l}a_k^{(l)}r(k)=r(0)+r(1)a_1^{(l)}+\cdots+r(l)a_l^{(l)} \tag{4.47}$$

で表される。

さて，変数 w_l を

$$w_l=r(l+1)+r(l)a_1^{(l)}+r(l-1)a_2^{(l)}+\cdots+r(1)a_l^{(l)} \tag{4.48}$$

で定義しよう。式 (4.46)，(4.47)，(4.48) を結合すれば

$$\begin{bmatrix} r(0) & r(1) & \cdots & r(l) & r(l+1) \\ r(1) & r(0) & \cdots & r(l-1) & r(l) \\ \vdots & \vdots & \ddots & \vdots & \vdots \\ r(l) & r(l-1) & \cdots & r(0) & r(1) \\ r(l+1) & r(l) & \cdots & r(1) & r(0) \end{bmatrix}\begin{bmatrix} 1 \\ a_1^{(l)} \\ \vdots \\ a_l^{(l)} \\ 0 \end{bmatrix}=\begin{bmatrix} E_l \\ 0 \\ \vdots \\ 0 \\ w_l \end{bmatrix} \tag{4.49}$$

を得る。式 (4.49) において，1 行目は式 (4.47) と等しく，$l+2$ 行目は式 (4.48) である。式 (4.49) において，行の順番を逆順にして列を入れ替えれば

$$
\begin{bmatrix} r(0) & r(1) & \cdots & r(l) & r(l+1) \\ r(1) & r(0) & \cdots & r(l-1) & r(l) \\ \vdots & \vdots & \ddots & \vdots & \vdots \\ r(l) & r(l-1) & \cdots & r(0) & r(1) \\ r(l+1) & r(l) & \cdots & r(1) & r(0) \end{bmatrix} \begin{bmatrix} 0 \\ a_l^{(l)} \\ \vdots \\ a_1^{(l)} \\ 1 \end{bmatrix} = \begin{bmatrix} w_l \\ 0 \\ \vdots \\ 0 \\ E_l \end{bmatrix} \tag{4.50}
$$

を得る。ここで，媒介変数 $k_{l+1}=-w_l/E_l$ を用いて，式 (4.49) に式 (4.50) の k_{l+1} 倍を加えれば

$$
\begin{bmatrix} r(0) & r(1) & \cdots & r(l) & r(l+1) \\ r(1) & r(0) & \cdots & r(l-1) & r(l) \\ \vdots & \vdots & \ddots & \vdots & \vdots \\ r(l) & r(l-1) & \cdots & r(0) & r(1) \\ r(l+1) & r(l) & \cdots & r(1) & r(0) \end{bmatrix} \begin{bmatrix} 1 \\ a_1^{(l)}+k_{l+1}a_l^{(l)} \\ \vdots \\ a_l^{(l)}+k_{l+1}a_1^{(l)} \\ k_{l+1} \end{bmatrix} = \begin{bmatrix} E_l+k_{l+1}w_l \\ 0 \\ \vdots \\ 0 \\ 0 \end{bmatrix}
$$

を得る。ただし，上式右辺の最終行の要素は $w_l+k_{l+1}+E_l$ であるが，k_{l+1} の定義より 0 となった。この式を，式 (4.49) の最初の $l+1$ 行の式

$$
\begin{bmatrix} r(0) & r(1) & \cdots & r(l) \\ r(1) & r(0) & \cdots & r(l-1) \\ \vdots & \vdots & \ddots & \vdots \\ r(l) & r(l-1) & \cdots & r(0) \end{bmatrix} \begin{bmatrix} 1 \\ a_1^{(l)} \\ \vdots \\ a_l^{(l)} \end{bmatrix} = \begin{bmatrix} E_l \\ 0 \\ \vdots \\ 0 \end{bmatrix}
$$

と見比べれば，l 次の予測式から $l+1$ 次の予測式を求める更新式が得られる。Levinson-Durbin アルゴリズムは，このように予測次数を増やしながら正規方程式を解いていく方法であり，以下で表される。

Levinson-Durbin アルゴリズム

1） $E_0=r(0)$

2） $l=1,\cdots,p$

2.1） $k_l=-\dfrac{w_{l-1}}{E_{l-1}}=-\dfrac{r(l)+r(l-1)a_1^{(l-1)}+r(l-2)a_2^{(l-1)}+\cdots+r(1)a_{l-1}^{(l-1)}}{E_{l-1}}$

2.2） $a_j^{(l)}=a_j^{(l-1)}+k_l a_{l-j}^{(l-1)}$,　$1\leqq j\leqq l-1$,　$a_l^{(l)}=k_l$

2.3） $E_l=(1-k_l^2)E_{l-1}$

なお，媒介変量 k_l は，反射係数または**偏相関係数**（partial correlation coefficient, PARCOR）と呼ばれており，$y(n+1), y(n+1),\cdots, y(n+l-1)$ の影響

を除いた $y(n)$ と $y(n+l)$ の相関係数を表す。線形予測法は，人間の声の符号化法の基礎をなす方法として知られている。

4.4 楽音の分析法

楽音の信号処理では，前節で説明した線形予測法以外の技術もしばしば用いられる。本節では特にオーディオ符号化で用いられる楽音の分析法を紹介する。

4.4.1 2帯域完全再構成フィルタ

帯域幅が狭いチャネルを2チャネル用いて広帯域信号を伝送する場合，信号を低域通過フィルタ（LPFと略記する）と高域通過フィルタ（HPFと略記する）で2つの周波数帯域に分け，ダウンサンプリングして伝送する方法が考えられる。このような処理方式のブロック図を，**図4.21**に示す。

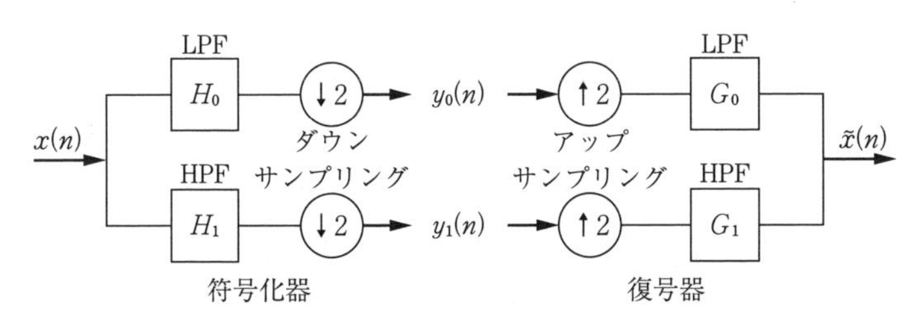

図4.21　狭帯域2チャネルによる広帯域伝送

低域通過フィルタ H_0 と高域通過フィルタ H_1 の出力の z 変換は，それぞれ，$H_0(z)X(z)$, $H_1(z)X(z)$ で与えられる。したがって，これらをダウンサンプリングした符号化側出力の z 変換は，式（4.27）より

$$Y_0(z)=\frac{1}{2}\left\{H_0\left(z^{\frac{1}{2}}\right)X\left(z^{\frac{1}{2}}\right)+H_0\left(-z^{\frac{1}{2}}\right)X\left(-z^{\frac{1}{2}}\right)\right\},$$

$$Y_1(z)=\frac{1}{2}\left\{H_1\left(z^{\frac{1}{2}}\right)X\left(z^{\frac{1}{2}}\right)+H_1\left(-z^{\frac{1}{2}}\right)X\left(-z^{\frac{1}{2}}\right)\right\}$$

で与えられる。復号器出力 $\tilde{x}(n)$ の z 変換は，これらの信号をアップサンプリ

ングして，それぞれ低域通過フィルタ G_0 と高域通過フィルタ G_1 を通したものであるから，式 (4.28) より

$$\tilde{X}(z)=Y_0(z^2)G_0(z)+Y_1(z^2)G_1(z)$$
$$=\frac{1}{2}\{H_0(z)X(z)+H_0(-z)X(-z)\}G_0(z)$$
$$+\frac{1}{2}\{H_1(z)X(z)+H_1(-z)X(-z)\}G_1(z)$$

で計算される。上式を $X(z)$ の項とその aliasing 成分である $X(-z)$ の項に分ければ

$$\tilde{X}(z)=\frac{1}{2}\{H_0(z)G_0(z)+H_1(z)G_1(z)\}X(z)$$
$$+\frac{1}{2}\{H_0(-z)G_0(z)+H_1(-z)G_1(z)\}X(-z) \tag{4.51}$$

を得る。

図 4.21 の伝送系が 2 帯域完全再構成フィルタとなる条件，すなわち，復号器出力 $\tilde{x}(n)$ が入力 $x(n)$ と一致するための条件は，aliasing 成分がなくなることであるから，式 (4.51) より

$$G_0(z)=-H_1(-z),$$
$$G_1(z)=H_0(-z) \tag{4.52}$$

で与えられる。これらのフィルタのインパルス応答を求めてみよう。$X(z)$ が数列 $x(n)$ の z 変換であるとき，すなわち

$$X(z)=\sum_{n=-\infty}^{\infty}x(n)z^{-n}$$

であるとき

$$X(-z)=\sum_{n=-\infty}^{\infty}x(n)(-z)^{-n}=\sum_{n=-\infty}^{\infty}(-1)^n x(n)z^{-n}$$

より，$X(-z)$ のインパルス応答は，$(-1)^n x(n)$ である。したがって，式 (4.52) の G_0 と G_1 のインパルス応答は

$$g_0(n)=-(-1)^n h_1(n),$$
$$g_1(n)=(-1)^n h_0(n) \tag{4.53}$$

で与えられる。

4.4.2 直交ミラーフィルタ

図 4.21 の伝送系において，符号化器における高域通過フィルタ H_1 を，低域通過フィルタ H_0 によって，$H_1(z) = -H_0(-z)$ を満たすように設計してみよう。このとき，フィルタ H_1 のインパルス応答は，式 (4.52)，(4.53) より，$h_1(n) = -(-1)^n h_0(n)$ を満たす。また，その周波数応答は

$$H_1(e^{i\omega}) = -H_0(-e^{i\omega}) = -H_0(e^{-i\pi}e^{i\omega}) = -H_0(e^{i(-\pi+\omega)})$$

より $H_1(e^{i\omega}) = -H_0(e^{i(-\pi+\omega)})$ を満たす。H_0 と H_1 の角周波数の関係を**図 4.22** に示す。図 4.22 より，H_0 が低域通過特性を持つ場合には，H_1 は高域通過特性を持つ。この様子を**図 4.23** に示す。

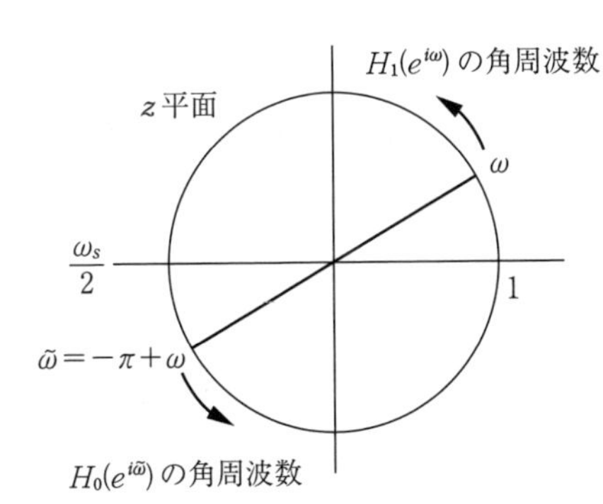

図 4.22 H_0 と H_1 の角周波数の関係

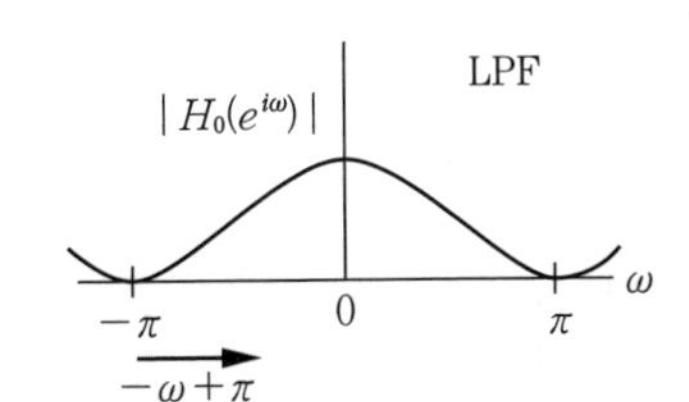

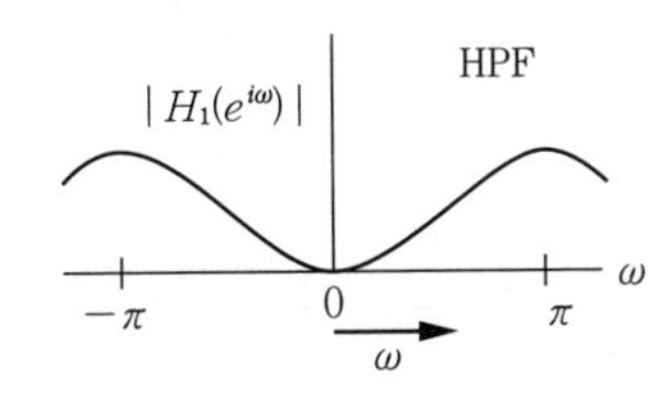

図 4.23 H_0 と H_1 の振幅周波数特性

一方，復号器のフィルタを

$$G_0(z) = H_0(z),$$

$$G_1(z) = H_0(-z)$$

で設計する。このように設計すれば，復号器出力の z 変換は

$$\begin{aligned}\tilde{X}(z)&=\frac{1}{2}\{H_0(z)G_0(z)+H_1(z)G_1(z)\}X(z)\\&=\frac{1}{2}\{H_0(z)^2-H_0(-z)^2\}X(z)\end{aligned} \tag{4.54}$$

で与えられる。式 (4.54) より，この伝送系で入力波形を完全に再構成するための条件は

$$H_0(z)^2-H_0(-z)^2=2z^{-D} \tag{4.55}$$

で与えられる。このようなフィルタを**直交ミラーフィルタ**（quadrature mirror filter, QMF）と呼ぶ。なお，式 (4.55) において，D サンプル分の遅延は許容している。

4.4.3　共役直交フィルタ

いま，低域通過フィルタ $h_0(n)$ を，長さ N の**有限長インパルス応答**（finite impulse response, FIR）とし，$h_1(n)$ を $h_1(n)=-(-1)^n h_0(N-1-n)$ で与える。ここに，N は偶数とする。また，復号器のフィルタを，符号化器のフィルタの時間逆転で構成する。すなわち

$$\begin{aligned}g_0(n)&=h_0(N-1-n),\\g_1(n)&=h_1(N-1-n)\end{aligned} \tag{4.56}$$

とする。このとき，フィルタ H_1 の伝達関数を計算すれば

$$\begin{aligned}H_1(z)&=-\sum_{n=-\infty}^{\infty}(-1)^n h_0(N-1-n)z^{-n}\\&=-\sum_{m=-\infty}^{\infty}(-1)^{N-1-m}h_0(m)z^{-(N-1)+m}\\&=z^{-(N-1)}\sum_{m=-\infty}^{\infty}h_0(m)(-z^{-1})^{-m}\end{aligned}$$

である。ただし，上式の最後の等号では，N が偶数であることを利用した。結局

$$H_1(z)=z^{-(N-1)}H_0(-z^{-1}) \tag{4.57}$$

を得る。同様な計算により，フィルタ G_0 の伝達関数は

$$G_0(z)=z^{-(N-1)}H_0(z^{-1}) \tag{4.58}$$

で与えられ，フィルタ G_1 の伝達関数は

$$G_1(z)=H_0(-z) \tag{4.59}$$

で与えられる。

aliasing 成分をなくす条件は，式 (4.52) であった。このうち，第 2 の条件が満たされることは，式 (4.59) から明らかである。そこで，第 1 の条件 $G_0(z)=-H_1(-z)$ が満たされることを確かめよう。これは，以下の計算より明らかである。

$$\begin{aligned} G_0(z)&=z^{-(N-1)}H_0(z^{-1})=-(-1)^{-(N-1)}z^{-(N-1)}H_0(-(-z)^{-1}) \\ &=-(-z)^{-(N-1)}H_0(-(-z)^{-1})=-H_1(-z) \end{aligned} \tag{4.60}$$

式 (4.60) では，N は偶数より $-(-1)^{-(N-1)}=1$ となることを用いるとともに，式 (4.57) を利用した。結局，伝送系出力の z 変換は

$$\begin{aligned} \tilde{X}(z)&=\frac{1}{2}\{H_0(z)G_0(z)+H_1(z)G_1(z)\}X(z) \\ &=\frac{1}{2}\{H_0(z)z^{-(N-1)}H_0(z^{-1})+z^{-(N-1)}H_0(-z^{-1})H_0(-z)\}X(z) \\ &=\frac{1}{2}\{H_0(z)H_0(z^{-1})+H_0(-z)H_0(-z^{-1})\}z^{-(N-1)}X(z) \end{aligned} \tag{4.61}$$

で与えられ，これより，完全再構成条件として

$$H_0(z)H_0(z^{-1})+H_0(-z)H_0(-z^{-1})=2 \tag{4.62}$$

を得る。このようなフィルタを**共役直交フィルタ**（conjugate quadrature filter CQF）と呼ぶ。この場合，遅延量は $D=N-1$ となる。

4.4.4 疑似直交ミラーフィルタ

直交ミラーフィルタは，2 帯域の伝送で，入力信号の完全再構成を実現する。これを多帯域に拡張する場合を考える。実際には，有限長のフィルタで完全再構成が実現できるのは 2 帯域の場合のみであり，多帯域の場合には疑似的

な再構成に留まる。以下，帯域数を K で表す。

いま，低域通過フィルタのインパルス応答を $h(n)$ で表す。このインパルス応答を用いて，K 帯域のフィルタを次式で構成する。

$$h_k(n)=h(n)\cos\left\{\left(\frac{k+\frac{1}{2}}{K}\right)\pi\left(n-\frac{N-1}{2}\right)\right\},$$

$$g_k(n)=h_k(N-1-n),\quad k=0,1,\cdots,K-1, \tag{4.63}$$

ここに，N はインパルス応答 $h(n)$ の応答長を表す。この方法を，**疑似直交ミラーフィルタ**（pseudo-QMF, PQMF）と呼ぶ。さて，インパルス応答に余弦関数を乗じると，周波数がシフトする。これは

$$h(n)\cos\alpha\pi n \quad\leftrightarrow\quad \frac{1}{2}\{H(e^{i(\omega-\alpha\pi)})+H(e^{i(\omega+\alpha\pi)})\}$$

が離散フーリエ変換の対になることから明らかである。そこで，例えば $K=4$ の場合，疑似直交ミラーフィルタの各フィルタの中心角周波数 $\{(k+1/2)/4\}\pi$ は，$\pi/8, 3\pi/8, 5\pi/8, 7\pi/8$ となる。したがって，伝達関数 $H(e^{i\omega})$ が**図 4.24**（a）に示された特性を持つ場合，図（b）に示す角周波数間隔で $H(e^{i\omega})$ がシ

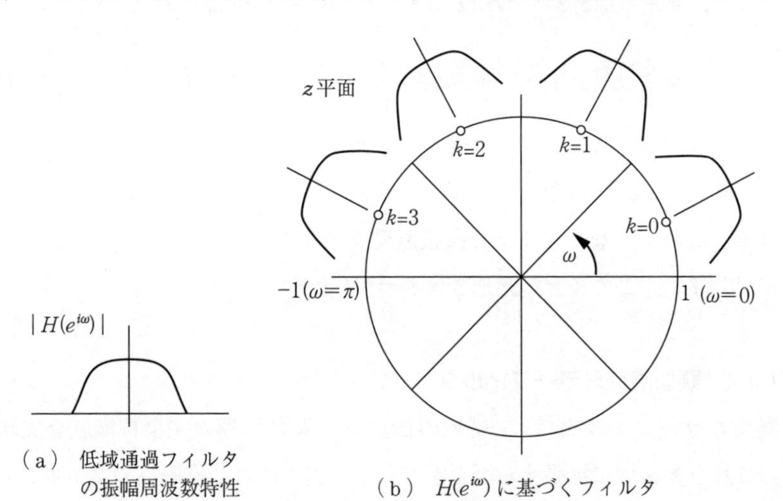

（a） 低域通過フィルタの振幅周波数特性

（b） $H(e^{i\omega})$ に基づくフィルタ

図 4.24　疑似直交ミラーフィルタの構成

フトされたフィルタが構成される。

4.4.5 MDCTを用いた完全再構成分析合成系

ここでは，**修正離散コサイン変換**（modified discrete cosine transform, MDCT）を用いた完全再構成分析合成系を紹介する。完全再構成分析合成系を実現するために，分析窓，合成窓，そして変換や逆変換が満たすべき条件を述べたうえ，この変換／逆変換の条件を満たす方法として，MDCTを導入する。なお，窓のシフト長Mは，$M=N/2$として話を進める。

〔1〕完全再構成分析合成の条件　図4.25に示す分析合成系を考える。窓関数や変換，逆変換を行列で表現すると，この分析合成系は**図4.26**で表される。図においてW_{aL}^iとW_{aR}^iは分析窓の窓関数を対角要素に持つ対角行列，W_{sL}^iとW_{sR}^iは合成窓の窓関数を対角要素に持つ対角行列，A_1とA_2は変換行

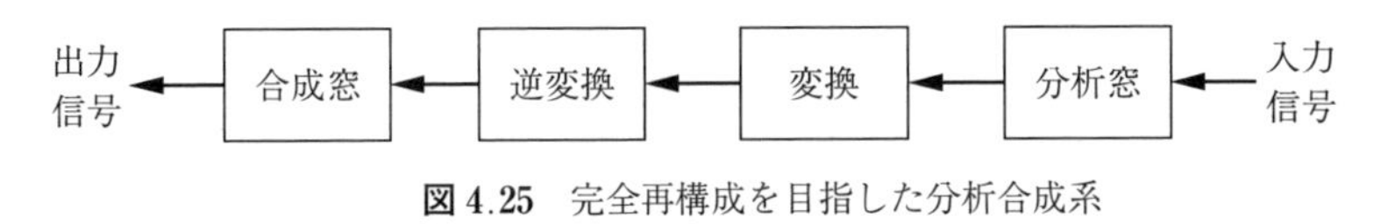

図4.25　完全再構成を目指した分析合成系

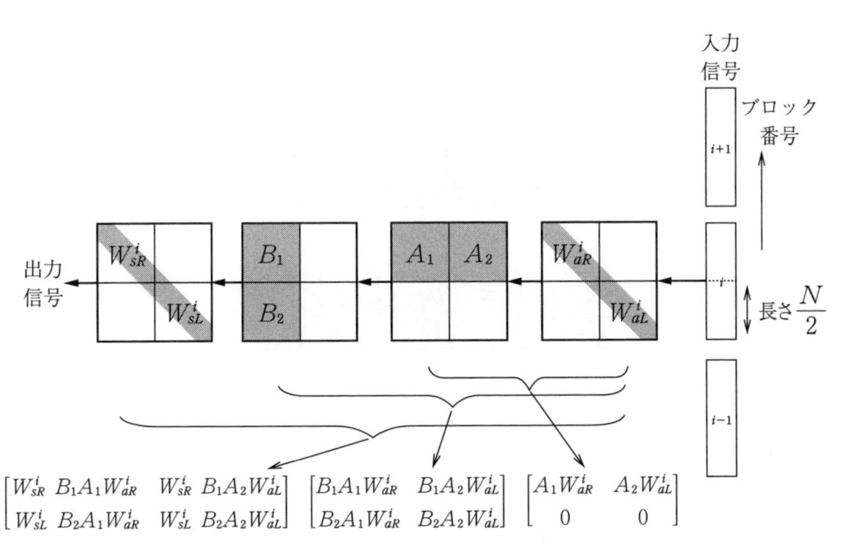

図4.26　分析合成系の行列表現

列，B_1 と B_2 は逆変換行列である。なお，これらの行列はすべて $(N/2)\times(N/2)$ 行列である。このように行列で表された分析合成系に，図4.19で示した重畳加算法による重ね合わせを導入すれば，その処理は，**図4.27**で表される。図4.27で表された各ブロックの行列が単位行列になれば，入力信号は完全に復元される。以下，そのための条件を求めてみよう。

完全再構成条件は，図4.27のブロック i においては，対角成分が単位行列になり，非対角成分が0となることであるから，これを式で表せば

$$W_{sL}^{i}B_2A_2W_{aL}^{i}+W_{sR}^{i-1}B_1A_1W_{aR}^{i-1}=I,$$
$$W_{sR}^{i}B_1A_2W_{aL}^{i}=W_{sL}^{i}B_2A_1W_{aR}^{i}=O \tag{4.64}$$

を得る。ここに，I は単位行列，O は零行列である。いま，変換，逆変換に関する条件

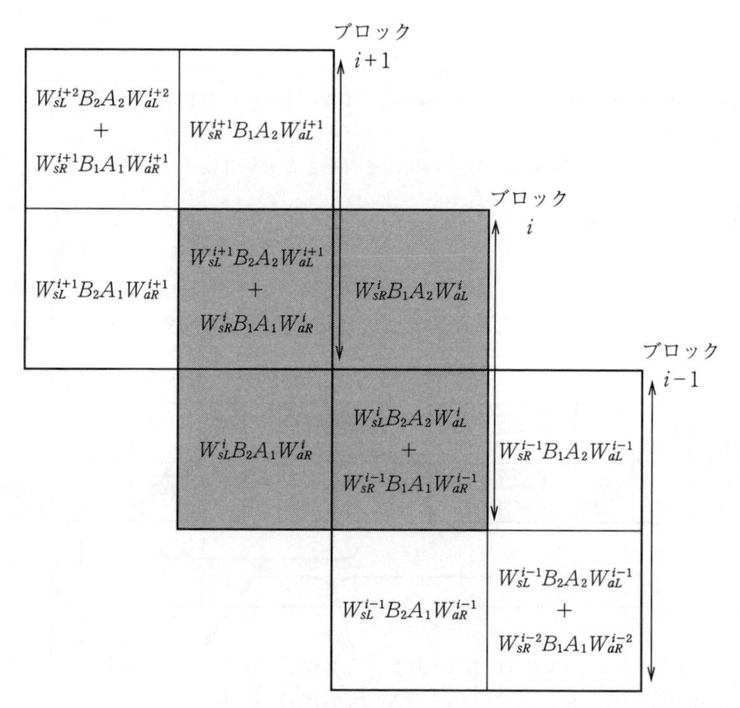

図4.27　重畳加算法による合成

$$B_1A_2=B_2A_1=O,$$
$$B_1A_1=I-J,$$
$$B_2A_2=I+J \tag{4.65}$$

と，窓関数に関する条件

$$W_{sL}^{i}W_{aL}^{i}+W_{sR}^{i-1}W_{aR}^{i-1}=I,$$
$$W_{sL}^{i}JW_{aL}^{i}=W_{sR}^{i-1}JW_{aR}^{i-1} \tag{4.66}$$

が満たされれば，この分析合成系は完全再構成分析合成系になることを示そう。ここに，式(4.65)において，Jは逆対角単位行列，すなわち逆対角要素は1であり，それ以外の要素は0となる行列である。図4.27のブロックiにおける右下の対角部分は，$W_{sL}^{i}B_2A_2W_{aL}^{i}+W_{sR}^{i-1}B_1A_1W_{aR}^{i-1}$で表されるが，この式に式(4.65)を代入し，式(4.66)を用いれば

$$\begin{aligned}W_{sL}^{i}B_2A_2W_{aL}^{i}+W_{sR}^{i-1}B_1A_1W_{aR}^{i-1}&=W_{sL}^{i}(I+J)W_{aL}^{i}+W_{sR}^{i-1}(I-J)W_{aR}^{i-1}\\&=W_{sL}^{i}W_{aL}^{i}+W_{sR}^{i-1}W_{aR}^{i-1}+W_{sL}^{i}JW_{aL}^{i}-W_{sR}^{i-1}JW_{aR}^{i-1}\\&=I\end{aligned}$$

を得る。また，図4.27のブロックiにおける左上の対角部分は，ブロック番号を1つ繰り上げた式であるから，同様の計算により単位行列となる。一方，図4.27のブロックiにおける逆対角部分が零行列になることは，式(4.65)より明らかである。

〔2〕 **窓関数の構成** 次に，式(4.66)を満たす窓関数の構成法について述べる。このため，補題を2つ示しておこう。

【補題4.2】 $n\times n$逆対角単位行列Jは，$n\times n$対角行列Aに対して以下の変形を行う。

$$AJ=\begin{pmatrix}a_1 & & 0\\ & \ddots & \\ 0 & & a_n\end{pmatrix}\begin{pmatrix}0 & & 1\\ & \iddots & \\ 1 & & 0\end{pmatrix}=\begin{pmatrix}0 & & a_1\\ & \iddots & \\ a_n & & 0\end{pmatrix},$$

$$JA=\begin{pmatrix}0 & & 1\\ & \iddots & \\ 1 & & 0\end{pmatrix}\begin{pmatrix}a_1 & & 0\\ & \ddots & \\ 0 & & a_n\end{pmatrix}=\begin{pmatrix}0 & & a_n\\ & \iddots & \\ a_1 & & 0\end{pmatrix}.$$

証明 行列を計算すれば明らかである。◇

【補題 4.3】 $n \times n$ 対角行列 A，B と $n \times n$ 逆対角単位行列 J との間には

$$AJB = JBJAJ$$

が成り立つ。

証明
$$A = \begin{pmatrix} a_1 & & 0 \\ & \ddots & \\ 0 & & a_n \end{pmatrix}, \quad B = \begin{pmatrix} b_1 & & 0 \\ & \ddots & \\ 0 & & b_n \end{pmatrix}$$

とする。このとき，補題 4.2 より

$$AJB = \begin{pmatrix} a_1 & & 0 \\ & \ddots & \\ 0 & & a_n \end{pmatrix}\begin{pmatrix} 0 & & b_n \\ & \cdot^{\cdot^{\cdot}} & \\ b_1 & & 0 \end{pmatrix} = \begin{pmatrix} 0 & & a_1 b_n \\ & \cdot^{\cdot^{\cdot}} & \\ a_n b_1 & & 0 \end{pmatrix}$$

$$= \begin{pmatrix} 0 & & b_n \\ & \cdot^{\cdot^{\cdot}} & \\ b_1 & & 0 \end{pmatrix}\begin{pmatrix} a_n & & 0 \\ & \ddots & \\ 0 & & a_1 \end{pmatrix} = JB\begin{pmatrix} a_n & & 0 \\ & \ddots & \\ 0 & & a_1 \end{pmatrix}$$

$$= JB\begin{pmatrix} 0 & & 1 \\ & \cdot^{\cdot^{\cdot}} & \\ 1 & & 0 \end{pmatrix}\begin{pmatrix} 0 & & a_1 \\ & \cdot^{\cdot^{\cdot}} & \\ a_n & & 0 \end{pmatrix}$$

$$= JBJAJ$$

を得る。◇

窓関数に関する条件（4.66）は，式（4.36）を満たす分析窓と合成窓をたがいに時間反転の関係にすることで満足される。以下，このことを示そう。式（4.36）を対角行列の形で表せば

$$W_{sL}^{i} W_{aL}^{i} + W_{sR}^{i-1} W_{aR}^{i-1} = I$$

を得る。これで，式（4.66）の第 1 式が得られた。さて，分析窓と合成窓がたがいに時間反転の関係ということを式で表せば

$$W_{aL}^{i} = JW_{sR}^{i-1}J, \quad W_{sL}^{i} = JW_{aR}^{i-1}J$$

となる。そこで，補題 4.3 を用いれば

$$W_{sL}^{i} J W_{aL}^{i} = (J W_{aR}^{i-1} J) J (J W_{sR}^{i-1} J) = J W_{aR}^{i-1} J W_{sR}^{i-1} J = W_{sR}^{i-1} J W_{aR}^{i-1}$$

を得る。この式は，式 (4.66) の第2式に他ならない。

〔3〕 **MDCT**　分析窓 $w_a^i(n)$ を用いたMDCTと合成窓 $w_s^i(n)$ を用いた逆MDCTの定義式は，それぞれ

$$X_i(k) = \sum_{n=0}^{N-1} w_a^i(n) x_i(n) \cos\left\{\frac{2\pi}{N}(n+n_0)\left(k+\frac{1}{2}\right)\right\}, \quad 0 \leqq k \leqq \frac{N}{2}-1, \tag{4.67}$$

$$\tilde{x}_i(n) = w_s^i(n) \frac{4}{N} \sum_{k=0}^{\frac{N}{2}-1} X_i(k) \cos\left\{\frac{2\pi}{N}(n+n_0)\left(k+\frac{1}{2}\right)\right\}, \quad 0 \leqq n \leqq N-1 \tag{4.68}$$

で与えられる。ここに，i はブロック番号であり，n_0 は

$$n_0 = \frac{\left(\frac{N}{2}+1\right)}{2}$$

で定義される。

式 (4.67)，式 (4.68) をベクトル形式で表現すれば

$$X_i(k) = \left(w_a^i(0)\cos\left\{\frac{2\pi}{N} n_0 \left(k+\frac{1}{2}\right)\right\}\right.$$
$$\left.\cdots w_a^i(N-1)\cos\left\{\frac{2\pi}{N}(N-1+n_0)\left(k+\frac{1}{2}\right)\right\}\right)\begin{pmatrix} x_i(0) \\ \vdots \\ x_i(N-1) \end{pmatrix}$$
$$= \left(\cos\left\{\frac{2\pi}{N} n_0 \left(k+\frac{1}{2}\right)\right\} \ \cdots \ \cos\left\{\frac{2\pi}{N}(N-1+n_0)\left(k+\frac{1}{2}\right)\right\}\right)$$
$$\times \begin{pmatrix} w_a^i(0) & & 0 \\ & \ddots & \\ 0 & & w_a^i(N-1) \end{pmatrix} \begin{pmatrix} x_i(0) \\ \vdots \\ x_i(N-1) \end{pmatrix},$$

$$\tilde{x}_i(n) = w_s^i(n) \frac{4}{N} \left(\cos\left\{\frac{2\pi}{N}(n+n_0)\frac{1}{2}\right\} \ \cdots \ \cos\left\{\frac{2\pi}{N}(n+n_0)\left(\frac{N}{2}-\frac{1}{2}\right)\right\}\right)$$
$$\times \begin{pmatrix} X_i(0) \\ \vdots \\ X_i\left(\frac{N}{2}-1\right) \end{pmatrix}$$

を得る。これらの式により，分析合成系の行列表現は

$$
\begin{pmatrix} X_i(0) \\ X_i\left(\frac{N}{2}-1\right) \end{pmatrix} \updownarrow \frac{N}{2}
$$

$$
= \overbrace{\begin{pmatrix}
\cos\left\{\frac{2\pi}{N}n_0\frac{1}{2}\right\} & \cdots & \cos\left\{\frac{2\pi}{N}\left(\frac{N}{2}-1+n_0\right)\frac{1}{2}\right\} \\
\vdots & & \vdots \\
\cos\left\{\frac{2\pi}{N}n_0\left(\frac{N}{2}-\frac{1}{2}\right)\right\} & \cdots & \cos\left\{\frac{2\pi}{N}\left(\frac{N}{2}-1+n_0\right)\left(\frac{N}{2}-\frac{1}{2}\right)\right\}
\end{matrix}}^{\frac{N}{2}}
$$

$$
\begin{matrix}
\cos\left\{\frac{2\pi}{N}\left(\frac{N}{2}+n_0\right)\frac{1}{2}\right\} & \cdots & \cos\left\{\frac{2\pi}{N}(N-1+n_0)\frac{1}{2}\right\} \\
\vdots & & \vdots \\
\cos\left\{\frac{2\pi}{N}\left(\frac{N}{2}+n_0\right)\left(\frac{N}{2}-\frac{1}{2}\right)\right\} & \cdots & \cos\left\{\frac{2\pi}{N}(N-1+n_0)\left(\frac{N}{2}-\frac{1}{2}\right)\right\}
\end{pmatrix} \updownarrow \frac{N}{2}
$$

$$
\times \begin{pmatrix} w_a^i(0) & & 0 \\ & \ddots & \\ 0 & & w_a^i(N-1) \end{pmatrix} \begin{pmatrix} x_i(0) \\ \vdots \\ x_i(N-1) \end{pmatrix} \updownarrow N \tag{4.69}
$$

$$
N \updownarrow \begin{pmatrix} \tilde{x}_i(0) \\ \\ \tilde{x}_i\left(\frac{N}{2}-1\right) \\ \tilde{x}_i\left(\frac{N}{2}\right) \\ \\ \tilde{x}_i(N-1) \end{pmatrix} = \begin{pmatrix}
w_s^i(0) & 0 & 0 & 0 \\
& \ddots & & \ddots \\
0 & w_s^i\left(\frac{N}{2}-1\right) & 0 & 0 \\
0 & 0 & w_s^i\left(\frac{N}{2}\right) & 0 \\
& \ddots & & \ddots \\
0 & 0 & 0 & w_s^i(N-1)
\end{pmatrix} \updownarrow N
$$

$$
\times\frac{4}{N}\begin{pmatrix}
\cos\left\{\frac{2\pi}{N}n_0\frac{1}{2}\right\} & \cdots & \cos\left\{\frac{2\pi}{N}n_0\left(\frac{N}{2}-\frac{1}{2}\right)\right\}\\
\vdots & & \vdots\\
\cos\left\{\frac{2\pi}{N}\left(\frac{N}{2}-1+n_0\right)\frac{1}{2}\right\} & \cdots & \cos\left\{\frac{2\pi}{N}\left(\frac{N}{2}-1+n_0\right)\left(\frac{N}{2}-\frac{1}{2}\right)\right\}\\
\cos\left\{\frac{2\pi}{N}\left(\frac{N}{2}+n_0\right)\frac{1}{2}\right\} & \cdots & \cos\left\{\frac{2\pi}{N}\left(\frac{N}{2}+n_0\right)\left(\frac{N}{2}-\frac{1}{2}\right)\right\}\\
\vdots & & \vdots\\
\cos\left\{\frac{2\pi}{N}(N-1+n_0)\frac{1}{2}\right\} & \cdots & \cos\left\{\frac{2\pi}{N}\left(N-1+n_0\right)\left(\frac{N}{2}-\frac{1}{2}\right)\right\}
\end{pmatrix}
$$

$$
\longleftarrow\frac{N}{2}\longrightarrow
$$

$$
\times\begin{pmatrix}
X_i(0)\\
\vdots\\
X_i\left(\frac{N}{2}-1\right)
\end{pmatrix}\updownarrow\frac{N}{2} \tag{4.70}
$$

で与えられる。式 (4.69) より，分析行列は

$$
A_1=\begin{pmatrix}
\cos\left\{\frac{2\pi}{N}n_0\frac{1}{2}\right\} & \cdots & \cos\left\{\frac{2\pi}{N}\left(\frac{N}{2}-1+n_0\right)\frac{1}{2}\right\}\\
\vdots & \ddots & \vdots\\
\cos\left\{\frac{2\pi}{N}n_0\left(\frac{N}{2}-\frac{1}{2}\right)\right\} & \cdots & \cos\left\{\frac{2\pi}{N}\left(\frac{N}{2}-1+n_0\right)\left(\frac{N}{2}-\frac{1}{2}\right)\right\}
\end{pmatrix},
$$

$$
A_2=\begin{pmatrix}
\cos\left\{\frac{2\pi}{N}\left(\frac{N}{2}+n_0\right)\frac{1}{2}\right\} & \cdots & \cos\left\{\frac{2\pi}{N}(N-1+n_0)\frac{1}{2}\right\}\\
\vdots & \ddots & \vdots\\
\cos\left\{\frac{2\pi}{N}\left(\frac{N}{2}+n_0\right)\left(\frac{N}{2}-\frac{1}{2}\right)\right\} & \cdots & \cos\left\{\frac{2\pi}{N}(N-1+n_0)\left(\frac{N}{2}-\frac{1}{2}\right)\right\}
\end{pmatrix}
$$

で表される。分析行列 A_1，A_2 の（l, m）成分を，それぞれ $A_1^{(l,m)}$，$A_2^{(l,m)}$ で表せば

$$
A_1^{(l,m)}=\cos\left[\frac{2\pi}{N}\left\{(l-1)+\frac{1}{2}\right\}\{(m-1)+n_0\}\right],
$$

$$
A_2^{(l,m)}=\cos\left[\frac{2\pi}{N}\left\{(l-1)+\frac{1}{2}\right\}\left\{(m-1)+\frac{N}{2}+n_0\right\}\right] \tag{4.71}
$$

を得る。一方，式 (4.70) より合成行列は

$$B_1=\frac{4}{N}\begin{pmatrix} \cos\left\{\frac{2\pi}{N}n_0\frac{1}{2}\right\} & \cdots & \cos\left\{\frac{2\pi}{N}n_0\left(\frac{N}{2}-\frac{1}{2}\right)\right\} \\ \vdots & \ddots & \vdots \\ \cos\left\{\frac{2\pi}{N}\left(\frac{N}{2}-1+n_0\right)\frac{1}{2}\right\} & \cdots & \cos\left\{\frac{2\pi}{N}\left(\frac{N}{2}-1+n_0\right)\left(\frac{N}{2}-\frac{1}{2}\right)\right\} \end{pmatrix}$$

$$=\frac{4}{N}A_1^T$$

$$B_2=\frac{4}{N}\begin{pmatrix} \cos\left\{\frac{2\pi}{N}\left(\frac{N}{2}+n_0\right)\frac{1}{2}\right\} & \cdots & \cos\left\{\frac{2\pi}{N}\left(\frac{N}{2}+n_0\right)\left(\frac{N}{2}-\frac{1}{2}\right)\right\} \\ \vdots & \ddots & \vdots \\ \cos\left\{\frac{2\pi}{N}(N-1+n_0)\frac{1}{2}\right\} & \cdots & \cos\left\{\frac{2\pi}{N}(N-1+n_0)\left(\frac{N}{2}-\frac{1}{2}\right)\right\} \end{pmatrix}$$

$$=\frac{4}{N}A_2^T$$

で与えられる。分析行列 B_1, B_2 の (l, m) 成分を，それぞれ $B_1^{(l,m)}$, $B_2^{(l,m)}$ で表せば

$$B_1^{(l,m)}=\frac{4}{N}\cos\left[\frac{2\pi}{N}\left\{(m-1)+\frac{1}{2}\right\}\{(l-1)+n_0\}\right],$$

$$B_2^{(l,m)}=\frac{4}{N}\cos\left[\frac{2\pi}{N}\left\{(m-1)+\frac{1}{2}\right\}\left\{(l-1)+\frac{N}{2}+n_0\right\}\right] \tag{4.72}$$

を得る。

以上の準備のもとで，MDCT および逆 MDCT が，変換，逆変換に関する条件（4.65）を満たすことを示そう。行列 B_1A_2 の (l, m) 成分を計算すれば

$$\frac{4}{N}\sum_{k=0}^{\frac{N}{2}-1}\cos\left\{\frac{2\pi}{N}\left(k+\frac{1}{2}\right)((l-1)+n_0)\right\}\cos\left\{\frac{2\pi}{N}\left(k+\frac{1}{2}\right)\left((m-1)+\frac{N}{2}+n_0\right)\right\}$$

$$=\frac{2}{N}\sum_{k=0}^{\frac{N}{2}-1}\left[\cos\left\{\frac{2\pi}{N}\left(k+\frac{1}{2}\right)\left((l+m-2)+\frac{N}{2}+2n_0\right)\right\}\right.$$

$$\left.+\cos\left\{\frac{2\pi}{N}\left(k+\frac{1}{2}\right)\left(l-m-\frac{N}{2}\right)\right\}\right]$$

$$=\frac{2}{N}\sum_{k=0}^{\frac{N}{2}-1}\left[\cos\left\{\frac{2\pi}{N}\left(k+\frac{1}{2}\right)(l+m+N-1)\right\}\right.$$

$$+\cos\left\{\frac{2\pi}{N}\left(k+\frac{1}{2}\right)\left(l-m-\frac{N}{2}\right)\right\}\Bigg]$$

を得る。上式の余弦関数の変数のうち，$\dfrac{2\pi}{N}\left(k+\dfrac{1}{2}\right)$ にかかる係数は，$l+m+N-1$ と $l-m-N/2$ である。これらが $1 \leqq l,\ m \leqq N/2$ の範囲で取る値は，それぞれ $N+1 \leqq l+m+N-1 \leqq 2N-1$ と $1-N \leqq l-m-N/2 \leqq -1$ であるから，結局，$\dfrac{2\pi}{N}\left(k+\dfrac{1}{2}\right)$ にかかる係数は N の整数倍を含まない。したがって，三角関数の性質より上式は 0 となる。よって

$$B_1A_2 = O\,,$$

$$B_2A_1 = \left(\frac{4}{N}A_2^T\right)\left(\frac{N}{4}B_1\right)^T = A_2^TB_1^T = (B_1A_2)^T = O \qquad (4.73)$$

を得る。

行列 B_1A_1 の（$l,\ m$）成分は

$$\frac{4}{N}\sum_{k=0}^{\frac{N}{2}-1}\cos\left\{\frac{2\pi}{N}\left(k+\frac{1}{2}\right)((l-1)+n_0)\right\}\cos\left\{\frac{2\pi}{N}\left(k+\frac{1}{2}\right)((m-1)+n_0)\right\}$$

$$=\frac{4}{N}\sum_{k=0}^{\frac{N}{2}-1}\cos\left\{\frac{2\pi}{N}\left(k+\frac{1}{2}\right)\left((l-1)+\frac{1}{2}+\frac{N}{4}\right)\right\}$$

$$\times\cos\left\{\frac{2\pi}{N}\left(k+\frac{1}{2}\right)\left((m-1)+\frac{1}{2}+\frac{N}{4}\right)\right\}$$

$$=\frac{2}{N}\sum_{k=0}^{\frac{N}{2}-1}\Bigg[\cos\left\{\frac{2\pi}{N}\left(k+\frac{1}{2}\right)\left(l+m-1+\frac{N}{2}\right)\right\}$$

$$+\cos\left\{\frac{2\pi}{N}\left(k+\frac{1}{2}\right)(l-m)\right\}\Bigg]$$

で表される。上式の余弦関数の変数のうち，$\dfrac{2\pi}{N}\left(k+\dfrac{1}{2}\right)$ にかかる係数を考えると，第 1 項は，$l=N/2+1-m$ のとき N となり，その場合第 1 項の総和は

$$\sum_{k=0}^{\frac{N}{2}-1}\cos\left\{\frac{2\pi}{N}\left(k+\frac{1}{2}\right)N\right\} = \sum_{k=0}^{\frac{N}{2}-1}\cos(2\pi k+\pi) = -\frac{N}{2}$$

である。一方，第 2 項は，$l=m$ のとき 0 となり，その場合の第 2 項の総和は

$N/2$である。それ以外の場合は，三角関数の性質により，上式は0となる。結局

$$B_1A_1 = I - J \tag{4.74}$$

を得る。一方，行列B_2A_2の（l, m）成分は

$$\frac{4}{N}\sum_{k=0}^{\frac{N}{2}-1}\cos\left\{\frac{2\pi}{N}\left(k+\frac{1}{2}\right)\left((l-1)+\frac{N}{2}+n_0\right)\right\}$$

$$\times\cos\left\{\frac{2\pi}{N}\left(k+\frac{1}{2}\right)\left((m-1)+\frac{N}{2}+n_0\right)\right\}$$

$$=\frac{2}{N}\sum_{k=0}^{\frac{N}{2}-1}\left[\cos\left\{\frac{2\pi}{N}\left(k+\frac{1}{2}\right)\left(l+m-1+\frac{3}{2}N\right)\right\}\right.$$

$$\left.+\cos\left\{\frac{2\pi}{N}\left(k+\frac{1}{2}\right)(l-m)\right\}\right]$$

で表される。上式の余弦の変数のうち$\frac{2\pi}{N}\left(k+\frac{1}{2}\right)$にかかる係数は，第1項では$l=N/2+1-m$のとき$2N$となるため，第1項の総和は

$$\sum_{k=0}^{\frac{N}{2}-1}\cos\left\{4\pi\left(k+\frac{1}{2}\right)\right\}=\sum_{k=0}^{\frac{N}{2}-1}\cos\{4\pi k+2\pi\}=\sum_{k=0}^{\frac{N}{2}-1}\cos 4\pi k=\frac{N}{2}$$

である。第2項については，$l=m$のとき0となるため，第2項の総和は同様に$N/2$である。これより

$$B_2A_2 = I + J \tag{4.75}$$

を得る。式(4.73)，(4.74)，(4.75)より，MDCT分析合成系は，変換，逆変換の条件（4.65）を満たす。

以上により，式(4.36)において$M=N/2$を満たす分析窓と合成窓を互いに時間反転の関係で構成し，MDCTと逆MDCTを用いて分析合成系を構成すれば，完全再構成分析合成系が実現できることが示された。

引用・参考文献

文献1）はディジタル信号処理の全般を記述した教科書である。訳本が出ていたが，絶版となってしまった。音声の線形予測分析に関しては，文献2）がまとまった

教科書である。一方，オーディオ符号化については，MPEG（Moving Picture Expert Group：正式名称はISO/IEC JTC1/SC29/WG11）で標準化された技術も含めて，文献3）に記述されている。

1） A. V. Oppenheim, R. W. Schafer：Digital Signal Processing, Prentice Hall（1975）
2） J. Markel and A. H. Gray：Linear Prediction of Speech, Springer（1976）
3） M. Bosi and R. E. Goldberg：Introduction to Digital Audio Coding and Standards, Kluwer（2003）

5章 音響学のための数学

◆本章のテーマ

本章では，音響学を学ぶうえで必要な数学を，なるべく簡潔に述べる。このため，詳細な記述や，定理の証明などを省略した。本書で省略した内容に興味のある読者は，専門書に取り組んでいただきたい。

音響学で用いる数学のうち，基礎となるのは線形代数である。そこでは，ベクトルが空間上の位置を表し，行列は線型写像を表す。また，音波は波動方程式で表されることでわかるとおり，音響学では微分方程式の知識も必要とされる。本章では，これらの基礎事項のほか，近年の研究で多く用いられるようになった球関数を用いた音場の理論も紹介する。球関数に関する部分は，数学的な難易度も高いので，初学者は読み飛ばしていただいて構わない。

◆本章の構成（キーワード）

5.1　線形代数とベクトル解析
　　ベクトル空間，内積，直交関数系，ガウスの定理

5.2　微分方程式
　　フーリエ級数，常微分方程式，偏微分方程式，初期境界値問題

5.3　球関数
　　極座標系，球ベッセル関数，球ハンケル関数

5.4　球関数に基づく音場理論
　　グリーンの公式，ヘルムホルツ方程式，球関数展開

5.5　補足

5.1 線形代数とベクトル解析

線形代数学は，数学の中でも基礎をなす学問である。本節では，直交性など線形代数の基礎となる概念と，音響学でも必要とされるベクトル解析の基礎的な事項を記述する。

5.1.1 数ベクトル空間

〔1〕 **数ベクトル空間の定義**　実数全体の集合を $\boldsymbol{R}$ で表し，複素数全体の集合を $\boldsymbol{C}$ で表す。このとき，実数 x は $\boldsymbol{R}$ の要素であるということを，$x \in \boldsymbol{R}$ で示す。また，複素数 z は $\boldsymbol{C}$ の要素であるということを，$z \in \boldsymbol{C}$ で示す。便宜上，実数全体の集合 $\boldsymbol{R}$ または複素数全体の集合 $\boldsymbol{C}$ のいずれかを K で表す。このとき，K の要素をスカラーと呼ぶ。一方，K の n 個の要素 $a_1, a_2, \cdots, a_n$ を並べたもの

$$\boldsymbol{a} = \begin{pmatrix} a_1 \\ a_2 \\ \vdots \\ a_n \end{pmatrix}$$

を n 次元 K ベクトルと呼ぶ。特に $\boldsymbol{a}$ は，$K=\boldsymbol{R}$ のとき n 次元実ベクトル，$K=\boldsymbol{C}$ のとき n 次元複素ベクトルと呼ばれる。

さて，すべての要素が 0 であるベクトルを零ベクトルと呼び，$\boldsymbol{0}$ で表す。

$$\boldsymbol{0} = \begin{pmatrix} 0 \\ 0 \\ \vdots \\ 0 \end{pmatrix}. \tag{5.1}$$

また，第 l 成分のみ 1 でその他の成分がすべて 0 であるベクトルを**標準基底**（canonical basis）と呼び，$\boldsymbol{e}_l$ で表す。

$$\boldsymbol{e}_1=\begin{pmatrix}1\\0\\\vdots\\\vdots\\0\end{pmatrix},\ \boldsymbol{e}_2=\begin{pmatrix}0\\1\\0\\\vdots\\0\end{pmatrix},\ \cdots,\ \boldsymbol{e}_n=\begin{pmatrix}0\\0\\\vdots\\0\\1\end{pmatrix}. \tag{5.2}$$

以上の準備のもとで，**数ベクトル空間**（space of numerical vectors）を定義する。n 次元 K ベクトルの全体を K^n で表し，K における n 次元数ベクトル空間と呼ぶ。また，K^n の次元を $\dim K^n$ で表す。すなわち，$\dim K^n=n$ である。誤解の恐れがない場合には，$K=\boldsymbol{R}$ のときの K^n を単に n 次元実ベクトル空間と呼び，$K=\boldsymbol{C}$ のときには n 次元複素ベクトル空間と呼ぶ。n 次元実ベクトル空間を $\boldsymbol{R}^n$，n 次元複素ベクトル空間を $\boldsymbol{C}^n$ で表す。

K^n の要素 $\boldsymbol{a}$，$\boldsymbol{b}$ を

$$\boldsymbol{a}=\begin{pmatrix}a_1\\a_2\\\vdots\\a_n\end{pmatrix},\ \boldsymbol{b}=\begin{pmatrix}b_1\\b_2\\\vdots\\b_n\end{pmatrix}$$

で表すとき，その演算を以下のとおり定める。

1）相等：$\boldsymbol{a}=\boldsymbol{b}\quad\Leftrightarrow\quad a_1=b_1, a_2=b_2, \cdots, a_n=b_n$

2）加法：$\boldsymbol{a}+\boldsymbol{b}=\begin{pmatrix}a_1+b_1\\a_2+b_2\\\vdots\\a_n+b_n\end{pmatrix}$

3）スカラー倍：スカラー $k\in K$ に対し，$k\boldsymbol{a}=\boldsymbol{a}k=\begin{pmatrix}ka_1\\ka_2\\\vdots\\ka_n\end{pmatrix}$　◇

加法とスカラー倍をまとめて線形演算と呼ぶ。

〔２〕 **一次従属と一次独立**　　n 次元数ベクトル空間 K^n の要素 $\boldsymbol{a}_1, \boldsymbol{a}_2, \cdots, \boldsymbol{a}_m$ とスカラー $c_1, c_2, \cdots, c_m$ によって

$$c_1\boldsymbol{a}_1+c_2\boldsymbol{a}_2+\cdots+c_m\boldsymbol{a}_m \tag{5.3}$$

で表されるベクトルを $\boldsymbol{a}_1, \boldsymbol{a}_2, \cdots, \boldsymbol{a}_m$ の**線形結合**または**一次結合**（linear combination）と呼ぶ。

K^n に含まれる m 個のベクトル $\boldsymbol{a}_1, \boldsymbol{a}_2, \cdots, \boldsymbol{a}_m$ のうちの1つが，他の $m-1$ 個のベクトルの線形結合で表されるとき，ベクトルの組 $\boldsymbol{a}_1, \boldsymbol{a}_2, \cdots, \boldsymbol{a}_m$ を**一次従属**（linearly dependent）であるという。一次従属なベクトルの組 $\boldsymbol{a}_1, \boldsymbol{a}_2, \cdots, \boldsymbol{a}_m$ は，少なくとも1つは0でないスカラー $c_1, c_2, \cdots, c_m$ に対して

$$c_1\boldsymbol{a}_1+c_2\boldsymbol{a}_2+\cdots+c_m\boldsymbol{a}_m=0 \tag{5.4}$$

を満たす。例えば，$c_m \neq 0$ のとき，式 (5.4) は

$$\boldsymbol{a}_m=-\frac{c_1}{c_m}\boldsymbol{a}_1-\frac{c_2}{c_m}\boldsymbol{a}_2-\cdots-\frac{c_{m-1}}{c_m}\boldsymbol{a}_{m-1}$$

と変形でき，ベクトル $\boldsymbol{a}_m$ は $\boldsymbol{a}_1, \boldsymbol{a}_2, \cdots, \boldsymbol{a}_{m-1}$ の線形結合で表される。

K^n のベクトルの組 $\boldsymbol{a}_1, \boldsymbol{a}_2, \cdots, \boldsymbol{a}_m$ が一次従属でないとき，これらのベクトルは**一次独立**（linearly independent）であるという。一次独立に関して，次の定理が成立する。

定理 5.1　K^n のベクトルの組 $\boldsymbol{a}_1, \boldsymbol{a}_2, \cdots, \boldsymbol{a}_m$ が一次独立であるための必要十分条件は

$$c_1\boldsymbol{a}_1+c_2\boldsymbol{a}_2+\cdots+c_m\boldsymbol{a}_m=0 \quad \text{ならば} \quad c_1=c_2=\cdots=c_m=0 \tag{5.5}$$

が成り立つことである。

---

〔3〕 **部分空間**　　n 次元数ベクトル空間 K^n の空でない部分集合 W が線形演算で閉じているとき，すなわち

1）ベクトル $\boldsymbol{a}$ と $\boldsymbol{b}$ が W の要素ならば，ベクトル $\boldsymbol{a}+\boldsymbol{b}$ も W の要素

2）ベクトル $\boldsymbol{a}$ が W の要素で c が K の要素ならば，ベクトル $c\boldsymbol{a}$ も W の要素

が成り立つとき，W を K^n の部分ベクトル空間，あるいは単に**部分空間**（subspace）と呼ぶ。なお，上記1）と2）は，以下のように略記する。

1）$\boldsymbol{a}, \boldsymbol{b} \in W \;\Rightarrow\; \boldsymbol{a}+\boldsymbol{b} \in W,$

2）$\boldsymbol{a} \in W, c \in K \;\Rightarrow\; c\boldsymbol{a} \in W.$

$\boldsymbol{a}_1, \boldsymbol{a}_2, \cdots, \boldsymbol{a}_m$ の線形結合の全体，すなわち，ベクトル $\boldsymbol{a}_1, \boldsymbol{a}_2, \cdots, \boldsymbol{a}_m$ を固定して，スカラー $c_1, c_2, \cdots, c_m$ を K の中から任意に選んで得られる線形結合の集合を $\langle \boldsymbol{a}_1, \boldsymbol{a}_2, \cdots, \boldsymbol{a}_m \rangle$ で表す。

$$\langle \boldsymbol{a}_1, \boldsymbol{a}_2, \cdots, \boldsymbol{a}_m \rangle = \{c_1\boldsymbol{a}_1 + c_2\boldsymbol{a}_2 + \cdots + c_m\boldsymbol{a}_m \mid c_1, c_2, \cdots, c_m \in K\}.$$

このとき，$\langle \boldsymbol{a}_1, \boldsymbol{a}_2, \cdots, \boldsymbol{a}_m \rangle$ は線形演算で閉じている。すなわち

1）$\boldsymbol{a}, \boldsymbol{b} \in \langle \boldsymbol{a}_1, \boldsymbol{a}_2, \cdots, \boldsymbol{a}_m \rangle \quad \Rightarrow \quad \boldsymbol{a}+\boldsymbol{b} \in \langle \boldsymbol{a}_1, \boldsymbol{a}_2, \cdots, \boldsymbol{a}_m \rangle$

2）$\boldsymbol{a} \in \langle \boldsymbol{a}_1, \boldsymbol{a}_2, \cdots, \boldsymbol{a}_m \rangle, c \in K \quad \Rightarrow \quad c\boldsymbol{a} \in \langle \boldsymbol{a}_1, \boldsymbol{a}_2, \cdots, \boldsymbol{a}_m \rangle$

である。したがって，$\langle \boldsymbol{a}_1, \boldsymbol{a}_2, \cdots, \boldsymbol{a}_m \rangle$ は K^n の部分空間である。$\langle \boldsymbol{a}_1, \boldsymbol{a}_2, \cdots, \boldsymbol{a}_m \rangle$ をベクトル $\boldsymbol{a}_1, \boldsymbol{a}_2, \cdots, \boldsymbol{a}_m$ で生成される部分空間と呼ぶ。

【例 5.1】　3 次元実ベクトル空間 $\boldsymbol{R}^3$ の要素

$$\boldsymbol{x} = \begin{pmatrix} x \\ y \\ z \end{pmatrix}$$

は，3 次元実空間上の位置を表す。◇

任意の $\boldsymbol{R}^3$ の要素は，標準基底 $\boldsymbol{e}_1$，$\boldsymbol{e}_2$，$\boldsymbol{e}_3$ によって

$$\begin{pmatrix} x \\ y \\ z \end{pmatrix} = x\begin{pmatrix} 1 \\ 0 \\ 0 \end{pmatrix} + y\begin{pmatrix} 0 \\ 1 \\ 0 \end{pmatrix} + z\begin{pmatrix} 0 \\ 0 \\ 1 \end{pmatrix} = x\boldsymbol{e}_1 + y\boldsymbol{e}_2 + z\boldsymbol{e}_3$$

と書けるので，$\boldsymbol{R}^3$ の要素は $\boldsymbol{e}_1$，$\boldsymbol{e}_2$，$\boldsymbol{e}_3$ によって生成される。すなわち

$$\boldsymbol{R}^3 = \langle \boldsymbol{e}_1, \boldsymbol{e}_2, \boldsymbol{e}_3 \rangle.$$

$\boldsymbol{a}_1, \boldsymbol{a}_2, \cdots, \boldsymbol{a}_m$ が一次独立のとき，部分空間 $W = \langle \boldsymbol{a}_1, \boldsymbol{a}_2, \cdots, \boldsymbol{a}_m \rangle$ の次元は m である。このとき，ベクトルの組 $\{\boldsymbol{a}_1, \boldsymbol{a}_2, \cdots, \boldsymbol{a}_m\}$ を W の**基底**（basis）と呼ぶ。

〔4〕内　　積　$\boldsymbol{R}^n$ の要素

$$\boldsymbol{a} = \begin{pmatrix} a_1 \\ a_2 \\ \vdots \\ a_n \end{pmatrix}, \boldsymbol{b} = \begin{pmatrix} b_1 \\ b_2 \\ \vdots \\ b_n \end{pmatrix}$$

の**内積**（inner product）$(\boldsymbol{a}, \boldsymbol{b})$ を

$$(\boldsymbol{a}, \boldsymbol{b}) = \boldsymbol{a}^T \boldsymbol{b} = (a_1 \quad a_2 \quad \cdots \quad a_n)\begin{pmatrix} b_1 \\ b_2 \\ \vdots \\ b_n \end{pmatrix} = a_1 b_1 + a_2 b_2 + \cdots + a_n b_n \tag{5.6}$$

で定義する。ここに，T はベクトルあるいは行列の転置を表す。また，$\boldsymbol{C}^n$ の要素

$$\boldsymbol{v} = \begin{pmatrix} v_1 \\ v_2 \\ \vdots \\ v_n \end{pmatrix}, \boldsymbol{w} = \begin{pmatrix} w_1 \\ w_2 \\ \vdots \\ w_n \end{pmatrix}$$

の内積 $(\boldsymbol{v}, \boldsymbol{w})$ を

$$(\boldsymbol{v}, \boldsymbol{w}) = \boldsymbol{v}^T \overline{\boldsymbol{w}} = v_1 \overline{w}_1 + v_2 \overline{w}_2 + \cdots + v_n \overline{w}_n \tag{5.7}$$

で定義する。ここに $\overline{z}$ は複素数 z の共役複素数を表す。K^n のベクトル $\boldsymbol{a}$，$\boldsymbol{b}$ に対し

$$(\boldsymbol{a}, \boldsymbol{b}) = \|\boldsymbol{a}\| \|\boldsymbol{b}\| \cos \theta \tag{5.8}$$

が成り立つ。ここに，θ は原点から見たベクトル間の角度である。内積は，$\boldsymbol{a} \cdot \boldsymbol{b}$ とも書かれる。非零のベクトル $\boldsymbol{a}, \boldsymbol{b}$ が直交することを $\boldsymbol{a} \perp \boldsymbol{b}$ で表す。式 (5.8) より，$\boldsymbol{a} \perp \boldsymbol{b}$ であるための必要十分条件は $(\boldsymbol{a}, \boldsymbol{b}) = 0$ で与えられる。

さて，ベクトル $\boldsymbol{a}$ の**ノルム**（norm）$\|\boldsymbol{a}\|$ を

$$\|\boldsymbol{a}\| = \sqrt{(\boldsymbol{a}, \boldsymbol{a})} \tag{5.9}$$

で定義しよう。ノルムは，数ベクトル空間では原点とベクトルの距離を表し，

1）シュワルツの不等式：$|(\boldsymbol{a}, \boldsymbol{b})| \leqq \|\boldsymbol{a}\| \|\boldsymbol{b}\|$,

2）三角不等式：$\|\boldsymbol{a} + \boldsymbol{b}\| \leqq \|\boldsymbol{a}\| + \|\boldsymbol{b}\|$,

3）平行四辺形の等式：$\|\boldsymbol{a} + \boldsymbol{b}\|^2 + \|\boldsymbol{a} - \boldsymbol{b}\|^2 = 2(\|\boldsymbol{a}\|^2 + \|\boldsymbol{b}\|^2)$

を満たす。

〔5〕 **正規直交系**　　ベクトル空間 V の部分集合 S が

1）S のどのベクトルもノルムが 1：$\boldsymbol{a} \in S \Rightarrow \|\boldsymbol{a}\| = 1$

2）S の異なる 2 つのベクトルは直交：$\boldsymbol{a}, \boldsymbol{b} \in S, \boldsymbol{a} \neq \boldsymbol{b} \Rightarrow (\boldsymbol{a}, \boldsymbol{b}) = 0$

を満たすとき，S を V における**正規直交系**（orthonormal set）という。$\{\boldsymbol{a}_1, \boldsymbol{a}_2,$

$\cdots, \boldsymbol{a}_m\}$ が正規直交系ならば，$\boldsymbol{a}_1, \boldsymbol{a}_2, \cdots, \boldsymbol{a}_m$ は一次独立である。これは，$c_1\boldsymbol{a}_1+c_2\boldsymbol{a}_2+\cdots+c_m\boldsymbol{a}_m=\boldsymbol{0}$ と各 $\boldsymbol{a}_l$ との内積を取れば明らかである。

$\{\boldsymbol{a}_1, \boldsymbol{a}_2, \cdots, \boldsymbol{a}_m\}$ がベクトル空間 V の正規直交系ならば，$\{\boldsymbol{a}_1, \boldsymbol{a}_2, \cdots, \boldsymbol{a}_m\}$ で生成される部分ベクトル空間 W の任意の元 $\boldsymbol{w}$ は

$$\boldsymbol{w}=(\boldsymbol{w}, \boldsymbol{a}_1)\boldsymbol{a}_1+(\boldsymbol{w}, \boldsymbol{a}_2)\boldsymbol{a}_2+\cdots+(\boldsymbol{w}, \boldsymbol{a}_m)\boldsymbol{a}_m \tag{5.10}$$

で表される。

〔6〕 **シュミットの直交化法**　　ベクトル空間 V の部分空間を W とする。このとき，W の基底 $\{\boldsymbol{a}_1, \cdots, \boldsymbol{a}_m\}$ を直交化する方法を考えてみよう。

まず，新たなベクトル $\boldsymbol{b}_1$ を $\boldsymbol{a}_1$ によって定める。すなわち $\boldsymbol{b}_1=\boldsymbol{a}_1$ とする。次に，$\boldsymbol{b}_2=\boldsymbol{a}_2-c_1\boldsymbol{b}_1$ とし，$\boldsymbol{b}_1, \boldsymbol{b}_2$ が直交するように c_1 を定める。

$$(\boldsymbol{b}_1, \boldsymbol{b}_2)=(\boldsymbol{b}_1, \boldsymbol{a}_2-c_1\boldsymbol{b}_1)=(\boldsymbol{b}_1, \boldsymbol{a}_2)-c_1(\boldsymbol{b}_1, \boldsymbol{b}_1)=(\boldsymbol{b}_1, \boldsymbol{a}_2)-c_1\|\boldsymbol{b}_1\|^2=0$$

上式より，$c_1=(\boldsymbol{b}_1, \boldsymbol{a}_2)/\|\boldsymbol{b}_1\|^2$ と選べばよいことがわかる。その結果，$\boldsymbol{b}_2$ は

$$\boldsymbol{b}_2=\boldsymbol{a}_2-\frac{(\boldsymbol{b}_1, \boldsymbol{a}_2)}{\|\boldsymbol{b}_1\|^2}\boldsymbol{b}_1$$

で与えられる。上式は

$$\boldsymbol{b}_2=\boldsymbol{a}_2-\frac{(\boldsymbol{b}_1, \boldsymbol{a}_2)}{\|\boldsymbol{b}_1\|^2}\boldsymbol{b}_1=\boldsymbol{a}_2-\frac{(\boldsymbol{b}_1, \boldsymbol{a}_2)}{\|\boldsymbol{b}_1\|}\frac{\boldsymbol{b}_1}{\|\boldsymbol{b}_1\|}=\boldsymbol{a}_2-\|\boldsymbol{a}_2\|\cos\theta\frac{\boldsymbol{b}_1}{\|\boldsymbol{b}_1\|}$$

と変形できる。ベクトル $\boldsymbol{b}_1/\|\boldsymbol{b}_1\|$ は $\boldsymbol{b}_1$ 方向の単位ベクトルであるから，**図 5.1** に示すように，$\boldsymbol{b}_2$ は $\boldsymbol{a}_2$ からベクトル $\boldsymbol{b}_1$ 方向に下ろした垂線上にあるベクトルである。

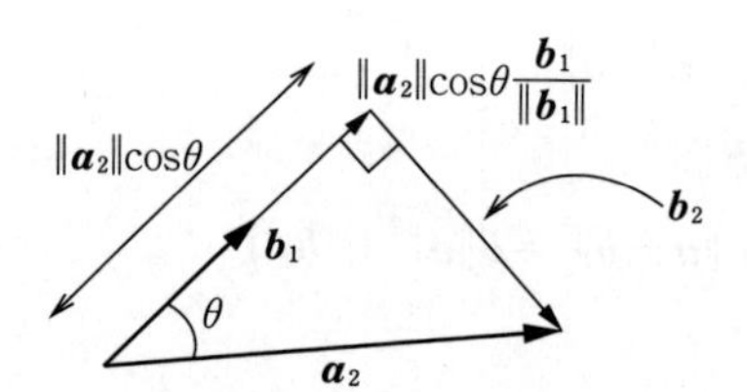

図 5.1　$\boldsymbol{a}_2$ に基づく $\boldsymbol{b}_1$ と直交するベクトルの生成

次に，$\boldsymbol{b}_3=\boldsymbol{a}_3-c_1'\boldsymbol{b}_1-c_2\boldsymbol{b}_2$ として，$\boldsymbol{b}_3$ が $\boldsymbol{b}_1$ と直交するように c_1' を定めれば

$$\begin{aligned}(\boldsymbol{b}_1, \boldsymbol{b}_3)&=(\boldsymbol{b}_1, \boldsymbol{a}_3-c_1'\boldsymbol{b}_1-c_2\boldsymbol{b}_2)=(\boldsymbol{b}_1, \boldsymbol{a}_3)-c_1'(\boldsymbol{b}_1, \boldsymbol{b}_1)-c_2(\boldsymbol{b}_1, \boldsymbol{b}_2)\\&=(\boldsymbol{b}_1, \boldsymbol{a}_3)-c_1'\|\boldsymbol{b}_1\|^2=0\end{aligned}$$

より，$c_1'=(\boldsymbol{b}_1, \boldsymbol{a}_3)/\|\boldsymbol{b}_1\|^2$ を得る。同様に，$\boldsymbol{b}_3$ が $\boldsymbol{b}_2$ と直交するように c_2 を定めるため

$$(\boldsymbol{b}_2, \boldsymbol{b}_3)=(\boldsymbol{b}_2, \boldsymbol{a}_3-c_1'\boldsymbol{b}_1-c_2\boldsymbol{b}_2)=(\boldsymbol{b}_2, \boldsymbol{a}_3)-c_1'(\boldsymbol{b}_2, \boldsymbol{b}_1)-c_2(\boldsymbol{b}_2, \boldsymbol{b}_2)$$
$$=(\boldsymbol{b}_2, \boldsymbol{a}_3)-c_2\|\boldsymbol{b}_2\|^2=0$$

とおけば，$c_2=(\boldsymbol{b}_2, \boldsymbol{a}_3)/\|\boldsymbol{b}_2\|^2$ を得る。これより，$\boldsymbol{b}_3$ は

$$\boldsymbol{b}_3=\boldsymbol{a}_3-\frac{(\boldsymbol{b}_1, \boldsymbol{a}_3)}{\|\boldsymbol{b}_1\|^2}\boldsymbol{b}_1-\frac{(\boldsymbol{b}_2, \boldsymbol{a}_3)}{\|\boldsymbol{b}_2\|^2}\boldsymbol{b}_2$$

で与えられる。

以上の方法を繰り返すことにより，直交基底 $\{\boldsymbol{b}_1, \cdots, \boldsymbol{b}_m\}$ を得る。すなわち

$$\boldsymbol{b}_1=\boldsymbol{a}_1,$$
$$\boldsymbol{b}_2=\boldsymbol{a}_2-\frac{(\boldsymbol{b}_1, \boldsymbol{a}_2)}{\|\boldsymbol{b}_1\|^2}\boldsymbol{b}_1,$$
$$\vdots$$
$$\boldsymbol{b}_m=\boldsymbol{a}_m-\frac{(\boldsymbol{b}_1, \boldsymbol{a}_m)}{\|\boldsymbol{b}_1\|^2}\boldsymbol{b}_1-\frac{(\boldsymbol{b}_2, \boldsymbol{a}_m)}{\|\boldsymbol{b}_2\|^2}\boldsymbol{b}_2-\cdots-\frac{(\boldsymbol{b}_{m-1}, \boldsymbol{a}_m)}{\|\boldsymbol{b}_{m-1}\|^2}\boldsymbol{b}_{m-1} \tag{5.11}$$

この方法を**シュミットの直交化法**（Schmidt's orthogonalization）と呼ぶ。正規直交基底を得るためには，得られた直交基底 $\{\boldsymbol{b}_1, \cdots, \boldsymbol{b}_m\}$ の各ベクトルをそのノルムで割ればよい。すなわち

$$\left\{\frac{\boldsymbol{b}_1}{\|\boldsymbol{b}_1\|}, \cdots, \frac{\boldsymbol{b}_m}{\|\boldsymbol{b}_m\|}\right\}.$$

〔7〕　**直交補空間**　　ベクトル空間 V の部分空間 W が与えられたとき，W のすべてのベクトルと直交するベクトル全体の集合，すなわち

$$\{\boldsymbol{x}\in V \mid \forall \boldsymbol{y}\in W, (\boldsymbol{x}, \boldsymbol{y})=0\}$$

は V の部分空間となる。これを W の**直交補空間**（orthogonal complement）と呼び，$W^\perp$ で表す。なお，$W^\perp$ が V の部分空間になることは，以下により明らかである。

1）$\boldsymbol{a}, \boldsymbol{b}\in W^\perp \;\Rightarrow\; \forall \boldsymbol{y}\in W, (\boldsymbol{a}, \boldsymbol{y})=0\wedge(\boldsymbol{b}, \boldsymbol{y})=0$
$\Rightarrow\; \forall \boldsymbol{y}\in W, (\boldsymbol{a}+\boldsymbol{b}, \boldsymbol{y})=0 \;\Rightarrow\; \boldsymbol{a}+\boldsymbol{b}\in W^\perp.$

2）$\boldsymbol{a}\in W^{\perp}, c\in K \quad \Rightarrow \quad \forall \boldsymbol{y}\in W, (\boldsymbol{a}, \boldsymbol{y})=0$

$$\Rightarrow \quad \forall \boldsymbol{y}\in W, (c\boldsymbol{a}, \boldsymbol{y})=0 \quad \Rightarrow \quad c\boldsymbol{a}\in W^{\perp}.$$

このとき，以下の定理が成り立つ。

定理 5.2　ベクトル空間 V の任意の部分空間 W に対し，その直交補空間を $W^{\perp}$ とすれば，V は W と $W^{\perp}$ の直和に分解される。すなわち

$$V=W+W^{\perp}, W\cap W^{\perp}=\{\boldsymbol{0}\}.$$

定理 5.3　ベクトル空間 V の正規直交基底を $\{\boldsymbol{b}_1, \cdots, \boldsymbol{b}_m\}$ とし，$\boldsymbol{b}_1, \cdots, \boldsymbol{b}_m$ で生成される V の部分空間を $W=\langle \boldsymbol{b}_1, \cdots, \boldsymbol{b}_m\rangle$ とする。V の元 $\boldsymbol{x}$ に対して，ノルム $\|\boldsymbol{x}-\boldsymbol{y}\|$ を最小にする W の元 $\boldsymbol{y}$ は一意に存在し，それは，$\boldsymbol{x}$ の W への正射影

$$\boldsymbol{y}=(\boldsymbol{x}, \boldsymbol{b}_1)\boldsymbol{b}_1+\cdots+(\boldsymbol{x}, \boldsymbol{b}_m)\boldsymbol{b}_m$$

で与えられる。

5.1.2 計量ベクトル空間

〔1〕 **ベクトル空間**　　$\boldsymbol{R}$ または $\boldsymbol{C}$ の要素（スカラー）を係数とする加法群 V を，**ベクトル空間**（vector space）あるいは**線形空間**（linear space）と呼ぶ。すなわち，ベクトル空間 V では，その要素 u，v，w に対して以下が成立する。

1）加法：

$$u+v=v+u.$$

$$(u+v)+w=u+(v+w).$$

2）すべての V の要素 u，w に対して

$$u+v=w$$

を満たす V の要素 v がただ1つ存在する。

3）スカラー倍：スカラー1，α，β に対して

$$1x=x,$$

$$\alpha(\beta u)=(\alpha\beta)u$$

が成り立つ。

4）線形演算：

$$\alpha(u+v)=\alpha u+\alpha v,$$

$$(\alpha+\beta)u=\alpha u+\beta u.$$

【例 5.2】　閉区間［α, β］上の連続関数の集合は，関数の和とスカラー倍によってベクトル空間を構成する。◇

〔2〕　**内積とノルム**　　数ベクトル空間で定義した内積の基本的な性質に基づいて，内積の公理を確立し，本節で定義した一般のベクトル空間 V に適用してみよう。

ベクトル空間 V の要素 f，g に対して，次の公理を満足するスカラーが存在するとき，これを内積と呼び，(f, g) で表す。

1）正値性：$(f, f)\geqq 0$，かつ $(f, f)=0$ と $f=0$ は同等。

2）対称性：$(f, g)=\overline{(g, f)}$，ここに $\overline{a}$ はスカラー a の共役複素数。

3）線形性：$(f_1+f_2, g)=(f_1, g)+(f_2, g)$, $(af, g)=a(f, g)$, $(f, ag)=\overline{a}(f, g)$.

数ベクトル空間で定義した内積は，上記の公理を満たす。数ベクトル空間のときと同様に，内積が 0 である 2 つのベクトル空間 V の要素は直交しているという。また，V の要素 f のノルムを

$$\|f\|=(f, f) \tag{5.12}$$

で定義する。

【例 5.3】　閉区間［α, β］上の連続関数によって構成されるベクトル空間では，内積を

$$(f, g)=\int_\alpha^\beta f(x)\overline{g(x)}dx \tag{5.13}$$

によって定義できる。その際，ノルムは

$$\|f\|=\sqrt{(f,\ f)}=\sqrt{\int_{\alpha}^{\beta} f(x)\overline{f(x)}dx}=\sqrt{\int_{\alpha}^{\beta} |f(x)|^2 dx} \tag{5.14}$$

で与えられる。◇

さて，ベクトル空間の要素 u，v に対して，$d(u, v)=\|u-v\|$ は**距離**（distance）の公理

1）$d(u, v)\geqq 0$，$u=v \Leftrightarrow d(u, v)=0$

2）$d(u, v)=d(v, u)$

3）$d(u, w)\leqq d(u, v)+d(v, w)$　（三角不等式）

を満足する。この距離の意味での収束 $\lim_{n\to\infty}\|u_n-u\|=0$ を $\lim_{n\to\infty}u_n=u$ と書く。そうすれば，収束点列 u_n は，上記三角不等式により**コーシーの収束条件**（Cauchy's criterion）

$$\lim_{n,\ m\to\infty}\|u_n-u_m\|=0$$

を満たす。コーシーの収束条件を満足するベクトル空間 V の点列 $\{u_n\}$ に対して，$u=\lim_{n\to\infty}u_n$ を満たす収束点 u が V 内に存在するとき（このような性質を**完備**（complete）と呼ぶ），V を**ヒルベルト空間**（Hilbert space）と呼ぶ。以下，ヒルベルト空間を H で表す。

〔**3**〕 **直交関数系**　ヒルベルト空間 H の部分集合 $\{u_l \mid l=1, 2, \cdots\}$ が内積

$$(u_l, u_k)=\delta_{lk}$$

を満たすとき，$\{u_l\}$ を H の正規直交系という。ここに

$$\delta_{lk}=\begin{cases}1, & l=k,\\ 0, & l\neq k\end{cases} \tag{5.15}$$

である。また，いずれも恒等的に 0 でない関数の集合

$$u_1, u_2, \cdots, u_n, \cdots$$

がある変域で定義され，その内積が

$$(u_l, u_k)=\delta_{lk}$$

を満足するとき，この関数系を**正規直交関数系**（orthonormal system）という。

【例 5.4】　区間 $[0, 2\pi]$ で定義された関数系

$$\frac{1}{\sqrt{2\pi}},\ \frac{1}{\sqrt{\pi}}\cos x,\ \frac{1}{\sqrt{\pi}}\sin x,\ \frac{1}{\sqrt{\pi}}\cos 2x,\ \frac{1}{\sqrt{\pi}}\sin 2x,\ \cdots$$

は，内積

$$(f, g) = \int_0^{2\pi} f(x)\overline{g(x)}dx$$

によって，正規直交関数系をなす。これは，以下の計算によって示される。すなわち，整数 n が $n \neq 0$ を満たすとき

$$\left(\frac{1}{\sqrt{2\pi}}, \frac{1}{\sqrt{2\pi}}\right) = \frac{1}{2\pi}\int_0^{2\pi} dx = 1,$$

$$\left(\frac{1}{\sqrt{\pi}}\cos nx, \frac{1}{\sqrt{\pi}}\cos nx\right) = \frac{1}{\pi}\int_0^{2\pi}\cos^2 nx dx = \frac{1}{\pi}\int_0^{2\pi}\frac{1+\cos 2nx}{2}dx$$

$$= \frac{1}{2\pi}\left[x + \frac{1}{2n}\sin 2nx\right]_0^{2\pi} = 1,$$

$$\left(\frac{1}{\sqrt{\pi}}\sin nx, \frac{1}{\sqrt{\pi}}\sin nx\right) = \frac{1}{\pi}\int_0^{2\pi}\sin^2 nx dx = \frac{1}{\pi}\int_0^{2\pi}\frac{1-\cos 2nx}{2}dx$$

$$= \frac{1}{2\pi}\left[x - \frac{1}{2n}\sin 2nx\right]_0^{2\pi} = 1,$$

$$\left(\frac{1}{\sqrt{2\pi}}, \frac{1}{\sqrt{\pi}}\cos nx\right) = \frac{1}{\sqrt{2}\pi}\int_0^{2\pi}\cos nx dx = \frac{1}{\sqrt{2}\pi}\left[\frac{1}{n}\sin nx\right]_0^{2\pi} = 0,$$

$$\left(\frac{1}{\sqrt{2\pi}}, \frac{1}{\sqrt{\pi}}\sin nx\right) = \frac{1}{\sqrt{2}\pi}\int_0^{2\pi}\sin nx dx = \frac{1}{\sqrt{2}\pi}\left[-\frac{1}{n}\cos nx\right]_0^{2\pi} = 0,$$

が成り立ち，2つの整数 n，m が $n \neq m$ であるとき

$$\left(\frac{1}{\sqrt{\pi}}\cos nx, \frac{1}{\sqrt{\pi}}\cos mx\right) = \frac{1}{\pi}\int_0^{2\pi}\cos nx \cos mx dx$$

$$= \frac{1}{\pi}\int_0^{2\pi}\frac{\cos(n+m)x + \cos(n-m)x}{2}dx$$

$$=\frac{1}{2\pi}\left[\frac{1}{n+m}\sin(n+m)x+\frac{1}{n-m}\sin(n-m)x\right]_0^{2\pi}$$

$$=0,$$

$$\left(\frac{1}{\sqrt{\pi}}\sin nx,\ \frac{1}{\sqrt{\pi}}\sin mx\right)=\frac{1}{\pi}\int_0^{2\pi}\sin nx\sin mx dx$$

$$=\frac{1}{\pi}\int_0^{2\pi}\frac{\cos(n-m)x-\cos(n+m)x}{2}dx$$

$$=\frac{1}{2\pi}\left[\frac{1}{n-m}\sin(n-m)x-\frac{1}{n+m}\sin(n+m)x\right]_0^{2\pi}$$

$$=0$$

が成り立つ。また，0 でない任意の異なる整数 n，m に対して

$$\left(\frac{1}{\sqrt{\pi}}\cos nx,\ \frac{1}{\sqrt{\pi}}\sin mx\right)=\frac{1}{\pi}\int_0^{2\pi}\cos nx\sin mx dx$$

$$=\frac{1}{\pi}\int_0^{2\pi}\frac{\sin(n+m)x-\sin(n-m)x}{2}dx$$

$$=\frac{1}{2\pi}\left[-\frac{1}{n+m}\cos(n+m)x+\frac{1}{n-m}\cos(n-m)\right]_0^{2\pi}$$

$$=0$$

である。◇

【例 5.5】　区間 $[0, 2\pi]$ で定義された関数系

$$e^{inx},\ n=0,\ \pm1,\ \pm2,\ \cdots$$

は，内積

$$(f,\ g)=\int_0^{2\pi}f(x)\overline{g(x)}\,dx$$

によって，直交関数系をなす。これは，以下の計算で示される。

$$(e^{inx}, e^{inx}) = \int_0^{2\pi} e^{inx}\overline{e^{inx}}dx = \int_0^{2\pi} e^{inx}e^{-inx}dx = \int_0^{2\pi} dx = 2\pi,$$

$$(e^{inx}, e^{imx}) = \int_0^{2\pi} e^{inx}e^{-imx}dx = \int_0^{2\pi} e^{i(n-m)x}dx = \frac{1}{i(n-m)}[e^{i(n-m)x}]_0^{2\pi} = 0,\ n \neq m.$$

5.1.3 線形写像

〔1〕 **線形写像の定義**　ベクトル空間 V, V' に対して，V から V' への写像 f が次の条件 1)，2) を満たすとき，f を**線形写像**（linear mapping）という。

1）$f(\boldsymbol{a}+\boldsymbol{b}) = f(\boldsymbol{a}) + f(\boldsymbol{b})$,　　$\boldsymbol{a}, \boldsymbol{b} \in V$

2）$f(k\boldsymbol{a}) = kf(\boldsymbol{a})$,　　$\boldsymbol{a} \in V, k \in K$

この関係を**図 5.2** に示す。

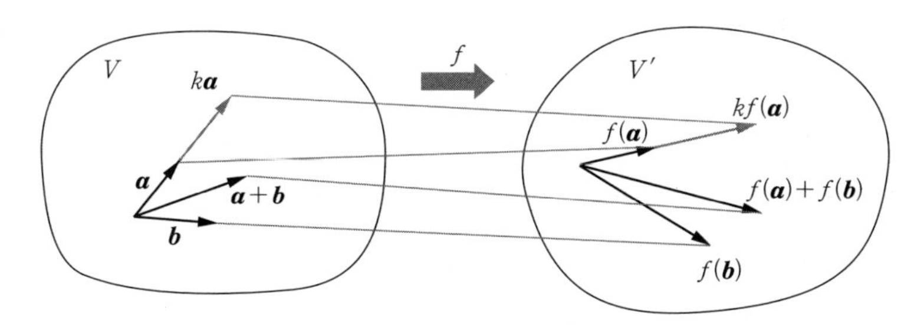

図 5.2　線形写像

次に，座標写像を定義する。V を n 次元実ベクトル空間とし，$\{\boldsymbol{a}_1, \boldsymbol{a}_2, \cdots, \boldsymbol{a}_n\}$ を V の基底，すなわち n 個の一次独立なベクトルの組とする。このとき，$\boldsymbol{x} \in V$ は，$\boldsymbol{x} = x_1\boldsymbol{a}_1 + x_2\boldsymbol{a}_2 + \cdots + x_n\boldsymbol{a}_n$ とただ一通りに表される。この $\boldsymbol{x}$ に数ベクトル

$$\begin{bmatrix} x_1 \\ x_2 \\ \vdots \\ x_n \end{bmatrix}$$

を対応させる V から K^n への写像を座標写像と呼ぶ。

〔**2**〕 **線形写像と行列**　n 次元ベクトル空間から m 次元ベクトル空間への線形写像 $f: K^n \to K^m$ を考える。このとき

$$\boldsymbol{x}=\begin{bmatrix} x_1 \\ x_2 \\ \vdots \\ x_n \end{bmatrix} \in K^n$$

は，標準基底

$$\boldsymbol{e}_1=\begin{bmatrix} 1 \\ 0 \\ \vdots \\ 0 \end{bmatrix}, \cdots, \boldsymbol{e}_n=\begin{bmatrix} 0 \\ \vdots \\ 0 \\ 1 \end{bmatrix}$$

の一次結合で表される。すなわち

$$\boldsymbol{x}=\begin{bmatrix} x_1 \\ x_2 \\ \vdots \\ x_n \end{bmatrix}=x_1\begin{bmatrix} 1 \\ 0 \\ \vdots \\ 0 \end{bmatrix}+\cdots+x_n\begin{bmatrix} 0 \\ \vdots \\ 0 \\ 1 \end{bmatrix}=x_1\boldsymbol{e}_1+\cdots+x_n\boldsymbol{e}_n.$$

ところで，線形写像の性質より

$$f(\boldsymbol{x})=f(x_1\boldsymbol{e}_1+\cdots+x_n\boldsymbol{e}_n)=x_1 f(\boldsymbol{e}_1)+\cdots+x_n f(\boldsymbol{e}_n)$$

が成り立つ。$f(\boldsymbol{e}_j)$，$j=1, \cdots, n$ のベクトル表現を

$$f(\boldsymbol{e}_1)=\begin{bmatrix} a_{11} \\ a_{21} \\ \vdots \\ a_{m1} \end{bmatrix}, f(\boldsymbol{e}_2)=\begin{bmatrix} a_{12} \\ a_{22} \\ \vdots \\ a_{m2} \end{bmatrix}, \cdots, f(\boldsymbol{e}_n)=\begin{bmatrix} a_{1n} \\ a_{2n} \\ \vdots \\ a_{mn} \end{bmatrix} \in K^m$$

とすれば，$\boldsymbol{y}=f(\boldsymbol{x})$ は

$$\boldsymbol{y}=\begin{bmatrix} y_1 \\ y_2 \\ \vdots \\ y_m \end{bmatrix}=x_1\begin{bmatrix} a_{11} \\ a_{21} \\ \vdots \\ a_{m1} \end{bmatrix}+x_2\begin{bmatrix} a_{12} \\ a_{22} \\ \vdots \\ a_{m2} \end{bmatrix}+\cdots+x_n\begin{bmatrix} a_{1n} \\ a_{2n} \\ \vdots \\ a_{mn} \end{bmatrix}=\begin{bmatrix} a_{11}x_1+a_{12}x_2+\cdots+a_{1n}x_n \\ a_{21}x_1+a_{22}x_2+\cdots+a_{2n}x_n \\ \vdots \\ a_{m1}x_1+a_{m2}x_2+\cdots+a_{mn}x_n \end{bmatrix}$$

で表される。

いま，標準基底 $\boldsymbol{e}_1, \cdots, \boldsymbol{e}_n$ の像 $f(\boldsymbol{e}_1), \cdots, f(\boldsymbol{e}_n)$ を並べたものを A と書く。す

なわち

$$A=\begin{bmatrix} a_{11} & a_{12} & \cdots & a_{1n} \\ a_{21} & a_{22} & \cdots & a_{2n} \\ & \vdots & & \\ a_{m1} & a_{m2} & \cdots & a_{mn} \end{bmatrix}.$$

この A を，線形写像 f の**行列**（matrix）と呼ぶ。こうすれば，$\boldsymbol{y}=f(\boldsymbol{x})$ は

$$\begin{bmatrix} y_1 \\ y_2 \\ \vdots \\ y_m \end{bmatrix}=\begin{bmatrix} a_{11}x_1+a_{12}x_2+\cdots+a_{1n}x_n \\ a_{21}x_1+a_{22}x_2+\cdots+a_{2n}x_n \\ \vdots \\ a_{m1}x_1+a_{m2}x_2+\cdots+a_{mn}x_n \end{bmatrix}=\begin{bmatrix} a_{11} & a_{12} & \cdots & a_{1n} \\ a_{21} & a_{22} & \cdots & a_{2n} \\ & \vdots & & \\ a_{m1} & a_{m2} & \cdots & a_{mn} \end{bmatrix}\begin{bmatrix} x_1 \\ x_2 \\ \vdots \\ x_n \end{bmatrix}$$

より $\boldsymbol{y}=A\boldsymbol{x}$ と書くことができる。行列表現を用いれば，線形写像を代数計算で求めることが可能となる。

5.1.4　固有値と固有ベクトル

$n\times n$ 正方行列 A に対して

$$A\boldsymbol{x}=\lambda\boldsymbol{x} \tag{5.16}$$

を満たすベクトル $\boldsymbol{x}$ とスカラー λ が存在するとき，λ を A の**固有値**（eigenvalue），$\boldsymbol{x}$ を λ に対する**固有ベクトル**（eigenvector）と呼ぶ。固有値 λ が $\lambda>0$ 場合，**図 5.3** に示すように，固有ベクトルは，行列（線形写像）A を施しても方向が不変なベクトルである。$\lambda<0$ の場合は，固有ベクトルは，行列 A を施すと逆方向を向く。

固有値と固有ベクトルは，以下のように求めることができる。式 $A\boldsymbol{x}=\lambda\boldsymbol{x}$

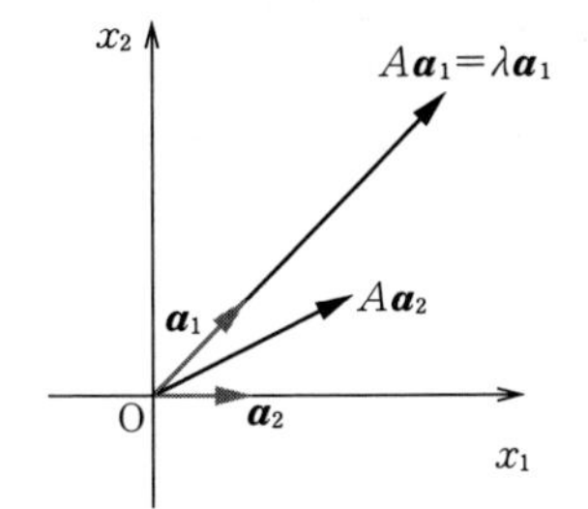

ベクトル $\boldsymbol{a}_1$：固有ベクトル（固有値 λ）
ベクトル $\boldsymbol{a}_2$：固有ベクトルでない一般のベクトル

図 5.3　行列 A とその固有ベクトルの幾何学的関係

は，$(A-\lambda I)\boldsymbol{x}=0$ と変形できる。この方程式 $(A-\lambda I)\boldsymbol{x}=0$ が $\boldsymbol{x}=0$ 以外の解を持つための条件は，行列式 $|A-\lambda I|$ が $|A-\lambda I|=0$ を満たすことである。そこで，**固有方程式**（characteristic equation）あるいは固有多項式を

$$D(\lambda)=|A-\lambda I|=0$$

で定義すれば，固有値は，固有方程式の解として得られる。このとき，固有ベクトルは，求まった固有値 $\tilde{\lambda}$ が満たす式 $(A-\tilde{\lambda}I)\boldsymbol{x}=0$ から解くことができる。

【例 5.6】　$A=\begin{bmatrix}-5 & 2\\ 2 & -2\end{bmatrix}$ の固有値と固有ベクトルを求める。固有方程式は

$$D(\lambda)=\left|\begin{bmatrix}-5 & 2\\ 2 & -2\end{bmatrix}-\lambda\begin{bmatrix}1 & 0\\ 0 & 1\end{bmatrix}\right|=\begin{vmatrix}-5-\lambda & 2\\ 2 & -2-\lambda\end{vmatrix}=(-5-\lambda)(-2-\lambda)-4$$
$$=\lambda^2+7\lambda+6=(\lambda+1)(\lambda+6)=0$$

であるから，固有値は，$\lambda_1=-1$，$\lambda_2=-6$ として求められる。$\lambda_1=-1$ に対する固有ベクトルは，その要素を x_1，x_2 とすれば

$$(A-\lambda_1 I)\boldsymbol{x}=\begin{bmatrix}-5-\lambda_1 & 2\\ 2 & -2-\lambda_1\end{bmatrix}\begin{bmatrix}x_1\\ x_2\end{bmatrix}=\begin{bmatrix}-4 & 2\\ 2 & -1\end{bmatrix}\begin{bmatrix}x_1\\ x_2\end{bmatrix}=\begin{bmatrix}-4x_1+2x_2\\ 2x_1-x_2\end{bmatrix}=0$$

より $x_2=2x_1$ である。連立方程式の係数行列式を 0 とおいたので，解は無限個存在する。c_1 を任意定数として $x_1=c_1$ と選べば，固有ベクトルは

$$c_1\begin{bmatrix}1\\ 2\end{bmatrix}$$

で表される。すなわち，固有ベクトルの方向のみが定まる。$\lambda_2=-6$ に対する固有ベクトルも同様に

$$(A-\lambda_2 I)\boldsymbol{x}=\begin{bmatrix}-5-\lambda_2 & 2\\ 2 & -2-\lambda_2\end{bmatrix}\begin{bmatrix}x_1\\ x_2\end{bmatrix}=\begin{bmatrix}1 & 2\\ 2 & 4\end{bmatrix}\begin{bmatrix}x_1\\ x_2\end{bmatrix}=\begin{bmatrix}x_1+2x_2\\ 2x_1+4x_2\end{bmatrix}=0$$

よりその要素間に $x_2=-x_1/2$ という式が成り立つので，c_2 を任意定数とすれば，固有ベクトルは

$$c_2\begin{bmatrix}2\\ -1\end{bmatrix}$$

で表される。◇

以下，固有値，固有ベクトルの性質をまとめておこう。$n \times n$ 正方行列 A の異なる固有値の個数は少なくとも 1 つで，最大では n 個存在する。これは，固有多項式が λ に関する n 次の多項式であることによる。また，$\boldsymbol{x}$ が固有値 λ に対する固有ベクトルであれば，スカラー C に対して $c\boldsymbol{x}$ も λ に対する固有ベクトルである。

5.1.5 ベクトルの微分

ここでは，ベクトルの時間微分と空間微分について述べる。なお，3 次元空間の空間変数を (x, y, z) で表し，時間変数を t で表す。

〔1〕 **時 間 微 分**　時間を変数とするベクトル関数

$$\boldsymbol{f}(t) = \begin{pmatrix} f_x(t) \\ f_y(t) \\ f_z(t) \end{pmatrix}$$

の微分は，ベクトル表記を用いると

$$\frac{\partial \boldsymbol{f}(t)}{\partial t} = \begin{pmatrix} \dfrac{\partial f_x(t)}{\partial t} \\ \dfrac{\partial f_y(t)}{\partial t} \\ \dfrac{\partial f_z(t)}{\partial t} \end{pmatrix} \tag{5.17}$$

で表される。

〔2〕 **空間微分**　空間微分演算子 ∇ を

$$\nabla = \begin{pmatrix} \dfrac{\partial}{\partial x} \\ \dfrac{\partial}{\partial y} \\ \dfrac{\partial}{\partial z} \end{pmatrix} \quad \text{または，} \nabla = \left(\frac{\partial}{\partial x} \ \ \frac{\partial}{\partial y} \ \ \frac{\partial}{\partial z} \right) \tag{5.18}$$

で表す。基本的には縦ベクトルを用いるが，誤解の恐れがない場合には，断りなく横ベクトルを用いる。

空間微分演算子を用いれば，スカラー場を表す関数 f の空間微分は

$$\mathrm{grad}\, f=\nabla f=\begin{pmatrix}\dfrac{\partial f}{\partial x}\\ \dfrac{\partial f}{\partial y}\\ \dfrac{\partial f}{\partial z}\end{pmatrix} \tag{5.19}$$

で定義される。式 (5.19) を，スカラー場の**勾配**（gradient）と呼ぶ。

【例 5.7】　$f(x,y,z)=x^2+y^2+z^2$ のとき，その勾配は

$$\mathrm{grad}\, f=\begin{pmatrix}\dfrac{\partial}{\partial x}(x^2+y^2+z^2)\\ \dfrac{\partial}{\partial y}(x^2+y^2+z^2)\\ \dfrac{\partial}{\partial z}(x^2+y^2+z^2)\end{pmatrix}=2\begin{pmatrix}x\\ y\\ z\end{pmatrix}$$

で与えられる。◇

ベクトル場を表す関数 $\boldsymbol{v}$ を

$$\boldsymbol{v}(x,y,z)=\begin{pmatrix}v_x(x,y,z)\\ v_y(x,y,z)\\ v_z(x,y,z)\end{pmatrix}$$

とする。このとき，その空間的な変化量を表すスカラー関数を，空間微分演算子と関数 $\boldsymbol{v}$ との内積により

$$\mathrm{div}\boldsymbol{v}=\nabla\cdot\boldsymbol{v}=\begin{pmatrix}\dfrac{\partial}{\partial x} & \dfrac{\partial}{\partial y} & \dfrac{\partial}{\partial z}\end{pmatrix}\begin{pmatrix}v_x\\ v_y\\ v_z\end{pmatrix}=\frac{\partial v_x}{\partial x}+\frac{\partial v_y}{\partial y}+\frac{\partial v_z}{\partial z} \tag{5.20}$$

で定義する。式 (5.20) を，ベクトル場の**発散**（divergence）と呼ぶ。

【例 5.8】　$\boldsymbol{v}(x,y,z)=\begin{pmatrix}x^2-y^2\\ y^2-z^2\\ z^2-x^2\end{pmatrix}$ のとき，その発散は

$$\mathrm{div}\boldsymbol{v}=\frac{\partial}{\partial x}(x^2-y^2)+\frac{\partial}{\partial y}(y^2-z^2)+\frac{\partial}{\partial z}(z^2-x^2)=2(x+y+z)$$

で与えられる。◇

一方，ベクトル場関数 $\boldsymbol{v}$ の空間的な変化量を表すベクトル関数として，ベクトル場の**回転**（rotation あるいは，curl）がある。これは

$$\mathrm{rot}\boldsymbol{v}=\nabla\times\boldsymbol{v}=\begin{pmatrix}\dfrac{\partial}{\partial x}\\ \dfrac{\partial}{\partial y}\\ \dfrac{\partial}{\partial z}\end{pmatrix}\times\begin{pmatrix}v_x\\ v_y\\ v_z\end{pmatrix}=\begin{pmatrix}\dfrac{\partial v_z}{\partial y}-\dfrac{\partial v_y}{\partial z}\\ \dfrac{\partial v_x}{\partial z}-\dfrac{\partial v_z}{\partial x}\\ \dfrac{\partial v_y}{\partial x}-\dfrac{\partial v_x}{\partial y}\end{pmatrix} \tag{5.21}$$

で定義される。上式における×は，**ベクトル積**（vector product）あるいは外積と呼ばれる演算である。

【例 5.9】 $\boldsymbol{v}(x, y, z)=\begin{pmatrix}x^2-y^2\\ y^2-z^2\\ z^2-x^2\end{pmatrix}$ のとき，その回転は

$$\mathrm{rot}\boldsymbol{v}=\begin{pmatrix}\dfrac{\partial}{\partial y}(z^2-x^2)-\dfrac{\partial}{\partial z}(y^2-z^2)\\ \dfrac{\partial}{\partial z}(x^2-y^2)-\dfrac{\partial}{\partial x}(z^2-x^2)\\ \dfrac{\partial}{\partial x}(y^2-z^2)-\dfrac{\partial}{\partial y}(x^2-y^2)\end{pmatrix}=2\begin{pmatrix}z\\ x\\ y\end{pmatrix}$$

で計算される。◇

最後に，2 階の空間微分演算子**ラプラシアン**（Laplacian）∇^2 を与えよう。これは，スカラー場 f に対して

$$\nabla^2 f=\begin{pmatrix}\dfrac{\partial}{\partial x} & \dfrac{\partial}{\partial y} & \dfrac{\partial}{\partial z}\end{pmatrix}\begin{pmatrix}\dfrac{\partial}{\partial x}\\ \dfrac{\partial}{\partial y}\\ \dfrac{\partial}{\partial z}\end{pmatrix}f=\left(\frac{\partial^2}{\partial x^2}+\frac{\partial^2}{\partial y^2}+\frac{\partial^2}{\partial z^2}\right)f=\frac{\partial^2 f}{\partial x^2}+\frac{\partial^2 f}{\partial y^2}+\frac{\partial^2 f}{\partial z^2} \tag{5.22}$$

で定義される。

5.1.6 ベクトルの積分

3次元空間の空間変数を（x, y, z）で表し，この空間におけるベクトルの積分について述べる。まず，3次元空間内の曲面Sにおける面積積分を$\iint_S dS$で表す。曲面Sの方程式を$g(x, y, z)=0$で表すと，関数fのSにおける面積積分は

$$\iint_S f dS = \iiint_{\{(x,\,y,\,z)|g(x,\,y,\,z)=0\}} f(x, y, z)dxdydz \tag{5.23}$$

で定義される。

【例5.10】 原点を中心とする半径aの球面Sを考える。このとき，S上での関数fの面積積分は

$$\iint_S f dS = \iiint_{\{(x,\,y,\,z)|x^2+y^2+z^2-a^2=0\}} f(x, y, z)dxdydz$$

で表される。◇

一方，3次元空間内の領域Vにおける体積積分を$\iiint_V dV$で表す。境界面を含む領域Vを$g(x, y, z)\leqq 0$で表すと，関数fのVにおける体積積分は

$$\iiint_V f dV = \iiint_{\{(x,\,y,\,z)|g(x,\,y,\,z)\leqq 0\}} f(x, y, z)dxdydz \tag{5.24}$$

で定義される。

【例5.11】 原点を中心とする半径aの球における体積積分を考える。この積分は

$$\iiint_V f dV = \iiint_{\{(x,\,y,\,z)|x^2+y^2+z^2-a^2\leqq 0\}} f(x, y, z)dxdydz$$

で表される。◇

さて，ベクトル場$\boldsymbol{v}(x, y, z)$に関する**ガウスの定理**（Gauss' theorem）は

$$\iiint_V \mathrm{div}\boldsymbol{v} dV = \iint_S \boldsymbol{v}\cdot\boldsymbol{n} dS \tag{5.25}$$

で表される。ここに，**図 5.4** に示すように，V は空間上の 3 次元領域，S は領域 V の境界を形成する閉曲面，dV は V を細かく分割した場合の微小部分の体積，dS は S を細かく分割した場合の微小部分の面積，$\boldsymbol{n}$ は微小体積 dS における V の法線方向単位ベクトルである。また，内積 $\boldsymbol{v}\cdot\boldsymbol{n}$ はベクトル $\boldsymbol{v}$ の $\boldsymbol{n}$ 方向成分である。この定理は，式 (5.25) の左辺，すなわち V 内でのベクトル $\boldsymbol{v}$ の変化量の合計が，同右辺で示された S を通して出入りするベクトル $\boldsymbol{v}$ の合計と等しいことを意味する。

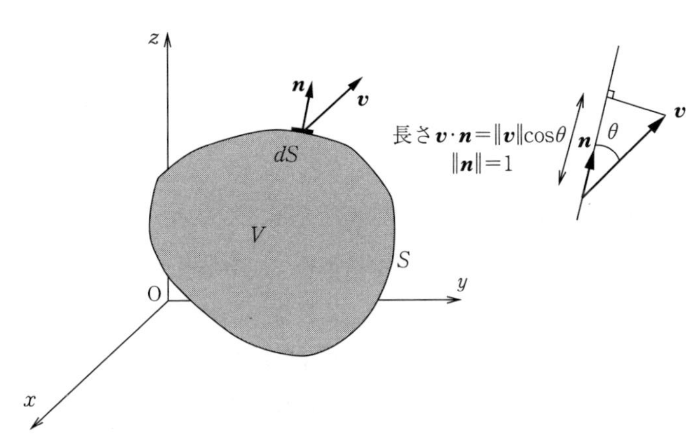

図 5.4　領域 V およびその境界面 S

一方，スカラー場 $f(x, y, z)$ に関するガウスの定理は

$$\iiint_V \mathrm{grad}\, f dV = \iint_S f\boldsymbol{n} dS \tag{5.26}$$

で与えられる。その意味も，ベクトル場に関するガウスの定理と同じである。

5.2　微 分 方 程 式

波動方程式などの 2 階の**偏微分方程式**（partial differential equation）の解法を紹介する。波動方程式の一般的な解法は，まず変数分離法を用いて変数ごとの**常微分方程式**（ordinary differential equation）とした後，境界条件を与えることで**スツルム-リウヴィル**（Sturm-Liouville）**型微分方程式**の固有値問題に帰着させ，フーリエの方法を用いて一般解を導出することである。本節は，まずフーリエ級数について述べた後，1 階および 2 階の常微分方程式の解法を与える。また波動方程式の例として 2.2.1 項で述べた両端を固定した弦の振動を取り上げ，その一般解を示す。

5.2.1 フーリエ級数

フーリエ級数やフーリエ変換を数学的にきちんと扱うためには，関数 f のフーリエ級数展開が f に収束するための条件や，フーリエ変換対が成り立つために関数 f に課せられる条件などを吟味することが求められ，測度論や超関数の理論が必要となる。

このような理論展開は，本書の守備範囲を超えるため，本書では，無限回微分可能で有限の値を取り，かつ有界な台を持つ（有限集合に対してのみ 0 でない値を持つ）関数を扱う。この理由は，音響学で扱うほとんどの変量は，十分滑らかで（無限回微分可能な関数），かつ有限振幅の関数で近似可能と考えられること，また音響学では，時間的にも空間的にも有限の範囲で定義された変量を考えればよいからである。その結果，フーリエ級数の収束性が保証され，フーリエ変換対も成立する。

さて，次の形の級数を**フーリエ級数**（Fourier series）と呼ぶ。

$$\frac{1}{2}a_0+\sum_{n=1}^{\infty}(a_n\cos nx+b_n\sin nx). \tag{5.27}$$

そのうえで，R^1 上の周期 2π の関数 $f(x)$ が

$$f(x)=\frac{1}{2}a_0+\sum_{n=1}^{\infty}(a_n\cos nx+b_n\sin nx) \tag{5.28}$$

を満たすならば，式 (5.28) を関数 f のフーリエ級数展開という。**フーリエ係数**（Fourier coefficient）a_n，b_n は

$$a_n=\frac{1}{\pi}\int_{-\pi}^{\pi}f(x)\cos nx dx, \quad n=0, 1, 2, \cdots,$$

$$b_n=\frac{1}{\pi}\int_{-\pi}^{\pi}f(x)\sin nx dx, \quad n=1, 2, \cdots \tag{5.29}$$

で与えられる。式 (5.29) は，区間 $[-\pi, \pi]$ で定義された関数系

$$\frac{1}{\sqrt{2\pi}}, \frac{1}{\sqrt{\pi}}\cos x, \frac{1}{\sqrt{\pi}}\sin x, \frac{1}{\sqrt{\pi}}\cos 2x, \frac{1}{\sqrt{\pi}}\sin 2x, \cdots$$

が正規直交系をなすことより示される。区間 $[-L, L]$ で定義された関数 $f(x)$ のフーリエ級数展開は，変数 x を $(\pi/L)x$ に置き換えて展開することによって得られる。すなわち

$$f(x)=\frac{1}{2}a_0+\sum_{n=1}^{\infty}\left(a_n\cos\frac{n\pi}{L}x+b_n\sin\frac{n\pi}{L}x\right),$$

$$a_n=\frac{1}{L}\int_{-L}^{L}f(x)\cos\frac{n\pi}{L}x dx, \quad n=0, 1, 2, \cdots,$$

$$b_n=\frac{1}{L}\int_{-L}^{L}f(x)\sin\frac{n\pi}{L}x dx, \quad n=0, 1, 2, \cdots \tag{5.30}$$

である。

周期 2π の関数 $f(x)$ に関する級数展開

$$f(x)=\sum_{n=-\infty}^{\infty}c_n e^{inx} \tag{5.31}$$

を複素フーリエ級数展開と呼ぶ。ここに，変数 x は実数値を取る。このとき，複素フーリエ係数 c_n は

$$c_n=\frac{1}{2\pi}\int_{-\pi}^{\pi}f(x)e^{-inx}dx \tag{5.32}$$

で与えられる。式 (5.32) は，区間 $[-\pi, \pi]$ で定義された関数系

$$e^{inx}, \quad n=0, \pm 1, \pm 2, \cdots$$

が，内積

$$(f, g)=\int_{-\pi}^{\pi} f(x)\overline{g(x)}dx$$

によって，直交関数系をなすことに基づく。すなわち

$$(f, e^{inx})=\int_{-\pi}^{\pi} f(x)e^{-inx}dx=\int_{-\pi}^{\pi}\sum_{m=-\infty}^{\infty} c_m e^{imx}e^{-inx}dx$$

$$=\sum_{m=-\infty}^{\infty} c_m\int_{-\pi}^{\pi} e^{imx}e^{-inx}dx=\sum_{m=-\infty}^{\infty} c_m(e^{imx}, e^{inx})=2\pi c_n.$$

n 次元数ベクトル空間において，座標

$$\boldsymbol{x}=\begin{pmatrix} x_1 \\ x_2 \\ \vdots \\ x_n \end{pmatrix}$$

から，k 番目の要素を抜き出すには，標準基底 e_k との内積を取ればよかった。すなわち，$x_k=(\boldsymbol{x}, \boldsymbol{e}_k)$。関数をフーリエ級数展開で表した場合の k 次成分の係数も，e^{ikx} との内積によって求めることができる。

5.2.2 常微分方程式

変数 x の関数 $p_1(x), p_2(x), \cdots, p_n(x), q(x)$ を連続関数とするとき

$$\frac{d^n y}{dx^n}+p_1(x)\frac{d^{n-1}y}{dx^{n-1}}+\cdots+p_n(x)y=q(x) \tag{5.33}$$

を線形常微分方程式という。本書では，線形常微分方程式のみを扱い，誤解の恐れがない限り常微分方程式もしくは微分方程式と略記する。式 (5.33) において $q(x)=0$ である微分方程式を，**同次**（homogeneous）であるという。さて，常微分方程式の解には，**一般解**（general solution）と**特解**（particular solution）がある。ここに，一般解は，任意定数を用いて解全体を表す関数であり，特解は，任意定数に特別な値を与えた関数である。

〔1〕 **1 階常微分方程式**　　式 (5.33) において $n=1$ の場合，すなわち

$$\frac{dy}{dx}+p(x)y=q(x) \tag{5.34}$$

を1階常微分方程式と呼ぶ。式 (5.34) において $q(x)=0$ の場合，すなわち

$$\frac{dy}{dx}+p(x)y=0 \tag{5.35}$$

を1階同次微分方程式と呼ぶ。式 (5.35) の一般解は，同式を

$$\frac{dy}{y}=-p(x)dx$$

と変形して積分することにより

$$y=Ce^{-\int p(x)\,dx} \tag{5.36}$$

で与えられる。ただし，C は任意定数である。

【例 5.12】 微分方程式

$$\frac{dy}{dx}+\lambda y=0 \tag{5.37}$$

の一般解は

$$y=Ce^{-\lambda x} \tag{5.38}$$

で与えられる。◇

同次でない1階微分方程式の解法として，定数変化法が知られている。この方法は，同次の場合の任意定数を x の関数と見なして解く方法である。式 (5.36) を $y=C(x)e^{-\int p(x)\,dx}$ とし，これを x で微分すれば

$$\frac{dy}{dx}=\frac{dC(x)}{dx}e^{-\int p(x)\,dx}-C(x)p(x)e^{-\int p(x)\,dx}=\frac{dC(x)}{dx}e^{-\int p(x)\,dx}-p(x)y$$

を得る。この式を式 (5.34) に代入すれば

$$\frac{dC(x)}{dx}e^{-\int p(x)\,dx}-p(x)y+p(x)y=q(x)$$

となり

$$\frac{dC(x)}{dx}=q(x)e^{\int p(x)\,dx}$$

を得る。上式を x で積分すれば

$$C(x)=\int q(x)e^{\int p(x)\,dx}dx+A$$

である。非同次1階微分方程式(5.34)の一般解は，得られた $C(x)$ を式(5.36)に代入することにより

$$y=e^{-\int p(x)\,dx}\left\{\int q(x)e^{\int p(x)\,dx}dx+A\right\} \tag{5.39}$$

で与えられる。

【例5.13】 微分方程式

$$\frac{dy}{dx}+\lambda y=\cos x$$

の解は

$$y=\frac{1}{1+\lambda^2}(\sin x+\lambda\cos x)+Ae^{-\lambda x}$$

で与えられる。これは，式(5.39)に基づく計算

$$y=e^{-\lambda x}\left\{\int\cos xe^{\lambda x}dx+\tilde{A}\right\}=e^{-\lambda x}\left\{\frac{1}{2}\int(e^{(\lambda+i)x}+e^{(\lambda-i)x})dx+\tilde{A}\right\}$$

$$=e^{-\lambda x}\left\{\frac{1}{2}\left(\frac{1}{\lambda+i}e^{(\lambda+i)x}+\frac{1}{\lambda-i}e^{(\lambda-i)x}\right)+A\right\}$$

$$=e^{-\lambda x}\frac{e^{\lambda x}}{1+\lambda^2}\left\{\lambda\frac{(e^{ix}+e^{-ix})}{2}-i\frac{(e^{ix}-e^{-ix})}{2}\right\}+Ae^{-\lambda x}$$

$$=\frac{1}{1+\lambda^2}(\sin x+\lambda\cos x)+Ae^{-\lambda x}$$

より明らかである。◇

〔2〕 **2階同次微分方程式**　　2階同次微分方程式は

$$P(y)=\frac{d^2y}{dx^2}+a_1\frac{dy}{dx}+a_2y=0 \tag{5.40}$$

で表される。式(5.40)の一般解を求めるため，$y=e^{\mu x}$ とおく。このとき

$$\frac{dy}{dx}=\mu e^{\mu x},\quad \frac{d^2y}{dx^2}=\mu^2e^{\mu x}$$

であるから，$P(y)$ に対応する多項式を

$$\phi(\mu)=\mu^2+a_1\mu+a_2 \tag{5.41}$$

とすれば，式 (5.40) は

$$P(y)=\mu^2e^{\mu x}+a_1\mu e^{\mu x}+a_2e^{\mu x}=e^{\mu x}\phi(\mu)$$

より

$$P(y)=e^{\mu x}\phi(\mu) \tag{5.42}$$

で表される。式 (5.42) の一般解を求めるため，多項式 $\phi(\mu)=0$ の根が，異なる 2 根である場合と，重根である場合について検討してみよう。

$\phi(\mu)=0$ の根が異なる 2 根である場合，それらの根を μ_1，μ_2 とすれば，$y_1=e^{\mu_1 x}$ と $y_2=e^{\mu_2 x}$ は $P(y)=0$ を満足する。したがって，$P(y)=0$ の一般解は，任意定数 C_1，C_2 によって

$$y=C_1e^{\mu_1 x}+C_2e^{\mu_2 x} \tag{5.43}$$

で与えられる。

一方，多項式 $\phi(\mu)=0$ の根 μ_1 が重根である場合，$y_1=e^{\mu_1 x}$ は $P(y_1)=0$ を満足する。また，μ_1 が重根であることから，$\phi(\mu)=C(\mu-\mu_1)^2$ を得る。ここに，C は任意定数である。したがって

$$\phi'(\mu)=2C(\mu-\mu_1)$$

であるから

$$\phi(\mu_1)=0,\quad \phi'(\mu_1)=0$$

が成り立つ。さて，式 (5.42) に μ_1 と $y_1=e^{\mu_1 x}$ を代入して μ_1 で微分すれば，その左辺は

$$\begin{aligned}\frac{d}{d\mu_1}P(e^{\mu_1 x})&=\frac{d}{d\mu_1}\left\{\frac{d^2}{dx^2}e^{\mu_1 x}+a_1\frac{d}{dx}e^{\mu_1 x}+a_2e^{\mu_1 x}\right\}\\&=\frac{d^2}{dx^2}\left(\frac{de^{\mu_1 x}}{d\mu_1}\right)+a_1\frac{d}{dx}\left(\frac{de^{\mu_1 x}}{d\mu_1}\right)+a_2\frac{de^{\mu_1 x}}{d\mu_1}\\&=\frac{d^2}{dx^2}(xe^{\mu_1 x})+a_1\frac{d}{dx}(xe^{\mu_1 x})+a_2(xe^{\mu_1 x})=P(xe^{\mu_1 x})\end{aligned}$$

であり，右辺は

$$\frac{d}{d\mu_1}\{e^{\mu_1 x}\phi(\mu_1)\}=xe^{\mu_1 x}\phi(\mu_1)+e^{\mu_1 x}\phi'(\mu_1)=e^{\mu_1 x}\{x\phi(\mu_1)+\phi'(\mu_1)\}$$

となる。ゆえに

$$P(xe^{\mu_1 x})=e^{\mu_1 x}\{x\phi(\mu_1)+\phi'(\mu_1)\}$$

を得る。$\phi(\mu_1)=0$，かつ $\phi'(\mu_1)=0$ であるから

$$P(xe^{\mu_1 x})=e^{\mu_1 x}\{x\phi(\mu_1)+\phi'(\mu_1)\}=0$$

であり，$y_2=xe^{\mu_1 x}$ も $P(y_2)=0$ を満足する。したがって，式 (5.40) の一般解は

$$y=C_1e^{\mu_1 x}+C_2xe^{\mu_1 x} \tag{5.44}$$

で与えられる。

【例 5.14】 微分方程式

$$\frac{d^2y}{dx^2}=\lambda y$$

の一般解は

$$y=C_1e^{\sqrt{\lambda}x}+C_2e^{-\sqrt{\lambda}x}$$

で与えられる。これは，対応する 2 次式

$$\phi(\mu)=\mu^2-\lambda$$

の異なる 2 根が $\mu_1=\sqrt{\lambda}$，$\mu_2=-\sqrt{\lambda}$ となることから得られる。◇

5.2.3 2 階偏微分方程式

本項では，波動方程式を中心とした 2 階偏微分方程式について述べる。一般に，2 階偏微分方程式は，**放物型**（parabolic type），**楕円型**（elliptic type），**双曲型**（hyperbolic type）に分類される。放物型の代表例は**熱伝導方程式**（equation of heat conduction）であり

$$\frac{\partial u}{\partial t}-a^2\left(\frac{\partial^2 u}{\partial x^2}+\frac{\partial^2 u}{\partial y^2}+\frac{\partial^2 u}{\partial z^2}\right)=0 \qquad \left(\frac{\partial u}{\partial t}-a^2\nabla^2 u=0\right) \tag{5.45}$$

で表される。楕円型の代表例は**ラプラスの方程式**（Laplace's equation）であり

$$\frac{\partial^2 u}{\partial x^2}+\frac{\partial^2 u}{\partial y^2}+\frac{\partial^2 u}{\partial z^2}=0 \qquad (\nabla^2 u=0) \tag{5.46}$$

で表される。双曲型の代表例は波動方程式であり，1 次元波動方程式は

$$\frac{\partial^2 u}{\partial t^2}-c^2\frac{\partial^2 u}{\partial x^2}=0 \tag{5.47}$$

で，また3次元波動方程式は

$$\frac{\partial^2 u}{\partial t^2}-c^2\left(\frac{\partial^2 u}{\partial x^2}+\frac{\partial^2 u}{\partial y^2}+\frac{\partial^2 u}{\partial z^2}\right)=0 \qquad \left(\frac{\partial^2 u}{\partial t^2}-c^2\nabla^2 u=0\right) \tag{5.48}$$

で与えられる。

2階偏微分方程式の解を求める問題には，以下の3つの問題がある。

1）初期値問題：**初期条件**（initial condition：初期時刻 t_0 における初期値）を満たす解を求める問題であり，初期値は関数で与えられる。

2）境界値問題：微分方程式が定義された空間領域に対して，**境界条件**（boundary condition：空間領域の境界上で課せられた条件）を満たす解を求める問題である。

3）初期境界値問題：初期条件と境界条件の両方が課せられた場合において，解を求める問題である。

ここでは，特に音響学に関連の深い波動方程式に対する初期境界値問題を扱い，その例として，両端を固定した弦の振動を解析する。

波動方程式の初期境界値問題は，以下のようにして解くことができる。まず変数分離法を用いて，時間変数，空間変数に対する常微分方程式を得る。次に，境界を固定する条件を付与してスツルム-リウヴィル型方程式の固有値問題とし，フーリエの方法によって変数分離形の特解を三角関数で表す。波動方程式の場合，各特解は固有振動に関係することから，三角関数は固有関数と呼ばれる。最後に，一般解を特解の線形結合，すなわちフーリエ級数で表す。

両端を固定した弦の振動について述べる前に，2階微分方程式の境界値問題であるスツルム-リウヴィルの問題について触れておこう。次の形を持つ常微分方程式を，スツルム-リウヴィル型微分方程式と呼ぶ。すなわち

$$\frac{d}{dx}\left(p(x)\frac{du(x)}{dx}\right)+q(x)u(x)=-\lambda w(x)u(x).$$

特に，波動方程式を変数分離法で解く場合には，$p(x)=1$，$q(x)=0$，$w(x)=-1$

とした式

$$\frac{d^2u(x)}{dx^2}=\lambda u(x)$$

を扱うことになる。この方程式は，境界条件が与えられるとλが固有値と呼ばれる特定の値を取る場合にのみ解くことができる。λが固有値である場合に得られる$u(x)$を，固有関数と呼ぶ。スツルム-リウヴィル型で表される微分方程式として，この他に，ベッセルの微分方程式，ルジャンドルの微分方程式がある。

さて，初期境界値問題の解法例として，両端を固定した弦の振動の問題を解いてみよう。この場合の変数は空間変数xと時間変数tである。弦の長さをLとして空間変数の範囲を［$0, L$］と定めよう。このときの波動方程式は，2.2.1項で述べたとおり式（2.23）で表され，境界条件は式（2.30）で与えられる。これを再掲し，$t=0$に対する初期条件を与えれば

$$\text{微分方程式：}\frac{\partial^2u(x, t)}{\partial t^2}-c^2\frac{\partial^2u(x, t)}{\partial x^2}=0 \tag{5.49}$$

$$\text{初期条件：}u(x, 0)=u_0(x), \frac{\partial}{\partial t}u(x, 0)=u_1(x) \qquad 0\leqq x\leqq L \tag{5.50}$$

$$\text{境界条件：}u(0, t)=0, u(L, t)=0 \qquad t\in\boldsymbol{R} \tag{5.51}$$

が解くべき問題となる。

まず，変数分離法により，$u(x, t)=X(x)T(t)$とおいて式（5.49）に代入すれば

$$X(x)\frac{\partial^2T(t)}{\partial t^2}-c^2\frac{\partial^2X(x)}{\partial x^2}T(t)=0$$

を得る。したがって

$$\frac{T''(t)}{c^2T(t)}=\frac{X''(x)}{X(x)}$$

が成り立つが，左辺はtのみの関数，右辺はxのみの関数であるから，この式は，xにもtにも依存しない定数である。その定数をλとおけば，スツルム-リウヴィル型常微分方程式を得る。

$$\frac{d^2X(x)}{dx^2}=\lambda X(x),$$

$$\frac{d^2T(t)}{dt^2}=c^2\lambda T(t).$$

これらの常微分方程式の解は，例 5.14 より

$$X(x)=X_1e^{\sqrt{\lambda}x}+X_2e^{-\sqrt{\lambda}x},$$

$$T(t)=T_1e^{\sqrt{\lambda}ct}+T_2e^{-\sqrt{\lambda}ct} \tag{5.52}$$

で与えられる。

次に，空間関数 $X(x)$ について境界条件（5.51）を考慮すれば，$X(0)=0$, $X(L)=0$ を得る。この条件を式 (5.52) の第 1 式に代入して

$$X_1+X_2=0,$$

$$X_1e^{\sqrt{\lambda}L}+X_2e^{-\sqrt{\lambda}L}=0.$$

したがって

$$X_2=-X_1,\ X_1(e^{\sqrt{\lambda}L}-e^{-\sqrt{\lambda}L})=0.$$

いま，$X_1\neq0$ とすれば，上式より $e^{\sqrt{\lambda}L}-e^{-\sqrt{\lambda}L}=0$ となり，$e^{2\sqrt{\lambda}L}=1$ を得る。ゆえに

$$2\sqrt{\lambda_n}L=i2n\pi,\quad n=\pm1,\ \pm2,\ \cdots$$

が得られ，λ_n は

$$\lambda_n=-\left(\frac{n\pi}{L}\right)^2,\quad n=1,\ 2,\ \cdots$$

で与えられる。与えられた λ_n を式 (5.52) の第 1 式に代入すれば

$$X_1\left(e^{i\frac{n\pi}{L}x}-e^{-i\frac{n\pi}{L}x}\right)=2iX_1\sin\left(\frac{n\pi}{L}x\right),\quad n=1,\ 2,\ \cdots$$

を得る。よって，$X(x)$ の一般解は，各 n に対して定まる係数 $2iX_1$ を A_n と書けば

$$X(x)=\sum_{n=1}^{\infty}A_n\sin\frac{n\pi}{L}x \tag{5.53}$$

で与えられる。$X(x)$ の一般解を求める過程で，定数 λ_n と関数 $X_n(x)$ の組

$$\left\{\lambda_n=-\left(\frac{n\pi}{L}\right)^2,\ X_n(x)=A_n\sin\frac{n\pi}{L}x\right\}_{n=1}^{\infty} \tag{5.54}$$

を得た。前述のとおり，λ_n は固有値，$X_n(x)$ は**固有関数**（eigenfunction）と呼ばれる。

次に，時間関数 $T(t)$ について解く。式 (5.54) の λ_n を式 (5.52) の第２式に代入して変形すれば

$$T_n(t)=T_{1n}e^{\sqrt{\lambda_n}ct}+T_{2n}e^{-\sqrt{\lambda_n}ct}=T_{1n}e^{i\frac{n\pi}{L}ct}+T_{2n}e^{-i\frac{n\pi}{L}ct}$$
$$=B_{1n}\cos\frac{n\pi c}{L}t+B_{2n}\sin\frac{n\pi c}{L}t$$

を得る。$\omega_n=n\pi c/L$,　$n=1,2,\cdots$とおけば

$$T_n(t)=B_{1n}\cos\omega_n t+B_{2n}\sin\omega_n t$$

である。式 (5.49) の一般解は，得られた $X(x)$ と $T(t)$ の積により

$$u(x,t)=\sum_{n=1}^{\infty}A_n\sin\frac{n\pi}{L}x\left(B_{1n}\cos\frac{n\pi c}{L}t+B_{2n}\sin\frac{n\pi c}{L}t\right)$$

で与えられる。さらに，$\alpha_n=A_nB_{1n}$,　$\beta_n=A_nB_{2n}$ とおくことにより

$$u(x,t)=\sum_{n=1}^{\infty}\left(\alpha_n\cos\frac{n\pi c}{L}t+\beta_n\sin\frac{n\pi c}{L}t\right)\sin\frac{n\pi}{L}x \tag{5.55}$$

を得る。

次に，初期条件 (5.50) を利用して，式 (5.55) の任意定数 α_n，β_n を定めよう。式 (5.55) と (5.50) より

$$u(x,0)=\sum_{n=1}^{\infty}\alpha_n\sin\frac{n\pi}{L}x=u_0(x),$$

$$\frac{\partial}{\partial t}u(x,0)=\sum_{n=1}^{\infty}\left(-\alpha_n\frac{n\pi c}{L}\sin\frac{n\pi c}{L}t+\beta_n\frac{n\pi c}{L}\cos\frac{n\pi c}{L}t\right)\sin\frac{n\pi}{L}x\Big|_{t=0}$$
$$=\sum_{n=1}^{\infty}\beta_n\frac{n\pi c}{L}\sin\frac{n\pi}{L}x=u_1(x)$$

が成り立つ。上式より，x の区間が $[-L,L]$ でなく $[0,L]$ であることを考慮してフーリエ級数展開の式 (5.30) を用いれば，α_n，β_n を定めることができる。すなわち

$$\alpha_n = \frac{2}{L}\int_0^L u_0(x)\sin\frac{n\pi}{L}x\,dx,$$

$$\beta_n = \frac{2}{n\pi c}\int_0^L u_1(x)\sin\frac{n\pi}{L}x\,dx$$

を得る。式 (5.55) において，各自然数 n に対して得られる特解

$$\left(\alpha_n\cos\frac{n\pi c}{L}t + \beta_n\sin\frac{n\pi c}{L}t\right)\sin\frac{n\pi}{L}x \tag{5.56}$$

は，弦の固有振動に対応する。その角周波数，周波数は

$$\omega_n = \frac{n\pi c}{L}, \quad n = 1, 2, \cdots,$$

$$f_n = \frac{nc}{2L}, \quad n = 1, 2, \cdots \tag{5.57}$$

で与えられる。

5.3 球　関　数

波動方程式を直交曲線系で解くと，指向性などを議論する際に有益である。そこで，本節では直交曲線系の１つである極座標系を導入して，波動方程式の極座標表現を導出する。さらに，波動方程式の一般解を，球関数を用いて表す。

5.3.1 極座標系

直交座標 (x, y, z) の一価関数

$$u = U(x, y, z), \quad v = V(x, y, z), \quad w = W(x, y, z)$$

によって，直交座標 (x, y, z) と曲線座標 (u, v, w) を一対一に対応させよう。このとき，定数 c_1，c_2，c_3 に対して，$u = c_1$，$v = c_2$，$w = c_3$ は曲面を表す。２つの曲面の交わりは曲線を与えるから，これらの交わり曲線に接し，値が増加する向きの単位ベクトルを $\boldsymbol{u}$，$\boldsymbol{v}$，$\boldsymbol{w}$ とする。これらの $\boldsymbol{u}$，$\boldsymbol{v}$，$\boldsymbol{w}$ が互いに直交する場合，(u, v, w) を**直交曲線系**（orthogonal curvilinear coordinates）と呼ぶ。

直交曲線系の１つに**極座標系**（polar coordinates）がある。極座標系を $(r, \theta,$

φ) で表す。直交座標系と極座標系は，**図 5.5** に示すように

$$x = r\sin\theta\cos\varphi,$$
$$y = r\sin\theta\sin\varphi,$$
$$z = r\cos\theta \tag{5.58}$$

によって関係づけることができる。このとき，極座標系における関数 p のラプラシアンは

$$\nabla^2 p = \frac{1}{r}\frac{\partial^2}{\partial r^2}(rp) + \frac{1}{r^2\sin\theta}\frac{\partial}{\partial\theta}\left(\sin\theta\frac{\partial p}{\partial\theta}\right) + \frac{1}{r^2\sin^2\theta}\frac{\partial^2 p}{\partial\varphi^2} \tag{5.59}$$

で与えられる†。

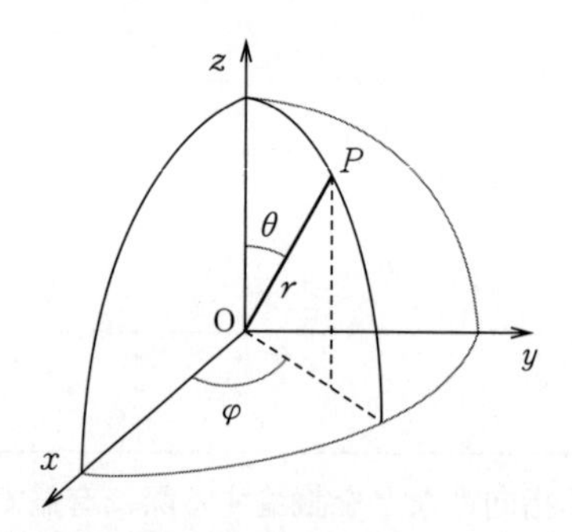

図 5.5　直交座標系と極座標系

5.3.2　波動方程式の極座標表現による解

波動方程式

$$\nabla^2 p(r, \theta, \varphi, t) - \frac{1}{c^2}\frac{\partial^2 p(r, \theta, \varphi, t)}{\partial t^2} = 0$$

のラプラシアンを極座標で表せば

$$\frac{1}{r}\frac{\partial^2}{\partial r^2}(rp) + \frac{1}{r^2\sin\theta}\frac{\partial}{\partial\theta}\left(\sin\theta\frac{\partial p}{\partial\theta}\right) + \frac{1}{r^2\sin^2\theta}\frac{\partial^2 p}{\partial\varphi^2} - \frac{1}{c^2}\frac{\partial^2 p}{\partial t^2} = 0 \tag{5.60}$$

を得る。いま，変数分離法を利用して式 (5.60) を解いてみよう。式 (5.60) に $p(r, \theta, \varphi, t) = R(r)\Theta(\theta)\Phi(\varphi)T(t)$ を代入すれば

$$\frac{1}{r}\frac{\partial^2}{\partial r^2}(rR)\cdot\Theta\Phi T + \frac{R}{r^2\sin\theta}\cdot\frac{\partial}{\partial\theta}\left(\sin\theta\frac{\partial\Theta}{\partial\theta}\right)\cdot\Phi T$$

---

† 証明は，文献 3) を参照されたい。

$$+\frac{R\Theta}{r^2\sin^2\theta}\cdot\frac{\partial^2}{\partial\varphi^2}(\Phi)\cdot T-\frac{R\Theta\Phi}{c^2}\cdot\frac{\partial^2}{\partial t^2}(T)=0$$

を得る。この式を整理して

$$\frac{1}{rR}\frac{\partial^2}{\partial r^2}(rR)+\frac{1}{r^2\sin\theta\cdot\Theta}\frac{\partial}{\partial\theta}\left(\sin\theta\frac{\partial\Theta}{\partial\theta}\right)+\frac{1}{r^2\sin^2\theta\cdot\Phi}\frac{\partial^2\Phi}{\partial\varphi^2}=\frac{1}{c^2T}\cdot\frac{\partial^2 T}{\partial t^2}$$

を得るが，この式の左辺は空間の関数，右辺は時間の関数であるから，この式は定数でなければならない。波動解を得るためこの定数を負とすれば

$$\frac{1}{c^2T}\frac{\partial^2 T}{\partial t^2}=-k^2, \tag{5.61}$$

$$\frac{1}{rR}\frac{\partial^2}{\partial r^2}(rR)+\frac{1}{r^2\sin\theta\cdot\Theta}\frac{\partial}{\partial\theta}\left(\sin\theta\frac{\partial\Theta}{\partial\theta}\right)+\frac{1}{r^2\sin^2\theta\cdot\Phi}\frac{\partial^2\Phi}{\partial\varphi^2}=-k^2 \tag{5.62}$$

を得る。

空間関数の方程式 (5.62) において，φ の関数となるのは左辺第 3 項のみであるから，この項は定数である。そこで

$$\frac{1}{\Phi}\frac{\partial^2\Phi}{\partial\varphi^2}=-m^2 \tag{5.63}$$

とおけば，水平方向の角度は三角関数で表される。式 (5.62) の残りの部分は

$$\frac{1}{rR}\frac{\partial^2}{\partial r^2}(rR)+\frac{1}{r^2\sin\theta\cdot\Theta}\frac{\partial}{\partial\theta}\left(\sin\theta\frac{\partial\Theta}{\partial\theta}\right)-\frac{m^2}{r^2\sin^2\theta}+k^2=0$$

で表されるが，この式を変形して

$$\frac{r}{R}\frac{\partial^2}{\partial r^2}(rR)+k^2r^2=\frac{m^2}{\sin^2\theta}-\frac{1}{\sin\theta\cdot\Theta}\frac{\partial}{\partial\theta}\left(\sin\theta\frac{\partial\Theta}{\partial\theta}\right)$$

とすれば，左辺は動径 r の関数であり，右辺は角度 θ の関数となるため，この式も定数である。この定数を，角度成分が調和関数となるように $n(n+1)$ で与える。その結果

$$\frac{r}{R}\frac{\partial^2}{\partial r^2}(rR)+k^2r^2=n(n+1), \tag{5.64}$$

$$\frac{m^2}{\sin^2\theta}-\frac{1}{\sin\theta\cdot\Theta}\frac{\partial}{\partial\theta}\left(\sin\theta\frac{\partial\Theta}{\partial\theta}\right)=n(n+1) \tag{5.65}$$

を得る。以上により，各変数に対する微分方程式 (5.61)，(5.63)，(5.64)，

(5.65) が得られた。

まず，時間 t に関する微分方程式 (5.61) の解を求めてみよう。この一般解は，例 5.14 より

$$T(t) = T_1 e^{ikct} + T_2 e^{-ikct}$$

で与えられる。ここで，k を波数とすれば，時間関数 T は角周波数 ω の振動となるから

$$T(t) = T_1 e^{i\omega t} \tag{5.66}$$

としておく。水平角 φ の微分方程式 (5.63) の一般解も同様に

$$\Phi(\varphi) = \Phi_1 e^{im\varphi} + \Phi_2 e^{-im\varphi} \tag{5.67}$$

で与えられる。

頂角 θ に関する微分方程式 (5.65) において，新たな変数 η を $\eta = \cos\theta$ で定義すれば，$-\sin\theta\partial\theta = \partial\eta$ となるから

$$\frac{1}{\sin\theta}\frac{\partial}{\partial\theta}\left(\sin\theta\frac{\partial\Theta}{\partial\theta}\right) = -\frac{\partial}{-\sin\theta\partial\theta}\left(\sin^2\theta\frac{\partial\Theta}{-\sin\theta\partial\theta}\right) = \frac{\partial}{\partial\eta}\left(\sin^2\theta\frac{\partial\Theta}{\partial\eta}\right)$$
$$= \frac{\partial}{\partial\eta}\left((1-\eta^2)\frac{\partial\Theta}{\partial\eta}\right)$$

を得る。この結果，式 (5.65) は，**ルジャンドルの同伴微分方程式**（Legendre's associated differential equation）

$$\frac{\partial}{\partial\eta}\left((1-\eta^2)\frac{\partial\Theta}{\partial\eta}\right) + \left\{n(n+1) - \frac{m^2}{1-\eta^2}\right\}\Theta = 0 \tag{5.68}$$

に帰着する。式 (5.68) の一般解は

$$\Theta(\eta) = \Theta_1 P_n^m(\eta) + \Theta_2 Q_n^m(\eta)$$

で与えられる。ここに，$P_n^m(\eta)$ を第 1 種**ルジャンドル同伴関数**（associated Legendre function），$Q_n^m(\eta)$ を第 2 種ルジャンドル同伴関数と呼ぶ。第 2 種ルジャンドル同伴関数 $Q_n^m(\eta)$ は $\eta = 0$ で連続でないため式 (5.68) の解としては不適切である。したがって，式 (5.65) の一般解を

$$\Theta(\theta) = \Theta_1 P_n^m(\cos\theta) \tag{5.69}$$

で与える。

最後に，動径 r の微分方程式 (5.64) の一般解を求めよう。$r \neq 0$ と仮定して式 (5.64) に R/r^2 を掛ければ

$$\frac{1}{r}\frac{\partial^2}{\partial r^2}(rR)+k^2R-\frac{n(n+1)R}{r^2}=0$$

を得る。

$$\frac{1}{r}\frac{\partial^2}{\partial r^2}(rR)=\frac{1}{r}\frac{\partial}{\partial r}\left(R+r\frac{\partial R}{\partial r}\right)=\frac{2}{r}\frac{\partial R}{\partial r}+\frac{\partial^2 R}{\partial r^2}$$

を考慮し，さらに $\tilde{r}=kr$ とおけば

$$r=\frac{1}{k}\tilde{r},\quad \frac{\partial}{\partial r}=k\frac{\partial}{\partial \tilde{r}},\quad \frac{\partial^2}{\partial r^2}=k^2\frac{\partial^2}{\partial \tilde{r}^2}$$

であるから

$$k^2\frac{\partial^2 R}{\partial \tilde{r}^2}+\frac{2k^2}{\tilde{r}}\frac{\partial R}{\partial \tilde{r}}+\left(k^2-\frac{n(n+1)k^2}{\tilde{r}^2}\right)R=0$$

が得られる。この式を辺々 k^2 で割れば

$$\frac{\partial^2 R}{\partial \tilde{r}^2}+\frac{2}{\tilde{r}}\frac{\partial R}{\partial \tilde{r}}+\left(1-\frac{n(n+1)}{\tilde{r}^2}\right)R=0 \tag{5.70}$$

を得る。式 (5.70) の一般解は

$$R(\tilde{r})=R_n^{(1)}j_n(\tilde{r})+R_n^{(2)}y_n(\tilde{r}) \tag{5.71}$$

で与えられる。ここに，$j_n(\tilde{r})$ は n 次**球ベッセル関数** (spherical Bessel function)，$y_n(\tilde{r})$ は n 次**球ノイマン関数** (spherical Neumann function) として知られている。このうち，球ノイマン関数は，原点で $-\infty$ となることを注意すべきであろう。

以上により，極座標系を用いた波動方程式の解は，式 (5.66)，(5.67)，(5.69)，(5.71) の積で与えられる。このうち，角度成分を表す式 (5.67) と (5.69) の積は

$$\Theta_1 P_n^m(\cos\theta)(\Phi_1 e^{im\varphi}+\Phi_2 e^{-im\varphi})$$

で与えられるが，これを正規直交関数である**球面調和関数** (spherical harmonics)

$$Y_n^m(\theta,\varphi)=\sqrt{\frac{(2n+1)}{4\pi}\frac{(n-|m|)!}{(n+|m|)!}}P_n^{|m|}(\cos\theta)e^{im\varphi} \tag{5.72}$$

を用いて表せば，関数

$$(R_{nm}^{(1)} j_n(kr) + R_{nm}^{(2)} y_n(kr)) Y_n^m(\theta, \varphi) e^{i\omega t} \tag{5.73}$$

は波動方程式を満たす。したがって，極座標系を用いた波動方程式の一般解は

$$p(r, \theta, \varphi, t) = \sum_{n=0}^{\infty} \sum_{m=-n}^{n} (R_{nm}^{(1)} j_n(kr) + R_{nm}^{(2)} y_n(kr)) Y_n^m(\theta, \varphi) e^{i\omega t} \tag{5.74}$$

で与えられる。

さて，球ベッセル関数および球ノイマン関数について解説しておこう。これらは，円柱関数であるベッセル関数とノイマン関数から導出される。**ベッセル関数**（Bessel function）または第1種円柱関数は

$$J_\nu(x) = \sum_{m=0}^{\infty} \frac{(-1)^m}{m!\Gamma(m+\nu+1)} \left(\frac{x}{2}\right)^{\nu+2m} \tag{5.75}$$

で与えられる。また，**ノイマン関数**（Neumann function）または第2種円柱関数は

$$Y_\nu(x) = \frac{\cos\nu\pi \cdot J_\nu(x) - J_{-\nu}(x)}{\sin\nu\pi} \tag{5.76}$$

で与えられる。これらは，**ベッセルの微分方程式**（Bessel equation）

$$\frac{d^2y}{dx^2} + \frac{1}{x}\frac{dy}{dx} + \left(1 - \frac{n^2}{x^2}\right) y = 0 \tag{5.77}$$

の解である。球ベッセル関数 $j_n(x)$ と球ノイマン関数 $y_n(x)$ は，微分方程式

$$\frac{d^2y}{dx^2} + \frac{2}{x}\frac{dy}{dx} + \left\{1 - \frac{n(n+1)}{x^2}\right\} y = 0 \tag{5.78}$$

の解であり，ベッセル関数およびノイマン関数によって

$$j_n(x) = \sqrt{\frac{\pi}{2x}} J_{n+1/2}(x),$$

$$y_n(x) = \sqrt{\frac{\pi}{2x}} Y_{n+1/2}(x) \tag{5.79}$$

で与えられる。特に x が小さいときには

$$j_n(x) \simeq \frac{x^n}{1\cdot 3\cdot 5\cdots(2n+1)},$$

$$y_n(x) \simeq -\frac{1\cdot 3\cdot 5\cdots(2n-1)}{x^{n+1}} \tag{5.80}$$

で計算できる[†]。また，球ベッセル関数と球ノイマン関数をそれぞれ実部と虚部に持つ複素関数として，**球ハンケル関数**（spherical Hankel function）が知られている。そのうち，第1種球ハンケル関数は

$$h_n^{(1)}(x)=j_n(x)+iy_n(x) \tag{5.81}$$

で与えられ，第2種球ハンケル関数は

$$h_n^{(2)}(x)=j_n(x)-iy_n(x) \tag{5.82}$$

で与えられる。

上記のうち，第1種球ハンケル関数の展開式を与える。0次の球ベッセル関数，および球ノイマン関数は，次式で表される。

$$j_0(x)=\frac{\sin x}{x},\ y_0(x)=-\frac{\cos x}{x}.$$

したがって，0次の第1種球ハンケル関数は

$$h_0^{(1)}(x)=j_0(x)+iy_0(x)=\frac{\sin x-i\cos x}{x}=\frac{e^{ix}-e^{-ix}+e^{ix}+e^{-ix}}{2ix}$$
$$=\frac{e^{ix}}{ix}$$

で与えられる。球ベッセル関数および球ノイマン関数は，微分公式

$$f_{n+1}(x)=-x^n\frac{d}{dx}\{x^{-n}f_n(x)\}$$

を満たすことが知られており，第1種球ハンケル関数もこの微分公式を満たす。この公式に従って1次以上の第1種球ハンケル関数を求めるならば

$$h_1^{(1)}(x)=-\frac{d}{dx}\{h_0^{(1)}(x)\}=-\frac{d}{dx}\left(\frac{e^{ix}}{ix}\right)=(-i)\frac{e^{ix}}{ix}\left(1+\frac{i}{x}\right),$$

$$h_2^{(1)}(x)=-x\frac{d}{dx}\{x^{-1}h_1^{(1)}(x)\}=-x\frac{d}{dx}\left\{(-i)\frac{e^{ix}}{ix^2}\left(1+\frac{i}{x}\right)\right\}$$
$$=(-i)^2\frac{e^{ix}}{ix}\left(1+\frac{3i}{x}-\frac{3}{x^2}\right),$$

$$\cdots$$

† 文献6）p.538に示されている近似式を引用した。

であり，その結果 n 次の第1種ハンケル関数は

$$h_n^{(1)}(x)=(-i)^n\frac{e^{ix}}{ix}\left\{1+\sum_{p=1}^{n}\frac{a_p}{x^p}\right\}$$

で表される。上式より，第1種ハンケル関数は，漸近的性質

$$h_n^{(1)}(x)=\frac{-i}{x}e^{i\left(x-\frac{n\pi}{2}\right)}\left\{1+O\left(\frac{1}{x}\right)\right\},\quad x\to\infty$$

を有する。ここに，記号 $O(1/x^n)$ は，関数 $f(x)$ と $n>1$ を満たす整数 n に対して，$\lim_{x\to\infty}x^n f(x)$ が有界な定数になることを示す（このことを第 n 位の無限小と呼ぶ）。したがって

$$h_n^{(1)}(kr)=\frac{-i}{kr}e^{i\left(kr-\frac{n\pi}{2}\right)}\left\{1+O\left(\frac{1}{r}\right)\right\},\quad r\to\infty\,,$$

$$\frac{dh_n^{(1)}(kr)}{dr}=\frac{1}{r}e^{i\left(kr-\frac{n\pi}{2}\right)}\left\{1+O\left(\frac{1}{r}\right)\right\},\quad r\to\infty \tag{5.83}$$

を得る。ここに，式（5.83）の第2式は，第1式を r で微分することにより得られる。

さて

$$\varDelta=\begin{vmatrix} y_1 & \dfrac{dy_1}{dx} \\ y_2 & \dfrac{dy_2}{dx} \end{vmatrix}$$

は Wronski の行列式と呼ばれる。$j_n(x)$，$y_n(x)$ に対する Wronski の行列式を W と書けば

$$W=j_n(x)y_n'(x)-y_n(x)j_n'(x),$$

$$W'=j_n(x)y_n''(x)-y_n(x)j_n''(x)$$

が得られる。$j_n(x)$，$y_n(x)$ が式（5.78）を満たすことを考慮すれば

$$\begin{aligned}W'+\frac{2}{x}W&=j_n(x)y_n''(x)-y_n(x)j_n''(x)+\frac{2}{x}\{j_n(x)y_n'(x)-y_n(x)j_n'(x)\}\\&=j_n(x)\left\{y_n''(x)+\frac{2}{x}y_n'(x)\right\}-y_n(x)\left\{j_n''(x)+\frac{2}{x}j_n'(x)\right\}\\&=j_n(x)\left\{-1+\frac{n(n+1)}{x^2}\right\}y_n(x)-y_n(x)\left\{-1+\frac{n(n+1)}{x^2}\right\}j_n(x)=0\end{aligned}$$

より

$$\frac{dW}{dx}+\frac{2}{x}W=0$$

を得る。この微分方程式の一般解は，任意定数 C によって $W=C/x^2$ で表される。したがって，定数 C は

$$C=x^2\{j_n(x)y_n'(x)-y_n(x)j_n'(x)\}$$

で与えられる。上式は，いかなる x に対しても成り立つ。そこで，x が小さい場合について計算すれば，式 (5.80) より

$$C=x^2\left\{\frac{x^n}{1\cdot3\cdot5\cdots(2n+1)}\left(-\frac{(-n-1)\cdot1\cdot3\cdot5\cdots(2n-1)}{x^{n+2}}\right)\right.$$
$$\left.-\left(-\frac{1\cdot3\cdot5\cdots(2n-1)}{x^{n+1}}\right)\frac{nx^{n-1}}{1\cdot3\cdot5\cdots(2n+1)}\right\}$$
$$=x^2\left\{\frac{n+1}{(2n+1)x^2}+\frac{n}{(2n+1)x^2}\right\}=1$$

を得る。よって

$$j_n(x)y_n'(x)-y_n(x)j_n'(x)=\frac{1}{x^2}$$

が成り立つ。上式と式 (5.81) より

$$j_n(x)h_n^{(1)\prime}(x)-h_n^{(1)}(x)j_n'(x)=\frac{i}{x^2} \tag{5.84}$$

を得る。

5.4　球関数に基づく音場理論

2.5.2 項で，波動方程式のフーリエ変換としてヘルムホルツ方程式を導いた。本節では，球関数を用いたヘルムホルツ方程式の解について調べる。

5.4.1　グリーンの公式

音圧の波動方程式

$$\nabla^2 p - \frac{1}{c^2}\frac{\partial^2 p}{\partial t^2} = 0$$

において

$$p(r, \theta, \varphi, t) = P(r, \theta, \varphi)T(t) \tag{5.85}$$

とおけば

$$(\nabla^2 P)T - \frac{1}{c^2}P\frac{\partial^2 T}{\partial t^2} = 0 \tag{5.86}$$

を得る。時間関数 T が角周波数 ω の振動であった場合，$T(t) = T_1 e^{i\omega t}$ を式 (5.86) に代入すれば

$$(\nabla^2 P + k^2 P)T_1 e^{i\omega t} = 0$$

が得られ，結局，音圧の空間成分 P はヘルムホルツ方程式

$$\nabla^2 P + k^2 P = 0$$

を満足する。したがって，式 (5.73) より

$$(R_{nm}^{(1)} j_n(kr) + R_{nm}^{(2)} y_n(kr))\, Y_n^m(\theta, \varphi)$$

という形の式は，ヘルムホルツ方程式の解である。特に

$$j_n(kr)\, Y_n^m(\theta, \varphi), \quad h_n^{(1)}(kr)\, Y_n^m(\theta, \varphi)$$

はヘルムホルツ方程式を満たす。

本節では，モノポール関数を

$$\Psi(\boldsymbol{x}, \boldsymbol{y}) = \frac{1}{4\pi}\frac{e^{ik|\boldsymbol{x}-\boldsymbol{y}|}}{|\boldsymbol{x}-\boldsymbol{y}|} \tag{5.87}$$

で表す。ここに，$\boldsymbol{x}, \boldsymbol{y}$ は空間座標を表す3次元ベクトルとする。式 (5.86) を $\boldsymbol{x}$ の関数としてみれば，モノポール関数は，点 $\boldsymbol{y}$ を除くすべての点においてヘルムホルツ方程式を満たす。

さて，2.5.3項で述べたグリーンの第2定理 (2.146) を再掲する。すなわち

$$\iiint_V (u\nabla^2 v - v\nabla^2 u)dV = \iint_S \left(u\frac{\partial v}{\partial n} - v\frac{\partial u}{\partial n}\right)dS. \tag{5.88}$$

式 (5.88) の関数 v として，式 (5.87) のモノポール関数 $\Psi(\boldsymbol{x}, \boldsymbol{y})$ を用い，**図 5.6** で示した S と S' で囲まれる領域 V を考えれば，グリーンの第2定理の右辺は

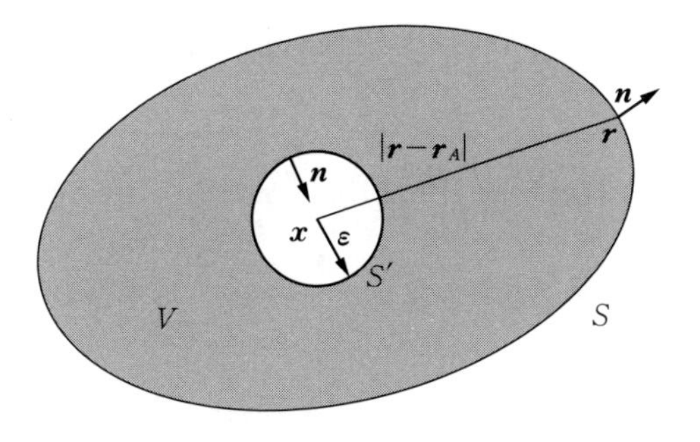

図 5.6　点 x が領域 V に含まれる場合

$$\iint_{S+S'}\left(u\frac{\partial\Psi}{\partial n}-\Psi\frac{\partial u}{\partial n}\right)dS(\boldsymbol{y})=\iint_{S}\left(u\frac{\partial\Psi}{\partial n}-\Psi\frac{\partial u}{\partial n}\right)dS(\boldsymbol{y})+\iint_{S'}\left(u\frac{\partial\Psi}{\partial n}-\Psi\frac{\partial u}{\partial n}\right)dS(\boldsymbol{y})$$

と変形できる。ここに，上式の積分が変数 $\boldsymbol{y}$ について行われることを明記するため，dS を $dS(\boldsymbol{y})$ と書いた。上式の右辺第 2 項は，領域 S' の半径を $\varepsilon\to 0$ とすれば，式（2.150）と同様 $u(\boldsymbol{x})$ に収束する。ここで，式（2.148）で用いたキルヒホッフの補助関数の代わりに，それを 4π で除したモノポール関数を用いていることに注意されたい。また，モノポール関数がヘルムホルツ方程式を満足することを考慮すると，式（5.88）の左辺の被積分項は

$$u(\boldsymbol{y})(-k^2\Psi(\boldsymbol{x},\boldsymbol{y}))-\Psi(\boldsymbol{x},\boldsymbol{y})\nabla^2u(\boldsymbol{y})=-\{\nabla^2u(\boldsymbol{y})+k^2u(\boldsymbol{y})\}\Psi(\boldsymbol{x},\boldsymbol{y})$$

であり，したがって

$$-\iiint_V\{\nabla^2u(\boldsymbol{y})+k^2u(\boldsymbol{y})\}\Psi(\boldsymbol{x},\boldsymbol{y})dV(\boldsymbol{y})$$
$$=\iint_S\left(u(\boldsymbol{y})\frac{\partial\Psi(\boldsymbol{x},\boldsymbol{y})}{\partial n(\boldsymbol{y})}-\Psi(\boldsymbol{x},\boldsymbol{y})\frac{\partial u}{\partial n}(\boldsymbol{y})\right)dS(\boldsymbol{y})+u(\boldsymbol{x})$$

が成り立つ。これより，**グリーンの公式**（Green's formula）あるいはヘルムホルツ表現と呼ばれる式

$$u(\boldsymbol{x})=\iint_S\left(\frac{\partial u}{\partial n}(\boldsymbol{y})\Psi(\boldsymbol{x},\boldsymbol{y})-u(\boldsymbol{y})\frac{\partial\Psi(\boldsymbol{x},\boldsymbol{y})}{\partial n(\boldsymbol{y})}\right)dS(\boldsymbol{y})$$
$$-\iiint_V\{\nabla^2u(\boldsymbol{y})+k^2u(\boldsymbol{y})\}\Psi(\boldsymbol{x},\boldsymbol{y})dV(\boldsymbol{y}),\quad \boldsymbol{x}\in V \tag{5.89}$$

を得る。式 (5.89) において，u がヘルムホルツ方程式を満足する場合には，右辺第 2 項が 0 となり

$$u(\boldsymbol{x})=\iint_S\left(\frac{\partial u}{\partial n}(\boldsymbol{y})\Psi(\boldsymbol{x},\boldsymbol{y})-u(\boldsymbol{y})\frac{\partial\Psi(\boldsymbol{x},\boldsymbol{y})}{\partial n(\boldsymbol{y})}\right)dS(\boldsymbol{y}),\quad \boldsymbol{x}\in V \tag{5.90}$$

を得る。式 (5.90) は，2.5.4 項で示したキルヒホッフ-ヘルムホルツの積分定理である。

さて，ヘルムホルツ方程式の解 $u(\boldsymbol{x})$ の定義域が，ある領域 V の外側にある場合について考える。$u(\boldsymbol{x})$ が**ゾンマーフェルトの放射条件**（Sommerfeld radiation condition）

$$\lim_{r\to\infty} r\left(\frac{\partial u(\boldsymbol{x})}{\partial r}-iku(\boldsymbol{x})\right)=0,\quad r=\|\boldsymbol{x}\| \tag{5.91}$$

を満たすならば，これを**放射的**（radiating）と呼ぶ。このとき，領域 V の外で定義されたヘルムホルツ方程式

$$\nabla^2u(\boldsymbol{x})+k^2u(\boldsymbol{x})=0,\quad \boldsymbol{x}\in\boldsymbol{R}^3\backslash V \tag{5.92}$$

の放射的な解に対するグリーンの公式は，以下で示すように

$$u(\boldsymbol{x})=\iint_S\left(u(\boldsymbol{y})\frac{\partial\Psi(\boldsymbol{x},\boldsymbol{y})}{\partial n(\boldsymbol{y})}-\frac{\partial u}{\partial n}(\boldsymbol{y})\Psi(\boldsymbol{x},\boldsymbol{y})\right)dS(\boldsymbol{y}),\quad \boldsymbol{x}\in\boldsymbol{R}^3\backslash V \tag{5.93}$$

で与えられる。すなわち，**図 5.7** のように領域 V を含んで原点を中心とする半径 r の球面 Ω_r を考える。V の表面 S と Ω_r とで囲まれた領域 D について式 (5.90) を適用し，外向き法線方向単位ベクトル $\boldsymbol{n}$ の向きが図 5.6 と逆であることを考慮すれば，この領域内で

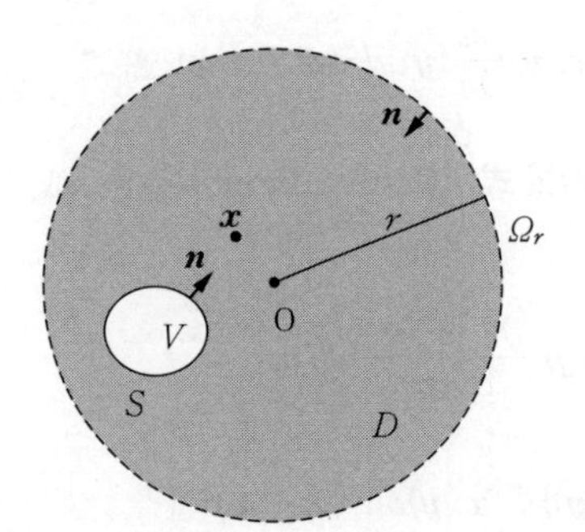

図 5.7　点 x が領域 V の外にある場合

$$u(\boldsymbol{x})=\iint_{S+\Omega_r}\left(u(\boldsymbol{y})\frac{\partial\Psi(\boldsymbol{x},\boldsymbol{y})}{\partial n(\boldsymbol{y})}-\frac{\partial u}{\partial n}(\boldsymbol{y})\Psi(\boldsymbol{x},\boldsymbol{y})\right)dS(\boldsymbol{y})$$

が成り立つ。ところが，ゾンマーフェルトの放射条件（5.91）より，上式の Ω_r における積分は，$r\to\infty$ のとき0となる†。したがって，式(5.93) が成立する。

5.4.2 ヘルムホルツ方程式の解

前項と同様，領域 V を考える。Y_n を次数 n の球面調和関数

$$Y_n=\sum_{m=-n}^{n}Y_n^m$$

としたとき

$$u_n(\boldsymbol{x})=j_n(k\|\boldsymbol{x}\|)Y_n(\hat{\boldsymbol{x}}) \tag{5.94}$$

は領域 V 内におけるヘルムホルツ方程式の解であり

$$v_n(\boldsymbol{x})=h_n^{(1)}(k\|\boldsymbol{x}\|)Y_n(\hat{\boldsymbol{x}}) \tag{5.95}$$

は領域 V の外におけるヘルムホルツ方程式の**放射的な解**（radiating solution）である。以下，このことを示す。なお，$\hat{\boldsymbol{x}}$ はベクトル $\boldsymbol{x}$ 方向の単位ベクトル $\hat{\boldsymbol{x}}=\boldsymbol{x}/\|\boldsymbol{x}\|$ である。

式(5.94) が領域 V 内におけるヘルムホルツ方程式の解であることは，球ベッセル関数が有限の領域内で特異点を持たないことと，$j_n(kr)Y_n^m(\theta,\varphi)$ の形の式がヘルムホルツ方程式を満たすことより明らかである。一方，式(5.95) は，ゾンマーフェルトの放射条件（5.91）を満たすため，領域Vの外におけるヘルムホルツ方程式の放射的な解である。このことは，式(5.91) に式(5.95) を代入し，式(5.83) を用いた計算

$$\lim_{r\to\infty}r\left(\frac{\partial v_n(\boldsymbol{x})}{\partial r}-ikv_n(\boldsymbol{x})\right)=\lim_{r\to\infty}r\left(\frac{\partial h_n(kr)}{\partial r}Y_n(\hat{\boldsymbol{x}})-ikh_n(kr)Y_n(\hat{\boldsymbol{x}})\right)$$

† 章末に証明を与える。

$$=\lim_{r\to\infty} r\left[\left\{\frac{1}{r}e^{i\left(kr-\frac{n\pi}{2}\right)}\left(1+O\left(\frac{1}{r}\right)\right)\right\}Y_n(\hat{\boldsymbol{x}})-ik\left\{\frac{-i}{kr}e^{i\left(kr-\frac{n\pi}{2}\right)}\left(1+O\left(\frac{1}{r}\right)\right)\right\}Y_n(\hat{\boldsymbol{x}})\right]$$

$$=\lim_{r\to\infty} r\left[\left(\frac{1}{r}-\frac{1}{r}\right)e^{i\left(kr-\frac{n\pi}{2}\right)}\left(1+O\left(\frac{1}{r}\right)\right)Y_n(\hat{\boldsymbol{x}})\right]=0,\ r=\|\boldsymbol{x}\|$$

より確かめられる。

5.4.3　球面波の球関数展開

球面波はモノポール関数で表される。そこで，本項ではモノポール関数の球関数展開を導く。グリーンの第2定理を

$$u_n^m(\boldsymbol{x})=j_n(k\|\boldsymbol{x}\|)\,Y_n^m(\hat{\boldsymbol{x}}) \tag{5.96}$$

とモノポール関数 $\Psi(\boldsymbol{x},\boldsymbol{y})$ に適用すれば，両関数ともヘルムホルツ方程式を満たすため，式 (5.88) の左辺の被積分項が0となり

$$\iint_{\|\boldsymbol{y}\|=r}\left(u_n^m(\boldsymbol{y})\frac{\partial\Psi(\boldsymbol{x},\boldsymbol{y})}{\partial n}-\frac{\partial u_n^m(\boldsymbol{y})}{\partial n}\Psi(\boldsymbol{x},\boldsymbol{y})\right)dS(\boldsymbol{y})=0,\quad \|\boldsymbol{x}\|>r \tag{5.97}$$

を得る。一方

$$v_n^m(\boldsymbol{x})=h_n^{(1)}(k\|\boldsymbol{x}\|)\,Y_n^m(\hat{\boldsymbol{x}}) \tag{5.98}$$

は，$\boldsymbol{x}\in\boldsymbol{R}^3\backslash\{O\}$ におけるヘルムホルツ方程式の放射解であるから，式 (5.93) より

$$\iint_{\|\boldsymbol{y}\|=r}\left(v_n^m(\boldsymbol{y})\frac{\partial\Psi(\boldsymbol{x},\boldsymbol{y})}{\partial n(\boldsymbol{y})}-\frac{\partial v_n^m}{\partial n}(\boldsymbol{y})\,\Psi(\boldsymbol{x},\boldsymbol{y})\right)dS(\boldsymbol{y})=v_n^m(\boldsymbol{x}),\quad \|\boldsymbol{x}\|>r \tag{5.99}$$

を満たす。いま，$\|\boldsymbol{y}\|=r$ とおくと，球面 $\|\boldsymbol{y}\|=r$ 上で r 方向と n 方向は一致するので

$$u_n^m(\boldsymbol{y})=j_n(kr)\,Y_n^m(\hat{\boldsymbol{y}}),\quad \frac{\partial u_n^m(\boldsymbol{y})}{\partial n}=kj_n'(kr)\,Y_n^m(\hat{\boldsymbol{y}}),$$

$$v_n^m(\boldsymbol{x})=h_n^{(1)}(kr)\,Y_n^m(\hat{\boldsymbol{y}}),\quad \frac{\partial v_n^m}{\partial n}(\boldsymbol{y})=kh_n^{(1)\prime}(kr)\,Y_n^m(\hat{\boldsymbol{y}}) \tag{5.100}$$

が得られる。ここに，先に述べたとおり $\hat{\boldsymbol{y}}$ は $\boldsymbol{y}$ 方向の単位ベクトルである。

さて，$h_n^{(1)}(kr)$ は球面 $\|\boldsymbol{y}\|=r$ 上で一定値を取る。そこで，式 (5.97) より

$$\iint_{\|\boldsymbol{y}\|=r}\left(h_n^{(1)}(kr)u_n^m(\boldsymbol{y})\frac{\partial\Psi(\boldsymbol{x},\boldsymbol{y})}{\partial n}-h_n^{(1)}(kr)\frac{\partial u_n^m(\boldsymbol{y})}{\partial n}\Psi(\boldsymbol{x},\boldsymbol{y})\right)dS(\boldsymbol{y})=0.$$

上式に式 (5.96) を代入して

$$\iint_{\|\boldsymbol{y}\|=r}\left(j_n(kr)h_n^{(1)}(kr)Y_n^m(\hat{\boldsymbol{y}})\frac{\partial\Psi(\boldsymbol{x},\boldsymbol{y})}{\partial n}-kj_n'(kr)h_n^{(1)}(kr)Y_n^m(\hat{\boldsymbol{y}})\Psi(\boldsymbol{x},\boldsymbol{y})\right)dS(\boldsymbol{y})$$
$$=0 \tag{5.101}$$

を得る。同様に $j_n(kr)$ は球面 $\|\boldsymbol{y}\|=r$ 上で一定値を取るから，式 (5.99) より

$$\iint_{\|\boldsymbol{y}\|=r}\left(j_n(kr)h_n^{(1)}(kr)Y_n^m(\hat{\boldsymbol{y}})\frac{\partial\Psi(\boldsymbol{x},\boldsymbol{y})}{\partial n(\boldsymbol{y})}-kj_n(kr)h_n^{(1)\prime}(kr)Y_n^m(\hat{\boldsymbol{y}})\Psi(\boldsymbol{x},\boldsymbol{y})\right)dS(\boldsymbol{y})$$
$$=j_n(kr)h_n^{(1)}(k\|\boldsymbol{x}\|)Y_n^m(\hat{\boldsymbol{x}}) \tag{5.102}$$

を得る。式 (5.102) から式 (5.101) を辺々引き算すると

$$\iint_{\|\boldsymbol{y}\|=r}\{k(j'_n(kr)h_n^{(1)}(kr)-j_n(kr)h_n^{(1)\prime}(kr))Y_n^m(\hat{\boldsymbol{y}})\Psi(\boldsymbol{x},\boldsymbol{y})\}dS(\boldsymbol{y})$$
$$=j_n(kr)h_n^{(1)}(k\|\boldsymbol{x}\|)Y_n^m(\hat{\boldsymbol{x}})$$

となるが，この式に式 (5.84) を代入すれば

$$\frac{1}{ikr^2}\iint_{\|\boldsymbol{y}\|=r}Y_n^m(\hat{\boldsymbol{y}})\Psi(\boldsymbol{x},\boldsymbol{y})dS(\boldsymbol{y})=j_n(kr)h_n^{(1)}(k\|\boldsymbol{x}\|)Y_n^m(\hat{\boldsymbol{x}}),\ \|\boldsymbol{x}\|>r$$

を得る。上式の積分を単位球 Ω 上の積分に変換すれば

$$\boldsymbol{y}=r\hat{\boldsymbol{y}},\ dS(\boldsymbol{y})=r^2dS(\hat{\boldsymbol{y}})$$

より

$$\iint_{\Omega}Y_n^m(\hat{\boldsymbol{y}})\Psi(\boldsymbol{x},r\hat{\boldsymbol{y}})dS(\hat{\boldsymbol{y}})=ikj_n(kr)h_n^{(1)}(k\|\boldsymbol{x}\|)Y_n^m(\hat{\boldsymbol{x}}),\quad \|\boldsymbol{x}\|>r \tag{5.103}$$

を得る。

さて，関数 $\Psi(\boldsymbol{x},\boldsymbol{y})$ を球関数展開

$$\Psi(\boldsymbol{x},\boldsymbol{y})=\sum_{n=0}^{\infty}\sum_{m=-n}^{n}g_{nm}(\boldsymbol{x},\boldsymbol{y})Y_n^m(\hat{\boldsymbol{x}})\overline{Y_n^m(\hat{\boldsymbol{y}})} \tag{5.104}$$

したときの係数 $g_{nm}(\boldsymbol{x},\boldsymbol{y})$ を求めてみよう。球面調和関数の直交性より

$$\iint_{\Omega}\Psi(\boldsymbol{x},r\hat{\boldsymbol{y}})Y_n^m(\hat{\boldsymbol{y}})dS(\hat{\boldsymbol{y}})$$

$$=\iint_{\Omega}\sum_{p=0}^{\infty}\sum_{q=-p}^{p}g_{pq}(\boldsymbol{x},\boldsymbol{y})Y_p^q(\hat{\boldsymbol{x}})\overline{Y_p^q(\hat{\boldsymbol{y}})}Y_n^m(\hat{\boldsymbol{y}})dS(\hat{\boldsymbol{y}})$$

$$=\sum_{p=0}^{\infty}\sum_{q=-p}^{p}g_{pq}(\boldsymbol{x},\boldsymbol{y})Y_p^q(\hat{\boldsymbol{x}})\iint_{\Omega}\overline{Y_p^q(\hat{\boldsymbol{y}})}Y_n^m(\hat{\boldsymbol{y}})dS(\hat{\boldsymbol{y}})$$

$$=g_{nm}(\boldsymbol{x},\boldsymbol{y})Y_n^m(\hat{\boldsymbol{x}})$$

が成り立つから

$$g_{nm}(\boldsymbol{x},\boldsymbol{y})Y_n^m(\hat{\boldsymbol{x}})=\iint_{\Omega}\Psi(\boldsymbol{x},r\hat{\boldsymbol{y}})Y_n^m(\hat{\boldsymbol{y}})dS(\hat{\boldsymbol{y}}).$$

よって，$\|\boldsymbol{x}\|>r$ なる $\boldsymbol{x}$ に対して式（5.103）より

$$g_{nm}(\boldsymbol{x},\boldsymbol{y})Y_n^m(\hat{\boldsymbol{x}})=ikj_n(kr)h_n^{(1)}(k\|\boldsymbol{x}\|)Y_n^m(\hat{\boldsymbol{x}})$$

を得る。この式を，式（5.104）に代入し，式（5.87）を考慮すれば

$$\frac{e^{ik|\boldsymbol{x}-\boldsymbol{y}|}}{4\pi|\boldsymbol{x}-\boldsymbol{y}|}=ik\sum_{n=0}^{\infty}\sum_{m=-n}^{n}j_n(kr)h_n^{(1)}(k\|\boldsymbol{x}\|)Y_n^m(\hat{\boldsymbol{x}})\overline{Y_n^m(\hat{\boldsymbol{y}})},\ \|\boldsymbol{x}\|>\|\boldsymbol{y}\| \tag{5.105}$$

を得る。これで，球面波の球関数展開式が得られた。

参考までに，平面波の球関数展開式を示す。点 $\boldsymbol{r}$ で観測される平面波は

$$p(\boldsymbol{r},\omega)=f(\omega)e^{i\boldsymbol{k}\cdot\boldsymbol{r}} \tag{5.106}$$

で与えられる。ここに f は音源関数，$\boldsymbol{k}$ は観測点から平面波を見た場合の波数ベクトルである。式（2.132）と上式では指数部の符号が異なるが，式（2.132）の波数ベクトルは音波の進行方向を表す波数ベクトルであるため，方向が逆であることによる。さて，式（5.106）右辺の音源関数以外の部分は，球関数によって

$$e^{i\boldsymbol{k}\cdot\boldsymbol{r}}=4\pi\sum_{n=0}^{\infty}i^nj_n(kr)\sum_{m=-n}^{n}Y_n^m(\theta,\varphi)\overline{Y_n^m(\phi,\psi)} \tag{5.107}$$

で表される。ここに，(θ,φ) は点 $\boldsymbol{r}$ を極座標表現した場合の角度，(ϕ,ψ) は音波の到来方向の角度を示す。上式の証明には多くの紙面を割くことになるため，本書ではその証明を省略する。興味のある読者は文献 7）を参照されたい。

5.5 補　　　　足

5.4.1 項で，ヘルムホルツ方程式の解 $u(\boldsymbol{x})$ が，ゾンマーフェルトの放射条件

$$\lim_{r\to\infty} r\left(\frac{\partial u(\boldsymbol{x})}{\partial r} - iku(\boldsymbol{x})\right)=0, \quad r=\|\boldsymbol{x}\| \tag{5.91}$$

を満たせば，積分

$$\iint_{\Omega_r}\left(u(\boldsymbol{y})\frac{\partial \Psi(\boldsymbol{x}, \boldsymbol{y})}{\partial n(\boldsymbol{y})} - \frac{\partial u}{\partial n}(\boldsymbol{y})\Psi(\boldsymbol{x}, \boldsymbol{y})\right)dS(\boldsymbol{y})$$

は $r\to\infty$ のとき 0 になると述べた。ここに，Ω_r は原点を中心とする半径 r の球である。以下で，その証明を与える。

まず，$u(\boldsymbol{x})$ が式 (5.91) を満たせば

$$\iint_{\Omega_r}|u(\boldsymbol{y})|^2 dS(\boldsymbol{y})=O(1), \quad r\to\infty \tag{5.108}$$

が成り立つことを示す。ここに，$O(1)$ は，関数 $f(x)$ が $x\to\infty$ において有界な一定値を取ることを示す[†]。$\boldsymbol{n}$ を Ω_r の外向き法線方向の単位ベクトルとすれば

$$\begin{aligned}\left|\frac{\partial u(\boldsymbol{y})}{\partial n} - iku(\boldsymbol{y})\right|^2 &= \left(\frac{\partial u(\boldsymbol{y})}{\partial n} - iku(\boldsymbol{y})\right)\left(\overline{\frac{\partial u(\boldsymbol{y})}{\partial n}} + ik\overline{u(\boldsymbol{y})}\right)\\ &= \left|\frac{\partial u(\boldsymbol{y})}{\partial n}\right|^2 + k^2|u(\boldsymbol{y})|^2 + k\left(i\overline{u(\boldsymbol{y})}\frac{\partial u(\boldsymbol{y})}{\partial n} - iu(\boldsymbol{y})\overline{\frac{\partial u(\boldsymbol{y})}{\partial n}}\right)\\ &= \left|\frac{\partial u(\boldsymbol{y})}{\partial n}\right|^2 + k^2|u(\boldsymbol{y})|^2 + 2k\mathrm{Im}\left(u(\boldsymbol{y})\overline{\frac{\partial u(\boldsymbol{y})}{\partial n}}\right)\end{aligned}$$

が成り立つから，ゾンマーフェルトの放射条件より

$$\begin{aligned}&\iint_{\Omega_r}\left\{\left|\frac{\partial u(\boldsymbol{y})}{\partial n}\right|^2 + k^2|u(\boldsymbol{y})|^2 + 2k\mathrm{Im}\left(u(\boldsymbol{y})\overline{\frac{\partial u(\boldsymbol{y})}{\partial n}}\right)\right\}dS(\boldsymbol{y})\\ &\quad = \iint_{\Omega_r}\left|\frac{\partial u(\boldsymbol{y})}{\partial n} - iku(\boldsymbol{y})\right|^2 dS(\boldsymbol{y}) \to 0, \quad r\to\infty\end{aligned} \tag{5.109}$$

を得る。そこで，図 5.7 の領域 D について，グリーンの第 1 定理（2.142）を

---

† 5.3.2 項の無限小の定義（p. 228）を参照のこと。

適用すれば

$$\iiint_D (\nabla u(\boldsymbol{y})\cdot\nabla\overline{u}(\boldsymbol{y})+u(\boldsymbol{y})\nabla^2\overline{u}(\boldsymbol{y}))dV(\boldsymbol{y})=\iint_{S+\Omega_r} u(\boldsymbol{y})\frac{\partial\overline{u}}{\partial n}(\boldsymbol{y})dS(\boldsymbol{y}).$$

よって

$$\begin{aligned}
&\iint_{\Omega_r} u(\boldsymbol{y})\frac{\partial\overline{u}}{\partial n}(\boldsymbol{y})dS(\boldsymbol{y})\\
&=-\iint_S u(\boldsymbol{y})\frac{\partial\overline{u}}{\partial n}(\boldsymbol{y})dS(\boldsymbol{y})+\iiint_D(\nabla u(\boldsymbol{y})\cdot\nabla\overline{u}(\boldsymbol{y})+u(\boldsymbol{y})\nabla^2\overline{u}(\boldsymbol{y}))dV(\boldsymbol{y})\\
&=-\iint_S u(\boldsymbol{y})\frac{\partial\overline{u}}{\partial n}(\boldsymbol{y})dS(\boldsymbol{y})+\iiint_D|\nabla u(\boldsymbol{y})|^2dV(\boldsymbol{y})-k^2\iiint_D|u(\boldsymbol{y})|^2dV(\boldsymbol{y})
\end{aligned}$$

を得る。ここに，右辺第3項では，ヘルムホルツ方程式を利用した。上式の虚数部を取り出せば

$$\iint_{\Omega_r}\mathrm{Im}\left\{u(\boldsymbol{y})\frac{\partial\overline{u}}{\partial n}(\boldsymbol{y})\right\}dS(\boldsymbol{y})=-\iint_S\mathrm{Im}\left\{u(\boldsymbol{y})\frac{\partial\overline{u}}{\partial n}(\boldsymbol{y})\right\}dS(\boldsymbol{y}) \tag{5.110}$$

である。式 (5.110) を式 (5.109) に代入すれば

$$\lim_{r\to\infty}\iint_{\Omega_r}\left\{\left|\frac{\partial u(\boldsymbol{y})}{\partial n}\right|^2+k^2|u(\boldsymbol{y})|^2\right\}dS(\boldsymbol{y})=2k\iint_S\mathrm{Im}\left\{u(\boldsymbol{y})\frac{\partial\overline{u}}{\partial n}(\boldsymbol{y})\right\}dS(\boldsymbol{y})$$

を得る。この式の右辺は平曲面 S 上の積分であって，r には無関係に一定値を取る。また，左辺の積分内の2つの項は非負であるから，これらの項はそれぞれ $r\to\infty$ で有界な一定値を取る。したがって，式 (5.108) が成り立つ。

さて，モノポール関数 $\Psi(\boldsymbol{x},\boldsymbol{y})$ はヘルムホルツ方程式を満たす。また $\Psi(\boldsymbol{x},\boldsymbol{y})$ は，簡単な計算により確かめられるとおり，ゾンマーフェルトの放射条件も満足し

$$\frac{\partial\Psi(\boldsymbol{x},\boldsymbol{y})}{\partial n(\boldsymbol{y})}-ik\Psi(\boldsymbol{x},\boldsymbol{y})=O\left(\frac{1}{r^2}\right),\ r\to\infty$$

を満たす。いま，積分

$$I_1=\iint_{\Omega_r}u(\boldsymbol{y})\left(\frac{\partial\Psi(\boldsymbol{x},\boldsymbol{y})}{\partial n(\boldsymbol{y})}-ik\Psi(\boldsymbol{x},\boldsymbol{y})\right)dS(\boldsymbol{y})$$

を考えれば，シュワルツの不等式と式（5.108）より

$$|I_1|=\left|\iint_{\Omega_r} u(\boldsymbol{y})\left\{\frac{\partial\Psi(\boldsymbol{x},\boldsymbol{y})}{\partial n(\boldsymbol{y})}-ik\Psi(\boldsymbol{x},\boldsymbol{y})\right\}dS(\boldsymbol{y})\right|$$
$$=\left|\left(\frac{\partial\Psi(\boldsymbol{x},\boldsymbol{y})}{\partial n(\boldsymbol{y})}-ik\Psi(\boldsymbol{x},\boldsymbol{y}),\ \overline{u(\boldsymbol{y})}\right)\right|$$
$$\leqq\left\|\frac{\partial\Psi(\boldsymbol{x},\boldsymbol{y})}{\partial n(\boldsymbol{y})}-ik\Psi(\boldsymbol{x},\boldsymbol{y})\right\|\|u(\boldsymbol{y})\|=O\left(\frac{1}{r^2}\right)O(1),\quad r\to\infty$$

を得る。ここに，(,)および‖‖は，関数の内積とノルムである。よって

$$I_1\to 0,\quad r\to\infty$$

が成り立つ。また，積分

$$I_2=\iint_{\Omega_r}\Psi(\boldsymbol{x},\boldsymbol{y})\left(\frac{\partial u}{\partial n}(\boldsymbol{y})-iku(\boldsymbol{y})\right)dS(\boldsymbol{y})$$

を考えれば，シュワルツの不等式より

$$|I_2|=\left|\iint_{\Omega_r}\Psi(\boldsymbol{x},\boldsymbol{y})\left(\frac{\partial u}{\partial n}(\boldsymbol{y})-iku(\boldsymbol{y})\right)dS(\boldsymbol{y})\right|\leqq\|\Psi(\boldsymbol{x},\boldsymbol{y})\|\left\|\frac{\partial u}{\partial n}(\boldsymbol{y})-iku(\boldsymbol{y})\right\|$$

を得るが

$$\Psi(\boldsymbol{x},\boldsymbol{y})=O\left(\frac{1}{r}\right),\quad r\to\infty$$

であることとゾンマーフェルトの放射条件（5.91）より

$$I_2\to 0,\quad r\to\infty.$$

したがって

$$\iint_{\Omega_r}\left(u(\boldsymbol{y})\frac{\partial\Psi(\boldsymbol{x},\boldsymbol{y})}{\partial n(\boldsymbol{y})}-\frac{\partial u}{\partial n}(\boldsymbol{y})\Psi(\boldsymbol{x},\boldsymbol{y})\right)dS(\boldsymbol{y})=I_1-I_2\to 0,\quad r\to 0$$

が成り立ち，証明が完了した。

引用・参考文献

文献1）は，線形代数の標準的な教科書である。また，5.1節の執筆に当たっては文献2）も参考にした。文献3）は，日本音響学会第2代会長の執筆した書籍であり，極座標表示によるラプラシアンや，微分方程式の解法，ガウスの定理の証明も記載

されている優れた書籍である。スツルム-リウヴィル型固有値問題については，文献4）に詳しく記載されている。5.3節，5.4節については，文献5）に詳しい記載がある。文献6）は文献3）の応用編であり，文献3）では触れられていなかった球ベッセル関数や球ハンケル関数が詳述されている。また，文献7）には平面波の球関数展開式の証明が記載されている。

1）佐武一郎：線形代数学，裳華房（1974）
2）石井惠一：線形代数講義 増補版，日本評論社（2013）
3）寺沢寛一：自然科学者のための数学概論 増訂版，岩波書店（1983）
4）中村宏樹：偏微分方程式とフーリエ解析，東京大学出版会（1981）
5）D. Colton and R. Kress：Inverse Acoustic and Electromagnetic Scattering Theory, Springer（1992）
6）寺沢寛一編：自然科学者のための数学概論 応用編，岩波書店（1960）
7）安藤彰男：音場再現，コロナ社（2014）

索　　　　引

—— 編著者・著者略歴 ——

安藤　彰男（あんどう　あきお）
1978 年　九州芸術工科大学芸術工学部音響設計学科卒業
1980 年　九州芸術工科大学大学院芸術工学研究科修士課程修了（情報伝達専攻）
1980 年　日本放送協会勤務
2001 年　博士（工学）（豊橋技術科学大学）
2013 年　富山大学教授
2021 年　富山大学退職

鈴木　陽一（すずき　よういち）
1976 年　東北大学工学部電気工学科卒業
1978 年　東北大学大学院工学研究科博士課程前期修了（電気及通信工学専攻）
1981 年　東北大学大学院工学研究科博士課程後期修了（電気及通信工学専攻）
　　　　工学博士
1981 年　東北大学助手
1987 年　東北大学助教授
1991 年　ミュンヘン工科大学（ドイツ）客員研究員
～92 年
1999 年　東北大学教授
2017 年　情報通信研究機構耐災害 ICT 研究センター長
～21 年
2019 年　東北大学名誉教授
2021 年　東北文化学園大学教授
　　　　現在に至る

古川　茂人（ふるかわ　しげと）
1991 年　京都大学工学部衛生工学科卒業
1993 年　京都大学大学院工学研究科修士課程修了（衛生工学専攻）
1996 年　ケンブリッジ大学（英国）実験心理学科 Ph.D 課程修了
　　　　Ph. D.（auditory perception）
1996 年　ミシガン大学（米国）研究員（PD）
2001 年　日本電信電話株式会社勤務
2017 年　日本電信電話株式会社コミュニケーション科学基礎研究所人間情報研究部部長
2019 年　日本電信電話株式会社コミュニケーション科学基礎研究所人間情報研究部上席研究員
　　　　現在に至る

基礎音響学
Fundamentals of Acoustics

2019 年 3 月 28 日　初版第 1 刷発行
2022 年 11 月 15 日　初版第 2 刷発行

検印省略

編　　者　一般社団法人 日本音響学会
発 行 者　株式会社　コ ロ ナ 社
　　　　　代 表 者　牛 来 真 也
印 刷 所　萩 原 印 刷 株 式 会 社
製 本 所　有限会社　愛千製本所

112-0011　東京都文京区千石 4-46-10
発 行 所　株式会社　**コ ロ ナ 社**
CORONA PUBLISHING CO., LTD.
Tokyo Japan
振替 00140-8-14844・電話(03)3941-3131(代)
ホームページ https://www.coronasha.co.jp

ISBN 978-4-339-01361-0　C3355　Printed in Japan　(新宅)